U0382109

本书为沈阳师范大学"教育学学科标志性成果建设工程"
学术专著资助项目成果
第一批学术专著项目（2013年）《学校能源教育导论》
（项目编号：Synu-edu-dz01-08）

沈阳师范大学校内研究项目
"能源教育的理论与实践"（2010年）研究成果

刘继和 著

学校能源教育导论

中国社会科学出版社

图书在版编目(CIP)数据

学校能源教育导论/刘继和著. —北京:中国社会科学出版社,
2015.8
ISBN 978 - 7 - 5161 - 6926 - 1

Ⅰ.①学… Ⅱ.①刘… Ⅲ.①能源—学校教育—教材
Ⅳ.①TK01

中国版本图书馆 CIP 数据核字(2015)第 220982 号

出 版 人　赵剑英
责任编辑　陈肖静
责任校对　刘　娟
责任印制　戴　宽

出　　　版　中国社会科学出版社
社　　　址　北京鼓楼西大街甲 158 号
邮　　　编　100720
网　　　址　http://www.csspw.cn
发 行 部　010 - 84083685
门 市 部　010 - 84029450
经　　　销　新华书店及其他书店

印刷装订　三河市君旺印务有限公司
版　　　次　2015 年 8 月第 1 版
印　　　次　2015 年 8 月第 1 次印刷

开　　　本　710×1000　1/16
印　　　张　25
插　　　页　2
字　　　数　338 千字
定　　　价　90.00 元

目　录

下篇　学校能源教育的国际比较

前　言

　　21 世纪是能源的世纪。节能是"第五能源",而能源教育是节能和提高能效的"最有成本效益的方法",或者说,能源教育是解决能源问题最有效手段之一,对此,国际上早已达成共识。国际经验表明,面对社会可持续发展,能源素养已成为学生必备的基本科学素养之一,而学校能源教育是提升学生能源素养的主渠道。应对日益严峻的能源问题,建设可持续发展社会,呼唤着全社会一起关注和重视能源教育,共同推动我国能源教育事业迅速发展。

　　2013 年 5 月 24 日,习近平总书记在中共中央政治局就大力推进生态文明建设的第六次集体学习时强调:"推进生态文明建设,必须全面贯彻落实党的十八大精神,以邓小平理论、'三个代表'重要思想、科学发展观为指导,树立尊重自然、顺应自然、保护自然的生态文明理念,坚持节约资源和保护环境的基本国策,坚持节约优先、保护优先、自然恢复为主的方针,着力树立生态观念、完善生态制度、维护生态安全、优化生态环境,形成节约资源和保护环境的空间格局、产业结构、生产方式、生活方式。"并指出:"要加强生态文明宣传教育,增强全民节约意识、环保意识、生态意识,营造爱护生态环境的良好风气。"

　　2005 年,胡锦涛在中共中央政治局第二十三次集体学习时早已指出:"要加强节约能源资源的宣传教育,开展形式多样的节约能源资源活动,提高人民群众特别是广大青少年的能源资源意识和节约意识，努力使节约能源资源成为全体公民的自觉行动。"同年，温家宝在全国建设节约型社会电视电话会议上的讲话也曾强调："教育部门要将建设节约型社会的内容纳入中小学教育体系"，"进行资源'国情'教育；宣传节约资源、建设节约型社会的重大意义"，"要广泛开展内容丰富、形式多样的资源节约活动"，"教育青少年从小养成节约资源的良好习惯"。

另一方面，《中华人民共和国可再生能源法》（2005年）第三章"产业指导与技术支持"第12条明文规定："国务院教育行政部门应当将可再生能源知识和技术纳入普通教育、职业教育课程。"《国务院关于加强节能工作的决定》（2006年）"加大节能宣传、教育和培训力度"明确指出："教育部门要将节能知识纳入基础教育、高等教育、职业教育培训体系。"这是我国政府向教育行政部门明确提出的迫切要求——"要将能源问题纳入学校教育"，其深远意义是不言而喻的。由此可见，我国政府对能源教育是高度重视的。

但事实上，我国能源教育尚属崭新的教育领域，在学校教育中的地位尚未确立。有学者指出，我国学校能源教育在"组织、经费、运行机制、教育课程标准、内容、教材、评估标准等方面都还存在空白"，"基础教育中能源教育的基本理念、原则、措施及推进体制等还不明确"。确实如此，在学校能源教育事业建设方面，国家尚未给予应有重视，出台相应政策，能源教育在国家能源法规与政策文件中尚无应有位置。不仅如此，国家教育行政尚未正视能源教育，认识和行动严重滞后，能源教育在国家教育法规与政策文件中没有积极全面应对，理念研究匮乏，实践缺乏理论指导和政策引领。北京、上海等少数学校虽在开展"可再生能源教育"，却被隔离于学校主流课程之外。部分学校虽在环境教育中涉及能源问题，却只停留于从环境问题视角来片面地理解能源问题。总之，到目前为止，我国还没有对中小学能源教育的理论与政策进行专业而系统的研究，这无疑是我国学校能源教育事业的重大缺失。

　　鉴于此，研究、学习和借鉴发达国家和地区学校能源教育的成功经验，对于构建我国学校能源教育政策体系，推进我国学校能源教育的发展具有深远意义。本书以美国、英国、日本及我国台湾地区等主要发达国家和地区中小学能源教育的理论与政策为研究对象，借助文献研究、比较研究和案例研究等研究方法，厘清上述国家和地区学校能源教育的基本理论和政策措施，获得启示和借鉴。在此基础上，以国际视角全面审视我国学校能源教育的现状与问题，提出我国学校能源教育事业的发展思路与对策，初步构建我国中小学能源教育的政策体系。

　　本书由上、下两篇共八章构成。上篇为"学校能源教育的基本理论"，由学校能源教育的基本原理、学校能源教育的学科渗透案例、学校能源教育的教师教育政策和学校可持续发展教育四章构成。下篇为"学校能源教育的国际比较"，由美国的能源教育、英国的能源教育、日本的能源教育和中国的能源教育四章构成。上篇主要研究讨论了学校能源教育的基本思想与理念，属于能源教育的理论认识范畴。下篇主要研究讨论了美国、英国、日本和我国台湾地区能源教育的基本现状、主要成果、经验与特点，同时对我国能源教育政策制度的现状与课题做了初步研讨，属于能源教育的国际比较范畴。本书由沈阳师范大学教师专业发展学院刘继和教授撰写，是国内第一本学校能源教育专著，它旨在探讨学校能源教育的基本认识问题与实践问题，为我国学校能源教育事业发展起到引领作用。

　　《学校能源教育导论》可以作为全国高等师范院校教师教育专业学生的选修教材，也可以作为教育行政部门和能源环保行政部门的领导、教育理论研究者及教育实践工作者的学习参考资料。

　　由于著者专业水平所限，编著经验不足，时间仓促，缺陷乃至谬误在所难免，恳请专家学者和读者批评指正。

刘继和

2015 年 6 月 8 日

上篇

学校能源教育的基本理论

上篇"学校能源教育的基本理论"由学校能源教育的基本原理、学校能源教育的学科渗透案例、学校能源教育的教师教育政策和学校可持续发展教育四章构成。

第一章从学校能源教育的必要性、基本理念、指导原则、课程开发和实施计划五个层面阐述了学校能源教育的基本原理。

第二章以化学学科为例，从中学化学课程渗透能源教育的必要性和可行性、目标和内容、策略和方法三大视角阐释了学校能源教育的学科渗透的基本问题。

第三章从政府机构、民间非营利团体和能源相关企业三个层面说明了发达国家和地区教师能源教育政策和举措，并从中提炼了对我国有益的经验与启示。

第四章从DESD概述、ESD的解读、ESD的构成领域和ESD固有的学习指导框架四个视角全面阐释了学校可持续发展教育，试图从更高的高度和全球化视野以立体化地深刻理解学校能源教育的内在道理、存在根基和发展方向。

第一章　学校能源教育的基本原理

为了更好地把握能源与环境问题，构筑可持续发展的和谐社会，借助学校能源教育促进每一个国民能把能源与环境问题当作自己的问题来对待和思考，是十分重要的。21世纪是能源的世纪，谁拥有了充沛的能源，谁就具备了可持续发展的基础。即能源是一个国家的命脉和国民经济发展的重要支柱之一，同时也是制约人类社会可持续发展的主要因素。能源问题始终是左右国家可持续发展，甚至是导致局部战争的重大课题。在我国，随着经济的迅速发展和人口的急剧增加，化石燃料等能源消费急剧增大，不可再生资源的枯竭问题令世人担忧。不仅如此，化石燃料的燃烧又引起了大气污染、地球温暖化和酸雨等环境问题。面对日益深刻化的能源问题，能源教育自然就成为21世纪基础教育的重要课题。

第一节　学校能源教育的必要性

我们人类时刻在利用热和电（统称为"能量"）进行着经济活动及丰富多样的生活，它是人类一切社会活动的动力来源。而能量又源于煤炭、石油、天然气等化石燃料和水电、核能等能量资源（以下简称"能源"）。化石燃料、水电、核能等为一次能源，由其换取而获得的热和电为二次能源。

距今约50万年前，人类开始使用火，这不仅标志着人类开始有目的地利用能源，同时也意味着人类开始迈进文明。从人类利用能源的近代历史来看，以18世纪后期产业革命为契机，煤炭的利用量急剧增加，直至19—20世纪，尽管电能也开始利用，但煤炭始终是世界能源的主角。进入20世纪后，随着汽车等工业的迅猛发展，特别是地球环境不断恶化，世界能源结构开始发生明显变化，煤炭的主角地位逐步让位于石油，人们称为第一次能源革命。然而，1973年和1979年的两次石油危机使人们觉醒到过分依赖石油这单一能源是极其危险的，人们开始思考可代替石油的新能源，于是，天然气和核能等新能源逐步受人瞩目。与此同时，人们的节能意识和环保观念也开始增加起来。毋庸置疑，自产业革命至今，人类正是接受着大自然的恩惠，借助各种能源的开发和利用，才取得了当今物质文明和精神文明的巨大发展。同样，将来，能源作为国家的命脉和国民经济发展的支柱，始终是制约人类社会可持续发展的重要因素之一。

随着经济的迅速发展和人口的急剧增加，化石燃料等能源消费也随之急剧增大，于是，有限不可再生资源的枯竭问题令世人担忧。不仅如此，化石燃料的燃烧又引起了大气污染、"温室效应"和酸雨等深刻的环境问题。据资料显示，产业革命（1750—1800年）时期大气中二氧化碳浓度大约是280ppm，而现在已经超过了360ppm，约增加了30%，这个变化对环境的影响是相当深刻的。为应对上述课题，一部分人开始将目光转向核能的开发与利用上，但是，到目前为止，核能的安全性、放射性核废弃物的处理以及海洋污染等问题还没有彻底解决，从而，人们开始广泛关注太阳能等可再生绿色能源的开发与利用，人们称为第二次能源革命。但是，绿色自然能源也并非十全十美，如，太阳能的利用在实用性和经济性上还存在许多问题。总之，努力确保环保型能源持久安定的供给是维持未来社会可持续发展的关键。面对这一现实，我们必须采取调整能源政策和强化能源教育等有力措施，转变不合理的产业经济结构，促使国民关心能源问题，树立节能意识和观念，养成有效节能的行为习惯和生活方式，努力构建节能节资型或循环型能源供给的可持续社会发展机制。

在我国，能源问题并不乐观。从总量来看，我国蕴藏着丰富的能源，是世界能源生产大国，特别是煤炭的生产量一直居世界首位。但是，人均能源占有量却相当低，人均煤炭占有量仅约为世界人均水平的 1/2，石油仅约 1/10，天然气约 1/20，而且，一次能源消费量居世界第二（2013 年）。也就是说，我国不仅是能源生产大国，同时也是能源消耗大国。不仅如此，我国能源结构极不合理，煤炭消费量占能源消费总量的 75.4%，而世界平均数仅为 27%，这正是导致我国环境污染问题严重的主要原因之一。据国际能源组织 IEA 的统计，2010 年我国二氧化碳排放量占世界总排放量的 16.6%，居世界首位。此外，我国土地辽阔，地下能源的组成、分布、勘探等各种状况也不尽相同。可以设想，随着我国经济的迅速发展和人民生活质量的不断提高，产业、运输和民用等各部门能源消费将不断增加，由此带来的环境问题也日益突出。毫不夸张地说，21 世纪是能源的世纪，谁拥有了能源，解决了能源问题，谁就具备了可持续发展的基础。换言之，能源问题始终是左右国家可持续发展，甚至是导致局部战争的重大课题。同时，能源问题与地球环境问题又是表里一体的关系，犹如车的两个轮子，密不可分，具有突出的两面性。

面对上述现实，我们必须拿起教育这个强大的武器，积极唤起广大国民（尤其是青少年）对能源问题的关心，提高他们的节能节资意识和观念，树立良好的行为习惯。事实上，进入 20 世纪以后，随着人们对能源问题重要性的认识不断加深，能源教育开始逐步被重视起来。特别是 20 世纪 70 年代的两次石油危机，不仅使人们深刻地领悟到石油能源的有限性，而且使教育界人士痛感能源教育的必要性。例如，从 20 世纪 70 年代起，美国、日本、德国和挪威等国在教育课程改革中就积极地纳入能源教育内容。然而，在我国，人们普遍对能源问题的关心程度和节能意识还相当淡薄，对能源问题与环境问题、生产生活以及社会可持续发展的密切关系还缺乏科学的认识和理解，现实中不合理的生产与生活方式依然广泛存在。要彻底扭转这一状况，就必须普及和加强能源教育。目前，在学校基础教育中，没有设置能源教育专门科目，人们对能源教育的重要性和必要性缺乏深刻认识，能源教育的基本理念、原则、措施及推进体制等还不明确，一般地，能源教育仅渗透和散见于物理、化学等少数学科教学中。加之，学生是自然体验教育、家庭教育和社会教育中有关能源教育（场所、机会、计划等）远远没跟上来。所以，努力推进能源教育的发展则是当务之急。尽管基础教育中急待解决的教育课题（素质教育、环境教育等）堆积如山，但应认识到，能源教育与学校各项教育课题是密切相关的，培养青少年关心能源问题，以客观的知识与信息为基础对能源问题进行分析判断，养成意志决定能力和问题解决能力，这是 21 世纪每个国民的基本科学素质之一。

第二节　学校能源教育的基本理念

为摆脱大量生产、大量消费、大量废弃的传统社会体系，构建可持续发展的和谐社会体系，包括学生在内的每个国民都能形成减少环境负荷的全新生活方式，是极为必要的。因此，培养能够把资源、能源与环境作为整体加以综合考虑与把握，主动思考与日常生产生活密切相关的资源与能源问题，并为守护我们的生活环境而能够采取负责任行为的人才，这是 21 世纪学校教育的基本任务。

何谓能源教育（Energy Education）？目前，教育界对此尚未达成确切的定义。一般地，能源教育是指关于能源及其与人类之间关系的教育。其基本目的在于，使受教育者能够积极地关心能源及环境问题，提高能源意识；理解能源的基本含义；认识能源的有限性和节能的必要性，树立节能观念；认识能源在社会发展中的重要地位，正确理解和把握能源及环境问题跟人类生产生活之间的密切关系；养成科学地处理能源及环境问题的实践态度以及对能源问题的自我价值判断能力和意志决定能力，树立与环境相协调的合理的生产生活方式，并采取积极行动，协同构建社会的可持续发展。[①]

一 能源教育素养（目标）

（一）认识能量概念

1. 自然科学层面的认识

学习和理解各种能源形态，领会能量守恒定律，理解自然事物的变化伴随着能量的变换。认识熵（entropy）的基本含义，了解为有效地使用能量，减少熵的生成的重要性。

2. 社会科学层面的认识

在社会科学意义上，学习各种能源的性质、特征以及能量的生成方法，领会人们所利用的能量是从何而来的。

（二）认识能源伴随着人类的进程

学习人类从火的发现开始了文明的发展，从自然能源的利用开始了农业的发展，蒸汽机的发明开始了产业革命。从能源利用的变迁理解社会发展与能源消费的关系，理解产业发展和生活水平的提高导致能源消费的增加，理解现代世界和我国正在消费着大量能源，并思考其应对对策。

（三）认识能源问题

1. 生活、产业和能源

学习日常生活以及交通、运输、通信等所有领域和生产、运输和服务等产业都在利用能源。考察和理解现代社会与生活是依靠大量消费能源而成立的。

---

① 刘继和、赵海涛：《试论能源教育》，《教育探索》2006 年第 5 期。

2．资源的有限性和地球环境问题

学习和理解世界上约九成以上所使用的能源是有限的化石燃料，使用化石能源所排放的污染物质又导致全球性环境问题。

3．我国的能源状况

学习和理解我国是世界能源消费大国，能源结构不合理，清洁能源短缺。学习和理解我国也是石油进口大国，我国的能源安全与国际社会关系十分密切。

（四）应对能源问题

1．全球社会和能源

面对有限能源，要在全球视野下研讨和理解发展中国家与发达国家之间在能源上的公平分配方式以及围绕能源的国际纷争等能源问题。

2．可持续社会和能源

学习和理解为构建可持续发展的社会要求人们必须转换过去的生活方式和社会体制，推进节约能源、开发新能源等事业与活动。

3．社区（学校）和能源

通过有效利用社区（学校）各种设施等的体验学习，把社区（学校）能源问题作为自己的问题，来探究其与能源的关系。

（五）解决能源问题的行动

通过参与学校、家庭中节能活动和社区环保活动等各种体验，学习能源环境问题与自己的生活是密切联系的，以及自己的生活方式对环境的影响，借此形成积极主动参加构筑可持续社会的态度和习惯。

二　能源教育内容

1．能量概念

能量是物理学中最基本的科学概念之一。通过物理课的学习等，学生可以科学地理解和把握能量概念，认识能量的各种形态（机械能、热能、光能、化学能和电能）、能量的转换及守恒、能量与热的关系等基础知识，这为开展能源教育奠定了科学基础。

2. 能源知识

通过列举具体生活实例和参观与调查当地能源设施等，认识能源分为一次能源（煤炭和石油等）和二次能源（电和汽油等）；认识各种主要能源的分布、埋藏量、生产量及消费量，以及各种能源（煤炭、石油、天然气、核能、水电、风能、太阳能、氢能源、潮汐能、金属能源等）的利与弊；知道什么是可再生能源和不可再生能源，认识能源的有限性；了解有关能源政策与法规等。

3. 能源技术

理解电能是如何从煤炭、太阳能和核能等其他能源转换而来的；了解由一次能源向二次能源转变的基本生产技术；了解提高能源转换效率与减少热能损失的方法以及减少环境污染的技术等；初步认识能源的开发、运输与储藏等实用技术。

4. 能源与人、环境的关系

理解能源与人们生活和社会发展的密切联系，认识人口增长与能源有限性的矛盾关系，理解确保能源可持续供给的重要性；了解各类能源在产业、运输和民用等各部门的消费量等；认识能源消耗与环境问题的密切联系，思考改善和解决能源生产与消费过程中导致环境问题的有效措施等。

5. 节能行为

在理解和掌握能量概念、能源知识、能源技术以及能源与人和环境的关系的过程中，树立节能生活消费方式，养成对复杂的能源问题拥有自我价值判断能力和意志决定能力，并能从具体生活实际出发，从自我做起，为保护生态环境以及人类社会可持续发展采取合理的行动。

第三节　学校能源教育的指导原则[①]

一　终身性原则

能源是国家经济和社会发展的血脉，是关系到人类可持续发展的重大课题，因此，关心能源问题，提高节能意识，增长能源知识，形成科学的生产生活方式，应成为素质教育的重要内容之一。无论是幼儿还是高龄者都应接受能源教育，换言之，能源教育是终身教育，具有终身性。能源教育应从基础教育抓起，并贯彻于整个基础教育过程的始终，并不断地增大其在基础教育中的比重。对此，教育工作者应有足够的认识。目前，在我国，学校是落实基本素质教育的重要场所，所以，普及和推进能源教育也应充分利用这一重要阵地。教育管理者及广大教师应从素质教育的角度对能源教育的重要性给予充分理解和重视，这是有效实施能源教育的基本前提。

二　民主性原则

许多能源问题与纯科学问题不同，即使同一个能源问题，因社会、集团或个人不同其看法和主张也各不相同。所以，能源教育与纯自然科学教育有着明显区别，它并非要求对每个能源问题必须给出同一的答案，应依据学习者已有的学科知识结构与经验、看问题的思想方法和价值标准等不同，从不同的视角、观点或立场去阐述同一个问题。这就是说，能源教育具有鲜明的多元性和民主性。因此，教育者必须转变一元化权威主义（绝对主义）传统教育观念的束缚，树立多元化民主式（相对主义）的教学理念，对待答案多歧的能源问题应持中立的立场，尽可能向学习者提供充实可靠的客观

---

① 刘继和、赵海涛：《试论能源教育》，《教育探索》2006 年第 5 期。

素材，通过课题对话和讨论等方式，唤起学习者的能源意识，促使他们对问题形成独自见解和价值判断，并为解决问题采取积极行动。例如，目前为解决不可再生的化石能源枯竭问题以及由此产生的环境问题，核能作为新兴的能源被逐步开发和利用。在我国，核发电量在总发电量中所占比例也不断提高。理由是：核发电不产生二氧化碳，核原料（铀或钍）比较富余，而且，1 克铀释放的核能约相当于 3 吨煤或 2000 升石油所产生的能量。但是，铀或钍的储藏量也是有限的，况且，核泄漏、核废弃物处理等安全问题目前还没有完全解决，人们对核能的恐惧和不安心理仍然存在，所以国际社会对此既有赞成也有反对。基于此，教师应对此持中立立场，力争向他们提供全面、客观的信息，以促使学生对核能形成自我认识。

三　综合性原则

能源问题是一个综合性很强的复杂问题，需要政治、经济、法律、教育、科学等多领域学科的相互协调配合才能妥善解决，这就要求能源教育要从学校整体教育活动出发，结合学习者年龄特征、学科及各种活动的特点，采取多学科、多层次、多渠道的综合方式开展能源教育。不仅要从自然科学的视角认识能源问题，同时还应从人文社会科学的视角来思考能源问题，使能源教育渗透与结合到学校教育的各个层面，通过学校教育总体配合有效地推进能源教育的落实，全面普及和提高青少年的能源素质。能源教育和环境教育好比是一辆车的两个轮子，是密不可分的。只有将能源教育和环境教育、人口教育等密切结合起来，实施能源、环境和人口等多层次教育，才能为可持续发展培养有用人才。不仅如此，为发挥教育的整体功能，使能源教育真正落到实处，还必须积极调动各方面力量，将学校、家庭和社会三者密切协调起来，努力向学习者提供与能源教育有关的自然体验、社会体验和生活体验的场所、机会和条件，使他们走出教室，扩展视野，丰富实践知识和经验，克服知识中心主义的错误观念。

四 全局性原则

无论是过去、当今还是将来，能源始终是世界经济繁荣和社会发展的原动力。但是，因地球上能源的分布、储藏和生产极不均衡，特别是约 52.4%石油可采埋藏量（2013 年）集中在中东一些国家，所以，能源匮乏国家的发展不得不依赖能源丰富国家的能源输出。这意味着，当今全球化及世界经济一体化的趋势越来越强，国家及地区之间的相互依存关系日益突出，能源贸易与流通越频繁。因此，在开展能源教育时，一定要立足于全球或全局的立场，而不是从特定的国家、地区或团体的利益出发，力争使学习者以整体的、联系的观点来看待和解决能源问题。同时还应认识到，能源问题既关系当代人的生活要求与质量，同时还与下代人乃至未来人类的可持续发展息息相关，应自觉树立能源伦理观念。

第四节 学校能源教育的课程开发

一 学校能源环境教育课程的构成原理①

1. 综合性的原理

这里所说的综合性并非意味着单纯的内容的交叉性与综合性，而是指环境教育的三个视角的综合性养成作为课程的构成原理，即认识（关于环境的学习）、学法（在环境中的学习）和人格形成（为了环境学习）三个视角的融合等。

2. 结构性的原理

能源环境教育课程的建构有必要试图把能源的认识内容和学习

---

① 财团法人科学技术と経済の会、エメルギー環境教育研究会，《持続可能な社会のためのエネルギー環境教育～欧米の先進事例に学ぶ～》，日本東京：国土社 2008 年版，第 30—33 页。

方法结构化。为了正确认识能源这个概念的广泛性和整体性，要求课程构建时力争使学习内容和学习方法结构化。

3. 主体性的原理

这里所说的主体性关系到作为学习主体的儿童的生存方式与存在方式。它旨在让学生主体地掌握"自主发现课题、自主思考、自主学习、自主判断与行动及更好地解决问题的素质和能力"。为了确立主体性原理，学生能够以主体性意识开展学习，而为了让学生以主体性意识进行学习，关注学习者的兴趣与问题意识显得非常重要。另外，作为学习出发点的学习者的兴趣和问题意识不应定位于"所有存在的事物"而应定位于"激发学习动机的事物"。主体性能够因为激发动机的事物或学习而不断的扩展，而绝不仅仅是学习的最初阶段而存在的。

4. 未来性的原理

能源环境教育的重要作用就在于为认识未来应有的社会并实现理想的社会而能够身体力行的人格的形成。

基于上述能源环境教育课程的构成原理，在能源环境教育课程与教材开发时有必要重视以下五点：

①重视体验及具体活动，开展与生活密切相关的问题解决性学习。为了提高学生对能源的个体意识，通过体验和具体活动将相关课题作为自身的问题加以思考是非常重要的。

②从资源、生产、流通、消费、废弃、处理这一社会体系的观点多视角全方位理解能源。有必要将能源问题放置于现实的社会之中作为社会体系的一部分加以思考，单纯地强调节能与省电的必要性是远远不够的。

③重视顺应儿童发展阶段的能源环境教育的系统性与发展性，试图形成确切的能源概念。能源的选择由全体国民做决定，从这一观点出发培养学生在能源选择时所必要的认识是很重要的。

④要使儿童自身对能源利用能够进行切实的价值判断。为了使

儿童对能源利用做出切实的价值判断，从多元化的立场和观点全方位的思考能源问题是非常必要的。另外，有必要让儿童切身的思考核能发电，注意对待核能发电的态度不是一个"善与恶"的问题而是"选择"的问题。所以"风险"和"权衡"这样的观点显得很重要。

⑤重视与学生日常生活中的实际行动相结合。为此，需要学生不断地反思自己的生活和行动，积极地致力于能源环境问题解决的实践活动之中。这种生存方式与生活方式非常重要。

二　学校能源环境教育课程开发的思路与推进方法①

（一）课程开发的思路

能源环境教育课程开发要重视以下三点：

1. 目标结构

这其中最重要的是"能源概念的建构""目标的结构化"和"目标的明确化"。具体说就是：明确表示作为能源环境教育基础的能源概念；试图把大目标、中目标、小目标及单元目标等目标结构化层次化；在大目标和中目标中要明确表示与认识形成、学法形成和人格形成相关的目标；小目标（活动目标）中要明确表示与学年、学科之间的关联，同时还要表明小目标在学科课程目标中的地位。

2. 学习内容及其顺序性

在这里重点是："与课程标准的关系""要重视目标达成的过程""统整小学、初中、高中的教学内容"。具体地说，要明确表示能源学习内容在学科课程内容中的地位及其与其他学科之间的关联性；学习阶段可划分为基础知识的习得、知识的应用、知识的整合和评价认定四个层次。在统整小学、初中和高中教学内容的基础之上，

---

① 财团法人科学技術と経済の会、エネルギー環境教育研究会，《持続可能な社会のためのエネルギー環境教育～欧米の先進事例に学ぶ～》，日本東京：国土社 2008 年版，第 260—262 頁。

将学段划分为小学低年级、小学高年级、初中和高中。

3. 学习活动与教材

其中重要的是："遵循学习阶段的学习活动""个性化的教材开发"。具体地说，在激发兴趣与动机上重视实验体验活动，在知识的整合和扩充上重视表现活动，在此基础上选定顺应学习阶段的学习内容；提供个性化的教材，以学生为主体开展学习活动；提供各种信息来促进学校自主的发展性学习活动。筹备教师培训课程，明确各学习活动的评价要点。

（二）课程开发的推进方法

推进课程开发要研讨开发的体制与组织、开发所需费用、管理方法等，在此只对课程开发的推进方法与程序做一概述。

1. 整理能源环境相关概念；

2. 充分研讨能源环境教育课程的目标设定，并使之结构化、明确化；

3. 梳理并参考已有的能源环境教育课程及相关信息，与此同时推进教材开发；

4. 构筑能源环境教育课程的评价系统并将评价内容灵活地运用于新的教材开发之中；

5. 在课程开发的同时努力构筑，提供教师培训计划等支援体制；

6. 设置由学者、教师、企业专家等专业人员构成的开发项目来负责课程开发信息收集和网页的管理等。

三　能源环境教育课程开发的基本想法[①]

1. 有必要界定能源相关概念

以美国 KEEP 和 NEED 为首的西方先进的能源环境教育课程，

---

① 财团法人科学技术と経済の会、エメルギー環境教育研究会，《持続可能な社会のためのエネルギー環境教育～欧米の先進事例に学ぶ～》，日本東京：国土社 2008 年版，第 259—260 页。

对能源相关概念的界定进行了梳理，并划分为"能量的形态和转换""能源""能源的使用与保护"等范畴。这些概念结构和课程目标结构相一致，概念的形成过程与学生的学习阶段相一致。将儿童应掌握的能源相关概念的界定划分和整理为能量的形态和能源等范畴，是能源环境教育课程开发的前提条件。

2. 明确能源课题在学习阶段和学年阶段的配置

在美国的 KEEP 中，用四个上位主题构成学习阶段，每个大的主题又分为 12 个下位课题。在美国 NEED 中，将学习阶段划分为 7 个步骤。而且各学习阶段的教材按照学年阶段来配置。在 NEED 中，相当于我国的小学低年级、小学高年级、初中和高中四个学段配置了 1—5 个教材，同时还配置了整个学年使用的教材和跨两个以上学段的教材。明确表示作为能源环境教育之基础的能源概念和目标结构，规定学段，按照学年配置教材，这是能源环境教育课程开发的基本条件。

3. 明确学习活动与学科课程标准之间的关联性

西方先进的能源环境教育课程在各学习活动中详细表示了能源课题在学科课程标准中的应用。美国 NEED 各学习活动试图与全美科学教育标准许多州的学习标准相互关联。另外 KEEP 也将与威斯康星州学习标准相关联。在日本能源环境教育课程各教材的学习内容与学习指导要领之间的衔接展示了各学科能源教育内容的关联性。可见，在各学科中开展能源环境学习这一观点是非常重要的。

四　能源环境教育课程开发的视角[①]

能源环境教育并非是"能源＋环境"的教育，也不是环境教育的一种扩大式的解释，而是有必要理解为以能源为中心的环境教育，换言之，是以能源相关课题为中心的环境教育。它需要以综合实验

---

① 佐岛群巳、高山博之、山下宏文：《エネルギー環境教育の理論と実践》，日本東京：国土社 2005 年版，第 76—81 页。

活动为中心，在理科课程、社会课程等相关学科课程领域中综合开展活动。在推进能源环境教育时，首先有必要准确把握环境教育宗旨。环境教育的宗旨可从以下三个视角加以把握：

1. 来自环境的学习——通过在丰富的自然环境和身边的社会环境中的各种体验，培养对自然的丰富感受性和对环境的关心。

2. 关于环境的学习——加深理解环境问题和社会经济体系的应有状态及其与生活方式之间的关联。

3. 为了环境的学习——养成具体参与环境保护与环境改造的态度。

这三个视角并非是孤立的，它们之间有机统整起来才能成为真正的环境教育。"来自环境的学习"这一视角与"学习方法的形成"相关联，"关于环境的学习"这一视角与"认识的形成"相关联，"为了环境的学习"就是"人格的形成"本身。因此，这三个视角的整合正是现在课程改革所追求的科学素养，也是环境教育的本质。

基于上述环境教育的宗旨，有必要从以下视角来开发以能源为中心的课程：

1. 重视体验和具体活动，进行与生活密切相关的问题解决性学习。为了提高对能源的课题意识，有必要通过体验和具体活动，让学生能够把能源课题作为自身课题加以思考解决。

2. 从资源、生产、流通、消费、废弃与处理这一社会系统的观点综合地把握能源。也就是有必要把能源问题放在现实社会体系之中，作为社会体系的一部分加以理解，因此，能源教育课程单纯强调节能和节电的必要性是远远不够的。

3. 重视基于学生发展阶段的能源环境教育的系统性和发展性，试图形成确切的能源概念。能源的选择最终取决于全体国民，从这个意义上说，有必要培养学生有关能源选择的必要知识。

4. 期望学生自身对能源利用做出切实的价值判断。为此，有必要让学生从多样的视角和立场，全面思考能源利用问题，包括关注核能发电。

5. 希望学生的学习能够与他们日常生活中的实际行动相结合。为此，要求学生要不断反思自己的生活和行动，积极参与社会实践活动，这种生活方式是十分重要的。

这五个视角与环境教育的三个视角是相互对应的，1 属于"来自环境的学习"，2 和 3 属于"关于环境的学习"，4 和 5 属于"为了环境的学习"。基于上述视角而开发的能源环境教育课程实践，才是我们现在所追求的。

五 能源环境教育课程开发的实践案例及其实践特征

（一）能源环境教育课程开发的实践案例

表 1   "资源、能源、环境"学习基本表①

视角＼学段	幼儿园：在游戏中感受能源 小学低年级：用自然能源开展游戏	小学中年级：发现生活和能源	小学高年级：理解我国能源现状	初中：在全球视野下探索能源及其利用	高中：成为可持续社会的建设者
存在：身边有各种各样的能源	·风和水可使物体移动。 ·太阳明亮而温暖。 ·把物体与电池相连可以使物体移动或发光、发出声音。	·柴草和木炭可成为燃料。 ·电可变为光、热、动力和声音，这可以用各种方法来实现，光电池可以使光变成点。 ·石油和天然气是燃料。	·可通过水利、风力、太阳光发电。 ·电可以在发电站不断产生并传送。 ·化石能源（石油、煤炭、天然气）是在地壳中常年累月形成的，其起源是远古的太阳能。	·水利、风力、海潮、太阳热、太阳光、生物智能的起源是太阳能，此外，地热潮汐等也被利用。 ·核能是利用原子核所具有的能量。 ·蒸汽机的发明实现了热能转变为动能，带来了产业革命。	·能量即使改变形态也不能消失，也不能重新产生。 ·所有的物体在其生产、流通、消费到废弃整个过程中都伴随着能量。

---

① 佐岛群巳、高山博之、山下宏文：《エネルギー環境教育理論と実践》，日本东京：国土社 2005 年版，第 78—79 页。

续表

学段 / 视角	幼儿园:在游戏中感受能源 / 小学低年级:用自然能源开展游戏	小学中年级:发现生活和能源	小学高年级:理解我国能源现状	初中:在全球视野下探索能源及其利用	高中:成为可持续社会的建设者
有用:能源是人类生活所不可或缺的	·在游戏中可利用风和水的力量。 ·日常生活中在利用太阳光。 ·电池在家庭各处被使用。	·水、风、日光、柴草、木炭等可作为光源、热源、动力源加以利用。 ·电器、光电池在家庭的各个角落加以利用。 ·煤油、汽油、瓦斯、液化气等被家庭利用。	·水利、风力、太阳光作为绿色能源利用。 ·电具有便利性和舒适性的优点,在现在社会被广泛利用。 ·石油、煤炭、天然气在社会中是最广泛利用的能源。	·水利、风力、太阳光、生物智能等自然能源是人类最初利用的能源并支撑生活。 ·核能是重要的能源之一。 ·产业革命扩大了能源的使用并带来人口增长和社会发展。	·能源是实现生产流通信息福祉等社会需求所不可或缺的。
有限:人类可利用的能源是有限的	·可使用的水是有限的,风不一定每天总有。 ·太阳光在阴天和夜晚不能利用。 ·电池的电量会在使用过程中逐渐消失。	·水、风和日光并非是任何时候都可以利用,柴草、木炭可利用数量是有限的。 ·电池所积蓄的能量是有限的。光电池因为光的亮度发电量也受到限度。 ·燃料用完之后就没有了。	·自然能源大规模的利用是有困难的。 ·发电厂产生的电能也是有限的。 ·化石能源是有限的。我国有一半以上的石油依赖于海外输入。	·水利、风力、太阳光、生物智能等自然能源的利用是有限的。不合理使用会导致资源枯竭。 ·核发电所需要的铀的埋藏量是有限的。 ·有限的能源分布不均是导致国际纷争的原因之一。	·不仅是化石能源,其他可再生能源的利用也是有限的。 ·有限能源的不均衡分布可引发地区和国家之间的摩擦及纷争。
有害:能源的不合理利用引发环境破坏	·风和水它的势态过强会带来破坏。 ·日光过强也会造成伤害。 ·电池中包含危险物质。	·物质燃烧造成地球温暖化。 ·电的不正确使用会触电或发生火灾。 ·燃料燃烧产生有害物质。	·水库的建造等大规模水资源开发伴随着环境破坏。 ·发电有时也会导致环境破坏。 ·化石燃料的燃烧导致大气污染和地球温暖化。	·生物智能的不合理利用其废弃物也会导致环境破坏。 ·核能发电放射性废弃物的处理仍不完善。 ·产业革命以后化石能源的大量消费最终导致地球温暖化、酸雨等全球性环境破坏。	·能源利用伴随废弃物和热量等副产物,从而给环境带来压力。 ·可再生能源不切实的利用也会造成环境压力。

学段 / 视角	幼儿园：在游戏中感受能源 小学低年级：用自然能源开展游戏	小学中年级：发现生活和能源	小学高年级：理解我国能源现状	初中：在全球视野下探索能源及其利用	高中：成为可持续社会的建设者
保护：从循环控制共生的视角思考能源的可持续利用	·风、水、阳光和电池如果合理的使用就可以快乐的游戏。 ·使用后的电池必须分类废弃。	·关心能源问题、主动调查和行动非常重要。 ·必须抑制家庭和学校所使用的能源。	·为了解决能源问题，重要的是不能给环境造成压力。 ·为了化石能源的可持续利用必须在各种场合采取节能行为。	·要构建可持续社会，有效利用能源非常重要。 ·对于石油等能源依存度较高的我国必须增进各国的相互理解以及维护世界和平和地区稳定。 ·重新反思自己的生活方式，关注能源的科学利用。	·为可持续利用能源，有必要抑制消费，提高系统效率以及开发替代能源。 ·在企业、地区和国家有必要创建能源公正分配和减少环境压力的体制。 ·在思考能源利用的时候有必要反思现在社会体系和生活方式，主动参与可持续社会的建设之中。

（二）能源环境教育课程开发的实践特征

基于上述能源环境课程开发的视角，对能源环境教育课程进行了开发，该课程具有以下特征：

1. 重视能源环境教育的系统性、发展性

上述开发的课程考虑到遵循小学到中学认知发展阶段，将能源教育进行了系统的、发展性的展开。上述案例（"资源、能源、环境"学习基本表）是以学生认知的形成为基础而编制的，这个认知形成贯穿小学到中学各个发展阶段。当然，该学习基本表只是作为一个尝试性实践，今后还有必要加以修正和补充。该学习基本表表示了不同发展阶段的学习课题以及所要获得的基本概念。同时，这个学习课题也呈现了能源环境教育的系统性、发展性。小学低年级注重通过体验来感受能量，在生活中关心能源问题，小学高年级注重国家资源与产业的关系来思考能源问题；初中则希望从历史的、国际的视野来把握能源问题；在高中更关注重新认识构建可持续社会的相关政策与生活方式。

2. 试图综合达成"认知的形成""学法的形成""人格的形成"

能源教育的三个视角是"关于环境的学习""来自环境的学习"和"为了环境的学习"。这三个视角可以置换为"认识的形成"（形成解决环境问题所需要的确切认识）、"学法的形成"（形成自主学习的能力）和"人格的形成"（形成丰富的人格和为创造更好环境的能力和素质），并试图将这些视角统和起来。为此，在设定学习目标时有必要强烈地意识到这一点，该课程是将各阶段学习目标与"认识的形成""学法的形成""人格的形成"对应起来进行设定的。

3. 注重顺应学生发展阶段的学习方法的形成

在学习中，注重把握问题、预想、调查、讨论、表达、发展等一系列探究性学习，试图让学生获得自主的学习方法。特别是在调查活动中，重视体验、观察、测定、调查、实验等具体活动。以探究性学习为基础，同时有必要顺应学生发展阶段开展体验性学习、参与性学习、问题解决性学习等多样性学习方式。体验性学习是以试图重新构建学生经验为目的的学习，它注重基于自然体验和社会体验的儿童与自然的对话和儿童与人的交流与交往。体验性学习也重视激发学习动机，唤起学习兴趣与关心。参与性学习是通过参与环境相关活动和行动来思考环保的意义与重要性，并试图掌握解决环境问题的具体方法。问题解决性学习是让学生自主探究、自主发现感受到的问题，同时基于在探究过程中培养的思维和价值判断，使之发展为实践性行为，旨在让学生自主地致力于问题解决过程。上述开发的课程案例中，小学低年级是以体验性学习为中心，此后是以探究性学习为基础的，同时注重参与性学习和问题解决性学习，在高中更强调问题解决性学习。

4. 注重旨在让儿童自主地进行价值判断的"认识的形成"

为达成确切的认识形成，牢固把握环境的视点是有必要的。上述案例中，为把握环境的视点设定了五个方面：存在、有用、有限、有害和保护。从这些视角可以综合地、切实地认识能源。从能源来看，把握环境的五个视角就是：

存在——资源与能源的存在和性质

有用——资源和能源在生活和社会中的利用

有限——资源和能源的有限性

有害——资源和能源利用过程中随之产生的有害性物质

保护——资源和能源的保护与利用

认识的形成是从关注身边的资源与能源的存在而开始的，然后认识的是资源和能源在自己的生活和社会中所发挥的重要作用，在此基础上，进而着眼于资源和能源是有限的，能源和资源利用所产生的废热、废弃物、环境破坏等有害性。另外，在"有限"框架中如何减少"有害"，做到持续"有用"，这种"保全"视角下的认识形成也是重要的。基于上述认识，最终试图达成"循环""控制"和"共生"这一价值观的共识与分享。

第五节　学校能源教育的实施计划

2006年，日本财团法人社会经济生产本部能源环境教育信息中心发表了《能源教育指南》，对能源教育在学校教育中的地位、学校能源教育的目标层次和内容领域以及具体内容和推进方法等学校能源教育实施计划做了详细阐述。①

一　能源教育在学校教育中的地位

1. 学校能源教育是终身学习的基础

建构可持续社会不是一朝一夕可完成的，需要几代人长期、共

---

① 财团法人社会经济生产性本部、エネルギー環境教育情報センター，《エネルギー教育ガイドライン》，平成18年版。

同的努力。为此，学校教育要加强能源、环境相关知识的学习，并为面向构筑可持续社会而创造新生活方式开展实践和行动。能源与环境的学习和行为要以终身学习为出发点，贯穿于从幼儿到老年人的所有年龄层，根据各个阶段的实际情况展开能源教育。

2. 学校能源教育必须着眼全球、立足身边

学校能源教育实践学习能源与环境问题是不言而喻的。而要寻找问题的根源，重要的是理解与认识到究竟是哪些身边的事情（我们每个人的行为）引起了全球问题，并在此之上考察具体方法策略，以身作则，掌握可行的方法和实践能力，即"Think Globally, Act Locally"。

3. 学校能源教育必须与家庭教育、社会教育相结合

为更有效地推进能源教育，学校、家庭和社会不仅要认识各自的作用，同时还期待着相互联合与协作。学校能源教育的成果可向家庭和社区普及，并成为社会能源教育的核心。能源教育不仅是在学校教育中展开，更应该抓住各种机会进行。

二　学校能源教育的目标层次

1. 学校能源教育的总目标

以构筑可持续社会为宗旨，通过有关能源以及能源与环境问题的各种活动，加深学生对能源以及能源与环境问题的理解，与此同时培养学生有关能源的课题意识，以及面对课题的解决进行切实的判断与行动的素质与能力。

2. 初中能源教育的总目标

加深对能源与环境的理解，通过节能与节约资源的各种活动，多角度地考察和理解能源与环境问题的背景以及解决的方向性，培养学生对能源与环境问题的课题意识，同时养成在面向解决问题时能够进行切实判断与行动的素质与能力。

3. 初中能源教育的具体目标

（1）兴趣与态度。关心能源和环境问题，并作为自己的课题，

主动行动起来寻求解决。

（2）知识理解。理解能源概念和作为资源的能源，了解能源利用与环境之间的关系。

（3）判断。多角度、综合考察经济发展、环保与能源之间的关系，与我们自身行动连接起来考察生活中发现的能源与环境课题。

（4）技能与表现。从互联网、社会教育设施等收集能源与环境的资料和信息，有目的地进行选择与处理。掌握一些有关能源、环境的实验、观察和调查的技能。

（5）行动与实践。根据对能源与环境的理解，将这些知识应用于日常生活之中。

三　学校能源教育的内容领域

1. 社会科学相关学科能源教育的内容

①地理部分

运用网络等方法来理解自然资源，理解各种能源资源的性质和特征。理解世界能源资源的分布以及我国能源现状，了解这些课题与国际社会的关系。理解我们的生产生活离不开能源，以及交通、运输、通信的发展与能源消费之间的关系。

②历史部分

通过视听教材以及主体的学习活动等方式理解能源利用的历史，在思考能源与社会发展的关系的同时，认识能源对人类所起的作用等。

③政治经济部分

理解我们的日常生活不可能离开能源，同时注意到生产物品、提供服务也要使用的能源。理解化石燃料的使用导致地球环境问题，以及解决环境问题的地区性与国际性条约。理解世界能源消费的地域性差异和南北问题有关系，思考发达国家和发展中国家如何共同发展的课题。关注资源能源的有效开发和利用，知道为谋求向循环型社会转变而提倡节能、节约资源以及废物回收利用的必要性等。

2. 自然科学相关学科能源教育的内容

①理科部分

通过实验和观察理解能源的基础概念、各种发电方法、能量的形态变化以及关注电能的便利性。学习能源的有效利用，掌握科学思考能源的能力。理解地球是一个拥有适宜生物生存环境的天体，理解是太阳能的恩惠才会有地球系统的成立。理解人类正是利用了适宜的地球环境才得以诞生并繁衍生息，并将此作为科学思考环境与能源问题的出发点。

②技术部分

通过利用能量变换来设计制作作品，以养成对身边能源的关心，思考能量如何转换及其利用。要与社会学科的学习相联系，在技术与环境、能源及资源的关系中，理解技术的作用以及技术发展对能源有效利用和环保的贡献，思考周围各项课题的技术性解决方法。

四　学校能源教育的具体内容①

（一）关于能源的基本认识和技能

1. 能源概念的认识

（1）作为可做功的能力，包括机械能、热能、化学能、光能、电能等。

（2）各种能量形态可相互转化、其总能量保持不变、自然的事物和现象的总质量不变、自然的事物和现象的变化伴随着能量的转换。

（3）能量即使其形态改变其总量保持不变，但是质量下降了。

（4）为了有效使用能量就要减少熵的生成。

（5）关于日常所使用的动力和燃料要理解各种能源的性质和特

---

① 日本北海道大学エネルギー教育研究会：《教育課程に位置付けられたエネルギー環境教育〜パッケージプログラムの開発〜（小学校）》，平成18年版，第2—8页。

征及能量的生成方法。理解所利用的能量是从哪里产生的。

2. 能源问题的认识

（1）认识自然能量的利用和农业的发展、蒸汽机的发明和产业革命、从煤炭到石油的转变这种能源利用的变迁。

（2）产业的发展和生活水平的提高伴随着能源消费的扩大。

（3）现代社会与生活（电和煤气、水的供应、交通、运输、通信等各种产业工程）是依靠能源大量消费而成立的。

（二）对环境的基本认识和技能

1. 新的产业与经济活动会产生新的环境问题。

2. 关于日常所使用的动力和燃料要理解各种能源的性质和特征及能量的生成方法。理解所利用的能量是从哪里产生的。

3. 理解削减二氧化碳的意义和方法。例如：重视再利用、垃圾的削减和分类、减少自驾车的出行、积极利用公共交通工具。

（三）对应能源环境问题

1. 作为能源的化石能源与资源的有限性。

2. 化石能源的利用伴随产生的二氧化碳、硫的氧化物、氮氧化物的排放和地球温暖化及酸雨问题。

3. 我国人均能源匮乏，而且有依赖于政治并非安定的中东地区。

4. 对应能源供应的分散化与能源问题以及石油替代能源的开发。

5. 发展中国家人口增长与经济发展带来能源消费量的增长。西方国家对此有技术援助的义务。

6. 能源的公平分配和国际纷争。

7. 利用绿色能源，转变生活方式和社会体制（构建可持续社会），例如：推进节能、开发新能源、充分利用绿色能源、核燃料的循环利用。

8. 我国能源状况的认识。

（四）面向解决能源环境问题的行动

1. 面向构建可持续社会积极主动地参与必要活动的态度和谨慎

消费的习惯。

2. 采取有意识地削减二氧化碳的主体性行动。

3. 采取不产生垃圾、垃圾分类、减少垃圾焚烧数量的主体性行动。

4. 参加学校和家庭中的节能活动及社区的环保活动。

5. 理解地方和政府有关环保活动的制度。

五　学校能源教育的推进方法

1. 重视过程性和综合性学习

各国、各地区的实际情况不同，个人价值观呈现多样化，因此，能源与环境问题的解决不是依靠唯一的、绝对的方法就能实现的。在能源教育中，比起学习一个结论来说，更重视得出结论的过程以及多元化的见解和多角度的思考与判断能力。

2. 重视解决问题性学习与体验性学习

在能源教育中，放眼全球的能源、环境问题，把它当作身边的问题进行追究，同时，针对解决问题给出具体的意见。为养成持续的行为、实践的能力和态度，开展和引导问题解决性的、体验性的学习，是十分必要的。

3. 重视生成性学习

能源与环境问题是复杂的、综合性的。由于经济状况、科技发展以及人们意识的改变等原因而不断地改变其形式。因此，能源教育要不断地顺应其变化，养成"自己的生活方式影响着环境、自己选择的措施将改变将来的环境"这一当事者意识，以及能够采取负责任的选择与行为。

4. 重视多样性学习

通过社会、理科、技术等学科学习基本能源问题，同时要将学习成果与生活和实际社会问题联系起来，形成生存能力。争取采用跨学科的学习方式，联系系统学习成果，进行综合的、多角度的探究能源问题。

第二章 学校能源教育的学科渗透案例

21世纪是能源的世纪，能源问题日益成为左右人类建构可持续发展社会的重要砝码，因而备受各国政府的高度重视。我国基础教育正处在应试教育向素质教育转变的关键时期，而能源素养是合格公民的基本素养之一。

借助理科（包括化学）课程贯彻实施能源教育，这是理科课程改革的紧要课题之一，也是学校落实能源教育的主渠道。化学学科与能源及能源问题存在天然的密切关系，这意味着化学学科是贯彻实施能源教育，提高学生能源素养的重要学科。[①]

第一节 化学学科课程渗透能源教育的必要性和可行性

一 化学学科课程实施能源教育的必要性

首先，从能源教育的概念、目的和内容看，由于能源问题的根源在于人类的各种活动，涉及人与人、人与环境、人与社会等诸多关系，因此，能源教育主要处理的是人类与能源之间关系的问题。能源教育不仅是学习与能源有关的知识，其最终目的是促使个人主动利用相关知识和技能采取行动去解决当前问题、预防新问题。同

---

① 王雪琼：《高中化学课程中能源教育的理念、现状及实施策略研究》，沈阳师范大学硕士论文2007年版。

时，能源问题不仅涉及自然科学，而且涉及社会科学的诸多学科，通过能源教育的实践，有利于全面培养学生的科学素养，这对造就知识经济时代所需要的复合型人才是必不可少的。

其次，从中学生能源素质现状的考查结果来看，我国中学生普遍存在的问题是，能源知识掌握较好，但与实际生活相联系的能源常识掌握得不是很理想，特别是对一些浪费能源的行为不以为然，处理能源问题的方法和能力有所欠缺，这都说明目前的中学能源教育还只停留在书本上，没有落到实处。同时，在考查现行中学化学课程标准和中学化学教科书时，发现目前的化学课程中还是比较注重能源知识的教授，对培养学生的能源意识和实际处理能源问题能力没有深入探讨，这也是导致中学生目前能源意识不强的原因之一。因此，在中学实施能源教育是很必要的。

最后，能源教育是使现在不可持续发展转向可持续发展的重要教育手段。同时，中学能源教育是我国环境教育的重要组成部分，是素质教育的重要内容，是关系到建设可持续发展社会的关键。因此，在中学开展能源教育，能培养受教育者的能源素养和可持续发展意识，并在全社会营造出普遍关注人类的生存环境与合理使用能源的道德风尚，并把这一风尚根植于民族文化的精髓之中。

二　中学化学课程实施能源教育的可行性

首先，从教育时机看，中学是一个人成长的关键阶段，无论是积累知识经验、开发智力，还是培养良好的情感与品德，都必须在这一阶段奠定坚实的基础。中学生热情饱满，富于理想，热衷于公益性事业，尤其是中学生，他们已具备成年人的心智水平，他们的态度和行为更能影响周围的人。而且，中学还有为高一级的学校输送人才的重要作用。因此，从教育的时机选择方面看，在中学进行能源教育是很适宜的。

其次，从化学学科特点看，在尚未开设专门的能源教育课的情况下，化学课程是实施能源教育的主要途径之一。中学化学能源教育是中学能源教育目标具体化的重要部分。化学是研究物质组成、结构、性质和变化规律的实验性学科，学科本身的要求、内容、观点和方法与保护人类赖以生存发展的能源、环境密切相关，尤其是元素、物质、反应、实验等基础知识和基本技能与能源科学中的能量变化、能源开发和利用有着内在联系。从目前人们最关注的一些能源问题，如能源的开发和利用、大气污染、温室效应、酸雨等问题来看都与化学有着直接关系。由此可以断定，没有化学知识，就不能解决能源以及环境问题。因此，从这个意义上说，在中学化学课程中实施能源教育，这是化学学科自身特点所决定的。

第二节　中学化学课程渗透能源教育的目标和内容

一　目标

中学化学课程实施能源教育的基本前提之一是，必须确保化学课程目标与能源教育目标的一致性。结合能源教育目标的基本内容和中学化学学科特性，并参考中学化学新课程目标的表达方式，在此拟从"知识和技能""过程与方法""情感态度与价值观"三个方面来初步设定化学课程中能源教育的目标。

1. 知识和技能

（1）了解化学能和热能、电能的关系，懂得如何利用化学能制作各类电池；

（2）了解石油、天然气、煤、氢气等燃料的化学成分，以及它们释能的反应原理和反应产物；

（3）了解各种燃料对环境的影响，懂得选择利用对环境影响小的燃料；

（4）理解化石燃料的综合利用，认识到它们对生产生活的重要作用，同时也要认识到它们对环境的影响。

2. 过程与方法

（1）通过对能源相关知识进行探究学习，提高科学探究能力；

（2）通过开展与能源相关的化学实验，加深对能源与化学之间关系的理解；

（3）通过化学课程学习能源知识，学会从化学的角度思考和处理能源问题。

3. 情感、态度与价值观

（1）激发参与和关心能源以及节能的活动；

（2）学习各类能源对环境的影响，能够加强环保意识，并体会化学与能源利用、环境保护之间的关系；

（3）激发对化学能的兴趣，关心和热爱能源事业，并为之奋斗；

（4）认识化石燃料的有限性和污染性，树立可持续发展意识。

二　内容

结合化学学科内容和学科特性，并参考现行中学化学教科书有关能源教育的内容，在中学化学课程中实施能源教育应重视以下几个方面内容。

1. 能量概念——化学反应与能量的变化

（1）化学能与热能

了解化学能转化成热能的原理如何应用于生产、生活中。

（2）化学能与电能

①转化原理：理解化学能与电能的转化关系及其应用。

②电池：知道生活中不同电池的特点、性能和用途，以及废弃电池对环境的影响，认识到研制新型电池、提高电池能源转化效率的重要性，同时，学会利用生活中的材料制作简易电池。

2. 能源与能源问题——化石燃料的综合利用

了解化石燃料的来源、性质和成分，认识化石燃料综合利用的意义，了解甲烷、乙烯、苯等物质的主要性质，认识乙烯、氯乙烯、苯的衍生物等在化工生产中的重要作用。同时，认识到化石燃料对环境的影响。

（1）石油

了解石油加工的过程和加工的产物，认识到石油对经济发展的重要作用。

（2）煤

了解煤的利用对环境的影响，进而认识到提高煤的利用效率和开发煤洁净技术的意义。

（3）天然气

知道天然气的不同存在形式及其利用价值，如可燃冰的开发和利用。

3. 能源技术——新型能源的开发和利用

（1）太阳能

认识到太阳能对人类的重要作用，了解太阳能的利用方式，知道太阳能开发和利用的实例。

（2）生物质能

知道生物质能的来源和种类，了解生物质能的利用方式及实例。

（3）氢能

知道氢的特点及氢能，能够了解制取氢气的方法，认识到氢能的发展前景。

（4）核能

核能的内容一般只出现在物理课程中，使得一部分学生误认为核能只与物理学科相关联，但事实上，不论是核裂变还是核聚变，它们的反应过程都是有新物质生成的化学变化。显然，仅仅在物理课程中涉及核能的相关内容是不完整的，还应该让学生从化学学科的角度了解核能的相关内容，如核裂变和核聚变的反应方程式和反应原理，以及核能的安全利用等内容。

4. 能源与人类社会——能源利用与可持续发展

（1）能源及其分类

认识各种能源及其释能的方式，还要了解能源分为一次能源和二次能源、可再生能源和非可再生能源、常规能源和新型能源、清洁型能源和污染型能源等内容。

（2）能源的利用历史

了解人类利用能源的历史大概分为三个时期，柴草时期（火的发现至 18 世纪产业革命）、化石能源时期（18 世纪中期至现代）、多能源结构时期（现代以后）。

（3）世界以及中国的能源现状

目前，世界能源结构仍然是石油占据主导地位，而我国的能源结构中煤炭占据主导地位。因为化石燃料是不可再生能源，所以各国在争夺油气的同时，也在加紧开发和利用新型能源。

第三节　中学化学课程实施能源教育的策略和方法

目前，我国中学并没有设立单独的能源教育课，而且，中学生课业繁多，如果单独设立一门课程反而会增加学生的负担，因此，对于能源教育也应该和环境教育一样，主要采取渗透结合的模式，也就是把能源教育的内容融入各个相关的学科当中。根据中学化学课程标准中所规定的能源相关内容，主要集中在化学反应与能量的转化、电池的原理和研发、化石燃料的综合利用等内容上。就能源知识来说，内容比较充实，但还不很完整，对能源的种类、分类及新型能源等内容没有完整记述。而且，从能源教育角度上来说，能源与人类之间关系的相关内容也显得很不够。也就是说，在中学化学课程中，能源理论知识相对充实，但和实际生活联系太少。

一　实施策略

1. 结合化学课程开展渗透式教学

目前,基础教育中开展能源教育的主导方式是通过课堂渗透教学。课堂讲授是学生获取知识的主要途径。传授能源知识,必须充分发挥课堂教学的主渠道作用,而课堂教学的方法又有很多,目前最广泛、最有效、最可行的主要方法是渗透法。在化学课程与教学中进行能源教育,要以教材为基础,以教育目标为准则,以化学知识与能源教育的结合点为核心,准确把握渗透的内容。如讲到化石燃料的综合利用时,就不能单单只讲如何利用化石燃料提取工业原料,还要讲到利用化石燃料对环境的危害,如大气污染、温室效应、酸雨等,同时,还要讲到化石燃料是不可再生的一次能源,是有限的,必须节约利用并开发新型的清洁能源等。但是,实施能源教育仅仅依靠教师在课堂上讲授是不够的,还需要其他的辅助教学手段,如开展实验教学、活动教学等方式。

2. 结合化学实验,提高学生解决能源问题的方法和能力

化学是一门以实验为基础的自然科学。化学实验对全面提高学生的科学素养有着极为重要的作用。化学实验能够创造生动活泼的教学情景,进而激发学生的学习兴趣,帮助学生理解和掌握化学知识、提高实验操作技能。因此,在化学教学中渗透能源教育,不能离开实验的帮助。如讲到化学能转变为电能时,不但要讲到原电池的反应原理,还要让学生动手制作简易电池;在讲授氢能是目前最清洁的能源时,要让学生知道氢能是一种二次能源,所以,引导学生自己设计如何获得氢能源,并验证是否可行。

3. 结合综合实践活动,培养综合能源素养

国家新一轮基础教育课程改革从小学到中学设置了综合实践活动课并将其作为必修课,这将成为化学课堂之外能源教育的重要平台。综合实践活动课是基于学生的直接经验,密切联系学生自身生

活和社会生活，体现对知识的综合运用的课程形态。如利用综合实践活动课开展化学与能源知识问答比赛，利用综合实践活动课针对如何节约能源展开讨论等。因此，利用化学综合实践活动课进行能源教育，弥补了因化学课时限制而缺少的能源教育部分。

二　实施方法

在中学化学课程教学中实施能源教育的方法有很多，如讲授法、实验法、问题解决法、探究法、主题活动法、快速联想法、头脑风暴法、模拟法、游戏法、调查法、网络信息法等，但根据中学化学课程设置的教学时间和教学容量的实际情况，如果把这些方法都应用于化学教学中是不可能实现的。本文仅选取几种切实可行的实施方法加以介绍。

1. 讲授法

讲授法是一种传统的教学方法，它能在较短的时间内，有计划、有目的地将大量抽象化、概括化了的内容传递给学生。与普通教育一样，能源教育主要采用的也是这种教学方法，即在教师的指导下，向学生讲授能源领域的知识和概念，以此来促进学生能源意识的提高。虽然，随着现代教育方法讨论的不断深入，讲授法因为教法单一、枯燥，与学生没有互动等原因受到质疑，但就目前的教育现状来说，这是向学习者传授系统能源知识的最好方法之一。不过，能源教育更重要的是要培养学习者强烈的能源意识和环境保护责任感，并参与到改变生活方式和节约能源的活动中去，而讲授法显然不足以完全把能源知识、技能等转化为学习者的行为。因此，实施能源教育还应该配合其他的教学方法。

2. 问题解决法

所谓问题解决法，是在教学过程中，通过指导学生对具体问题的一般性考查来使他们巩固或学习有关的知识、概念。就能源问题来说，它包括当地的和全国的乃至全球的问题，它的解决有赖于人们运用一定的知识去理解问题的起因和后果，并掌握解决问题的技能。因此，在能源教育的过程中引导学生以具体的能源问题为案例学习有关解决能源问题的计划、决策和实施，能够更加有效地促进学习者理解、掌握并运用能源领域的知识和技能。

3. 实验法

实验法是学生在老师的指导下，应用一定的器材、设备或其他手段，按照一定的条件与步骤去单独或合作进行作业，以获得知识，培养技能的方法。这种方法既能使学生们得到一定的感性认识，也可以验证理论知识，使书本知识与实践相联系，同时有助于培养学生的独立工作能力或团队协作能力。实验法有助于激发学生研究问题的积极性，形成一定的解决问题的技能。实验法最大的特点是让学生亲自动手动脑，从事实践活动，对于培养学生实践能力大有好处。

4. 游戏法

游戏法是为了达到一定的教学目的而进行的有规则的竞赛活动。能源教育的游戏教学法不同于一般的竞赛活动，后者重在文化或物质的奖励，而前者则是根据教学目标而精心设计的，它是以某个能源知识或问题为主体、突出伙伴合作的活动。游戏法在进行的过程中，参与者，即学生必须明确并严格遵守专门的规则。游戏的设计不仅要有一定的目标、规则、步骤，同时，游戏的实施不能流于简单的玩耍、娱乐的形式，从而偏离了教学的目标。

5. 头脑风暴法

头脑风暴法又名智力激励法，指在一定时间内组织专门会议，使参加会议的人员相互启发，相互激励，集思广益，引导大量创造型设想的方法。从形式上看，头脑风暴法有点像讨论，但与一般的讨论相比，头脑风暴法更加自由，更加灵活，它试图创造一种宽松自由的环境，让每个与会者充分发表自己的观点。

6. 网络信息法

现在，很多学校都有电脑机房，条件好一些的在教室里也安置了电脑。课堂和书本上的知识十分有限，使用互联网查找能源相关知识，不仅开阔了学生的视野，也增加了知识的容量。通过网络不但学生可以获得所需要的能源学习资料，教师也可以获得更多更新的能源教育信息，还能接受专家对其教学方式、方法的指导，同时有助于实现不同学校教师之间的教学交流，促进共同进步。

第三章　学校能源教育的教师教育政策

　　能源问题关系到人类社会的可持续发展。解决能源危机不但要靠先进技术和健全制度，更要依靠教育，特别是学校教育，而能源教育事业的推进与实施有赖于教师。从政府机构、民间非营利组织和能源相关企业三方面透视发达国家和地区教师能源教育政策后发现，这三类机构借助为举办培训班、提供资金及先进资讯、开发课程、为优秀者提供奖励等措施推进教师能源教育。这些先进经验为我国教师能源教育的开展提供了有意义的启示。

　　学校实施能源教育要有教师来推动，而教师要实施能源教育最重要的条件是其本身必须具备能源知识与素养。而能源知识与素养可以通过专业训练、阅读图书、杂志和报纸以及出席各项研讨会、相关会议及参观活动来获得。有调查表明，鼓励教师进修和参与能源教育相关研修活动，有助于提高教师能源素养，进而提高教师能源教学内涵与效果。然而，目前世界各国都没有专门培养能源教育师资的单位，也没有制度性能源教育教师培训活动。教师能源教育活动主要通过政府机构、民间团体和企业三方面来组织的。[①]

---

　　① 刘继和、米佳琳、陈芳芳：《发达国家和地区教师能源教育政策及启示》，《沈阳师范大学学报》（社会科学版）2011 年第 5 期。

第一节　政府机构的教师能源教育政策

一　提供能源教育研习机会

美国政府每年都举办为期 1 至 5 天的"国家能源教师研讨会（NECE）"，旨在对教师进行培训，使教师有机会通过利用能源科学、电力能源、能源运输、能源效率等材料去了解能源。来自全国各地的能源教师通过该平台展开相互交流，共同分享最先进的能源技术和理念，使各自能源教育水平得到一定提高。此外，政府还向教育工作者和能源专家提供系列培训计划和培训班，例如，面向能源管理员、学校设施管理人员以及建筑师举办能源管理学校会议；为使能源专家和教育工作者寻求学习和分享优质能源教育与宣传的机会，提供能源教育论坛和交流活动；开办教师暑期研究所，为对能源教育感兴趣的教育工作者提供能源实地考察、专门能源培训；在春假或暑假为对能源学习感兴趣的学生提供了春季或夏季能源营；针对教师进行培训的讲习班等。

日本经济产业省资源能源厅能源信息企划室在能源教育管理方面承担着重要职责，在推进与管理教师能源教育事业中发挥重要作用。该机构定期组织召开面向教师的研修会，以中小学教师及未来志愿从事教师事业的大学生为对象，组织召开研修会、以能源问题最新信息和世界能源动向等为题的讲演、参观能源相关设施等活动。

台湾地区教师能源教育培训活动十分丰富。经济部能源局主办与推动示范能源观摩研习活动，对能源教育有兴趣的国民中小学在职教师均可报名参加，分北区、中区和南区三个地点进行，在能源观摩研习活动中，就能源及相关内容对国民中学及小学教师进行培训。在为期一天的时间里，安排丰富的内容，既有政府官员及大学教授关于能源形势和世界能源教育形势的报告，又有具体教学设计和能源教育教具、教材的制作与分析等内容。另外，"能源教育种子教师"研习活动由教育部、能源部或各地教育局组织，在活动中国民中小学教师通过参观能源教育重点学校、学习能源教育相关知识等活动，提高对能源教育内涵的认识，提升设计能源相关活动的技巧，借此提高学校基础能源教育水平。

二　提供能源教育专业指导和资金支持

日本资源能源厅强调能源问题与每个国民都有着密切关系，主张能源教育作为终身学习的课题之一，有必要动员整个社会的全体国民共同推进能源教育事业发展。因此，资源能源厅向推进能源教育实践研究的学校、公民馆和NPO等提供各项支援，包括提供教材与资料、对实践给予专业指导或建议以及派遣专家实施上门教学等，目的是培养地区推进能源教育事业的人才和致力实践研究的人才，并完善地区能源教育基地建设。2002年文部科学省创设了"核能、能源教育支援事业辅助金"制度，这是支持全国各都道府县根据课程标准的旨趣以主体实施核能及能源教育事业的一种机制，以支援各都道府县的学校开展编制辅助教材、研究指导方法、教育研修、设施参观等各种能源教育事项与活动，加深师生及国民对核能及能源问题的理解，养成对能源问题的自主思考与判断的能力。

三　提供能源教育最新信息

近年来，澳大利亚大力发展能源教育，澳大利亚各州、地区及相关能源部门都开展了能源教育项目。西澳大利亚州矿产资源丰富，为保证经济及能源的可持续发展，该州加强了能源教育的推广，西澳矿产和能源办公室（CME）的教育和培训项目就是其一。它服务于教育部门，为教育者提供关于企业和资源的最新消息。塔斯马尼亚州能源探索中心的"实际操作（hands-on）"项目，目的是让学生和老师在富有创造性的和刺激性的接触式环境中体验到能源学习的乐趣。该中心为各个年龄段的学生提供实际操作体验，并通过学校课程和联络员加强与教育部门的紧密联系。

日本能源资源厅除了为教师能源教育提供培训和支持之外，还积极提供能源最新信息，例如，发行登载能源与环境教育最新动向、教学中可以使用的数据等信息的、面向教师的信息杂志、以核能发电站设置地区的中学生为对象的能源信息杂志等。

四　提供能源教育课程

美国威斯康星州环境中心为教师提供能源相关课程。课程分为两类：面授课程和网络课程。课程内容包括教室中的能源教育、能源教育中的主题、课堂中进行的可再生能源教育、能源教育的理论和实践、学校建筑能源效率教育及可再生能源教育。以面授课程"教室中的可再生能源教育"为例，该课程向教师们提供了在课堂教学中有关可再生能源的一些实际活动、课堂讨论以及基于课堂的问题，以此来帮助教师分析能源信息，理解能源策略和技术，以增加学生们对可再生能源的认识。该课程将重点介绍教师在课堂上使用的可再生能源的课程设计，并被推荐为5—12年级的教师使用。

五　提供能源教育奖励

美国威斯康星州每年都要推选出公立或私立学校的从幼儿园到12年级教师，由政府颁给其正式的能源教育年度奖，以表扬其对能源教育事业所做出的努力和奉献。各科教师均有资格夺得此奖，但需要有一定标准，提名人应达到以下一点或几点要求：专业发展经历（领导、教学课程、讲习班等）；课程及资源开发（开发课程、创造教学用具、有效利用资源等）；学生参与（放学后参加俱乐部、学生参与相关基金会或职业培训等）；筹款（写作、组织募捐、节约能源等）。通过评选能源教育年度奖，既可以对为能源教育事业做出贡献的教师进行鼓励，还可以提高教师专业发展、促进教师对能源课程及资源的开发、提高对学生参与工作的重视程度、增强自身节约能源的意识等。

第二节 民间非营利团体的教师能源教育举措

一 建构数字网络,提供教师能源教育信息

日本能源环境教育信息中心(ICEE)、科学技术振兴机构(JST)、能源节约中心(ECCJ)等许多民间非营利组织(NPO)在援助与推进能源教育事业上做出了重要贡献,日本能源环境教育信息中心(ICEE)和科学技术振兴机构(JST)的主要任务是构建能源教育事业支援网络,向一线教师发行能源信息志,如关于节能的小册子,召开能源问题研讨会等,通过一系列的活动支持教师能源教育。

加拿大能源信息中心(Canadian Centre for Energy Information)是始创于 2002 年的非营利性机构,能源信息中心的一个任务就是提供世界一流的教材,以协助教师在环境研究、地理、英语语言艺术、信息和通信技术、数学、物理、科学、社会研究等领域实现自己的教学目标。能源信息中心通过印刷出版物和建设网站(www. Centreforenergy. com)来发布最新的能源教育方面的信息。此外,该中心还通过安大略省环境经济教育协会(Environment-Economy Education Society of Ontario)、室内教育组织(Inside Education)、种子基金会(The SEEDS Foundation)、传统社区基金会(The Heritage Community Foundation)、科学,我能!(YES I Can! Science)等合作伙伴开发和提供能源教育资源给教师、学生和其他在能源资源学习方面有兴趣的人员。

二 召开研讨会,组织能源教育培训班

日本民间非营利组织还积极支援教师研修以及学校能源教学。

通过系统支援教员研修，编制教师用能源教育资料和开发研修计划与项目等支援学校能源教育。日本能源环境教育信息中心（ICEE）在这方面做了大量工作：组织召开面向教师的研讨会、实施上门教学、发行教师用解说书或指导事例集、编制设施见习指南等。科学技术振兴机构（JST）有计划地向学校组织派遣能源专业方面专家实施上门教学等。

英国能源可持续发展中心（CSE）不仅致力于能源利用效率的提高和可再生能源的发展，还积极推动能源教育和培训课程的开发。CSE 的能源教育课程在对青少年进行可持续能源教育的同时，还为教师提供可持续能源教育方面的培训，以促进能源教育的有效实施。在英国，能源研究、教育及培训中心（CREATE）是另一个重要的非营利性能源可持续发展教育机构，通过一系列有趣又有教育意义的活动增加公民对气候变化、能源效率和可再生资源利用的认识和了解。CREATE 针对教师的培训主要包括：能源工作行动计划的制定；工作中的健康安全保障以及浪费最小化；培训能源教育者，提供能源有效利用建议。

"大地旅人环境工作室"是我国台湾地区一个以推动节约能源以及能源教育的非营利性民间组织，在台达电子文教基金会的赞助下，"大地旅人环境工作室"组织的"能源之星"教师培训，该培训为期三个月，主要针对的对象是有从业资格的待业及退休教师，经过培训的教师会以"常驻"的形式，巡回于 24 所引入 KEEP 能源教材的学校，协助推广 KEEP 能源教材与教学方法，协助学校组织与能源相关的教学活动，在非巡回期间，协助 KEEP 编辑的工作或参与、出席"全校式经营能源学校辅导计划"。通过"能源之星"教师的巡回教学，给学校带去了能源教育的新观念，提高了引进 KEEP 教材学校的能源教育理念，促进了学校能源教育的发展。

三　提供能源教育课程和活动

澳大利亚最大的能源教育组织是澳大利亚能源教育协会（EEA，

Energy Education Australia），该协会成立于 2006 年，是在全国注册的非营利组织，成员大多来自澳大利亚教育领域。EEA 目前主要提供三方面的课程：家用能源、工业能源和交通能源。通过学习电能、太阳能、水能、风能、不同的燃料等能源知识，使学习者了解不同的能源科学知识及能源资源，进而学习如何有效地使用这些能源。EEA 还通过各种渠道组织了多种多样的活动，检验和巩固所学的能源知识和技能。喜欢实践活动的学习者可以积极参加并在各种技术挑战中获得丰富的实践经验。

第三节　能源相关企业的教师能源教育活动

BP 加拿大能源公司为阿尔伯达省的公立和私立基础学校的教育者提供教育基金和奖学金。此项目首先由 BP 公司在加利福尼亚发起，今年又扩展了 6 个地区：阿拉巴马、伊利诺伊、印第安纳、新墨西哥、俄亥俄以及阿尔伯达。在以上该项目所实施的地区，所有从事基础教育（1—12 年级）的老师，无论在公立或私立学校，都有资格申请。对教师在传授能源知识或节约能源知识时所进行的创新和杰出工作进行认可和奖励。在申请人所教的科目内，着重能源或节约能源知识教育的创新课堂以及课后、课外或暑期计划等。

在日本，能源供给单位、能源机械制造业、能源消费企业等相关企业也十分重视对能源教育事业的支援。这些企业一致认为，提高国民对能源的关心与理解，促进节能，支援能源教育事业，是企业的社会责任。企业支援教师能源教育事业主要采用以下方式：一是向学校提供能源教育素材。例如，发放小册子等能源资料、借助互联网提供能源信息、组织参观能源设施、展示能源相关信息与活动等。二是向学校提供专业人才。例如，派遣能源专家走进学校教师上门实施能源教学、向研讨会与讲习会，派遣能源专业方面讲师、参加企划与组织能源环境教育研究会等。三是提供资金。例如，负担学校师生参观能源设施接待费等。

第四节　发达国家和地区教师能源 教育政策的经验与启示

发达国家和地区教师能源教育已趋于成熟，我国在教师能源教育方面还刚刚起步。因此在我国教师能源教育体系构建和完善的过程中，发达国家的许多先进经验值得我们学习。

第一，政府相关部门要提高对教师能源教育的重视。要想使教师能源教育顺利而有效地开展起来，能源部门、教育部门、宣传部门等各级政府首先要认识到能源教育以及教师能源教育的重要性与紧迫性，组织专家研讨与出台教师能源教育实施计划。

第二，民间组织、能源相关企业要积极推进教师能源教育。同其他教育事业一样，教师能源教育也是一项社会性事业，关系到广大国民能源素养水准的高低。民间组织、能源相关企业应当把能源教育作为一项公益性社会事务，容入本行业相关事业项目之中，主动承担关乎社会可持续发展的推进能源教育事业这项责任，为提升教师能源教育素养以及国民能源素养做出应有贡献。

第三，大学及能源相关科研院所应积极开发适用于在职教师的能源课程。从国外成功的教师能源教育经验看，提高能源教育的教学效果，最有效的举措就是调动各级部门与组织积极举办培训和开发教师能源教课程。特别是，在推进教师能源教育上，大学及能源相关科研院所拥有得天独厚的人才资源和丰富的科研成果，可以为学校开展能源教育以及教师能源教育培训活动提供坚实的专业支撑。

第四章 学校可持续发展教育

　　国际环境教育正式发端于 20 世纪 70 年代，其标志是 1975 年 UNEP 和 UNESCO 联合发起的"国际环境教育计划"（IEEP）协作项目（1975—1995），迄今为止已有 36 年的发展历程。[①] 2002 年联合国第 57 届大会通过了第 254 号决议，将 2005—2014 年确定为"可持续发展教育 10 年"（以下用英文缩写 DESD），同时指定联合国教科文组织领导 DESD 活动的开展，并组织制定"联合国教育促进可持续发展 10 年（2005—2014）国际实施计划"。联合国教科文组织在广泛征询联合国机构、国家政府、民间团体和非政府组织以及学者和专家的意见的基础上，经该组织的高级工作小组审阅，于 2005 年 3 月 1 日正式公布了"联合国可持续发展教育十年（2005—2014）国际实施计划"。[②] 为此，本章首先概述了联合国可持续发展教育 10 年（2005—2014）的出台经纬、提出的国际社会背景和目标与目的等内容，然后在此基础上，就可持续发展教育的提出、理念、实质、目的和特征等主要问题进行了解读。这对于从更高的高度和更广阔的视阈理解和把握学校能源教育的本质与方向具有重要意义。

---

　　① 刘继和：《国际环境教育发展历程简顾——以重要国际环境会议为中心》，《环境教育》2000 年第 1 期。

　　② NGO 法人"持統可能な開発のための教育の10 年推進会議"（ESD-J）訳：《国連持統可能な開発のための教育の10 年（2005—2014 年）国際実施計画》，2005 年 10 月。

第一节　DESD 概述

一　DESD 出台的经纬

环境教育是从 19 世纪后半期开始在欧洲诸国以自然保护教育的形式发展起来的。"第二次世界大战"以后，随着资本主义商品经济迅速发展，环境污染和生态破坏日益严重。为唤起和提高人们的环保意识，环境教育的意义和作用开始逐步被各国所认识。有学者认为，将"环境教育"作为专业用语是 1948 年联合国自然保护联盟设立总会上托马斯·普利查德最初使用的。但是，时至今日，环境教育的概念和含义还没有最终确立，这反映了环境教育事业正在不断发展。不过，在历史上不乏较明确阐述环境教育概念的文献或声明，如美国《联邦环境教育法》（1970 年）、国际自然保护联盟（INCU）（1970 年）、《人类环境宣言》（1972 年）、《第比利斯会议宣言》（1977 年）、《21 世纪议程》（1992 年）和《塞萨络尼基宣言》（1997 年）等。由于《第比利斯会议宣言》是各国政府间达成的共识，因此，在国际上通常将其作为世界环境教育的基本框架。该宣言指出："环境教育可理解为一种终身教育，是适应世界急速变化的教育。""环境教育作为国际新秩序的基础，有助于保护和改善环境，促进国家和地区间形成责任感和连带感。""环境教育是实现和平，进一步缓解国际之间的紧张，促进国家间的相互理解，废除国家间人种的、政治的、经济的所有形式差别的真正手段。""环境教育的基本目的是要使个人和社会团体理解自然环境和人为环境的复杂性——造成这种复杂性的原因来源于人类的生物活动、物理活动、社会活动、经济活动和文化活动各方面的交互作用；使他们获得知识、价值信念、态度和实用技能，以便能以一种负责的和有效的方式参与环境问题的认识和解决，管理环境质量。""要清楚地揭示当代世界在经济、政治和生态上相互依存，不同国家采取的决策和行动会引起国际性的反响。在此方面，环境教育应该发展国家与区域间团结和负责的意识，作为建立一种确保保护和改善环境的国际新秩序的基础。"从这些阐述中我们不难发现，环境教育不仅是为了应对环境问题，而且也是作为国际新秩序的基础，适应世界的变化，加深国家间的理解，消除各种差别，实现和平的手段。换言之，从这时起，环境教育这一概念开始不是单纯地应对环境问题（狭义的），而是站在"作为国际新秩序的基础"这一高度上，在更广泛层面上（广义的）解释环境教育的意义，从而提升了其地位和作用。然而，时至今天，环境教育应有的广泛作用远远没有实现。

1987 年 WCED 编发的报告书《为了保护地球的未来》第一次提出了"可持续发展"这一概念并开始被世人关注。1992 年 UNCED 采纳的《关于环境与发展的里约热内卢宣言》和《21 世纪议程》中，开始采用"环境和开发""关于环境和开发的教育"或者"面向可持续发展的教育"取代环境教育这一用语。为了响应联合国可持续发展委员会提出的"考虑环境教育取得的经验，把有关人口、卫生、经济、社会和人类发展，以及和平与安全的审议意见统一起来，完善面向可持续发展的教育的概念和要旨"之要求，1997 年联合国教科文组织提出了报告书《教育为可持续未来服务——一种促进协同行动的跨学科思想》。报告书指出，人口、贫困、环境恶化、民主、人权与和平、发展等全球性问题日益严重，我们不仅要解决好这些问题，更重要的是端正思想："看清这些问题之间的相互关系，并认识到确定一种根植于可持续价值观的新视角的根本必要性。正是这样一种必要性才使教育成为创造可持续未来的关键所在。"即报告强调了全球性问题的内在联系和相互作用，以及为解决此问题而构筑可持续性教育的必要性。同时，对可持续性的概念给予界定：它是"一种动态平衡"（环境要求与发展需要之间的平衡）。并指出："教育是人类探索实现可持续发展的最好的希望和最有效的手段。"特别是，1997 年希腊召开的第三届环境教育国际会议"环境和社会：为了可持续性的教育和意识启发"通过的《塞萨络尼基宣言》指出："在面向可持续性教育整体的变革中包含着所有国家的所有层次的学校教育及校外教育。可持续性这个概念不仅指环境，也包含贫困、人口、健康、粮食的确保、民主主义、人权和和平。说到底，可持续性是指道德的、伦理的规范，其中内含着值得尊重的文化的多样性及传统知识"，因此，"将环境教育表现为'为了环境和可持续性的教育'也无妨"。这表明了起初意义上的环境教育这一用语已不能应对环境问题以外的全球性课题。为了协调环境与开发之间的辩证关系，达成可持续社会，就必须赋予环境教育更丰富的内涵，拓展环境教育的外延。"为了可持续性的教育"正是在这一背景下提出的。也就是说，环境教育这一概念是随着对环境相关问题理解和认识的加深而深化。1977 年第比利斯会议以后，特别是 1992 年《21世纪议程》发表以来，"环境教育"提升为"为了可持续性发展的教育"，就是为了有效应对包括环境问题在内的更广泛的全球性问题。1997 年塞萨络尼基会议指出，环境教育可定义为"为了可持续性的教育"。这表明要重新理解和认识环境教育的含义，同时也提示了今后环境教育的方向。

从这里我们不难看出，环境教育概念的内涵是不断发展变化的，其地位和作用也在不断提高。然而，在现实中，片面、肤浅、狭义地解释和理解环境教育的倾向很强，为确保可持续发展而对环境教育的实践、体系及结构进行广泛的重新定向，尚未在我国实施，大多数人的脑海里依然局限于地球高峰会议前的陈旧落后的狭义上的环境教育思想。这些观念倾向于通过科技成果改善环境和保护自然，而不是依据确保可持续发展的总体目标而建立的多学科的综合计划，以及可持续发展的教育新思想从根本上解决问题，这种现状应及早改变。在这方面，教育部门应积极与环保等部门相配合，不要只关注具体环境问题，应拿出对国家的可持续发展全面负责的态度。不仅要关注提高环境意识和个体环境行为的变化，还要涉及可持续发展的目标，将可持续性教育视为教育改革的主流。应立足于全球的视野，从人类文明进步（构建和平、人权、民主、国际协作、地球伦理等）的角度，将环境教育与实现可持续的人类社会结合起来，即将环境教育看成构建可持续性的生活方式和社会经济体系的必要手段，以深刻、全面地把握环境教育的实质。鉴于此，作者认为，环境教育旨在为了实现可持续的生活方式和社会经济体系，培养社会各主体关心环境，使他们理解人对环境的责任和作用，养成参加环保活动的态度及解决环境问题的能力。简而言之，环境教育是指立足于对人与环境之间、人与人之间关系的正确认识的基础上，培养人们能够采取积极有责任的行为，以主体地创建可持续性社会的综合性教育活动。它为可持续发展教育的产生奠定了坚实基础。

南非约翰内斯堡建议公开研讨会和世界高峰会议上提出的"国际可持续发展教育 10 年"发端于两个国际会议宣言。其一是，1992年地球高峰会议后，联合国可持续发展委员会（CSD）对"可持续发展教育"进行了研讨。受此影响，日本创价学会推出"可持续发展教育的联合国 10 年"宣言。其二是，2001 年日本国内影响力很强的 NGO 国际产业精神文化促进机构（OISCA）与联合国共同主持召开了"关于可持续发展教育的国际研讨会"，并采纳了"为普及地球伦理的 2001 年东京宣言"。这两部宣言表明了，为保护地球环境，消灭贫困战略和环境与发展战略都是不可或缺的。发展中国家要求强化发展政策和提高发展能力，同时国际社会对发展中国家给予支持，这也是当务之急。基于这个认识，发展中国家和发达国家进一步扩大协作是十分必要的。除了这两部宣言之外，2002 年纽约召开的联合国经济社会理事会（ECOSOC）发展政策委员会对日本 NGO 指出的推进"国际可持续发展教育 10 年"表示欢迎。还有，以英美的 NGO、联合国教科文组织、联合国开发计划署、联合国儿童基金会、国际劳动组织、联合国居住计划署、世界发展银行为首的国际机构，早就对

JFJ（约翰内斯堡建议公开研讨会）的建议表示积极的赞同，并参与JFJ 召开的"可持续发展教育 10 年"研讨会，采取共同行动。①

二　DESD 提出的国际社会背景

可持续发展教育（ESD）提出的国际社会背景是极其复杂的，也是多层面的，但最直接、最主要的是发端于联合国最为关心的"教育"和"可持续发展"这两个不同的历史事项之中。

1945 年联合国成立以来，国际社会为了促进发展中国家的经济与社会发展，除了资金援助和技术援助以外，还创设了各种联合国专门机构，制定了国际条约、协定与协议书等。其结果的确使大部分发展中国家"第二次世界大战"后达成政治独立，通过经济与社会发展，国民生活水平得到一定提高。例如，1972 年的"人类环境会议"、1974 年发表"创设国际经济新秩序宣言与行动计划"的联合国经济特别总会、1976 年联合国妇女与发展大会等，这些会议的召开表明了改革世界各国政府与国民意识的紧迫性和必要性。特别是进入 1990 年后，以"儿童高峰会议"为首，召开了许多世界首脑会议，设定了 20 世纪末应达成的经济与社会发展目标。1992 年"地球高峰会议"对地球环境破坏和各国环境恶化这个深刻问题展开了研讨，并通过了"21 世纪议程"。

尽管各国及国际社会的积极转变政策，不断付出新的努力，但是正如约翰内斯堡高峰会议讨论中所看到的那样，在许多发展中国家，尤其是最贫穷的国家，贫困、环境破坏、教育与保健、两性、儿童的人权、国内纷争与统治、资金、贸易与债务等各种问题依然是他们最关心的大事。国际社会认为，这些问题与南北差距问题一样，作为 21 世纪应当予以认真解决，纳入政治宣言和实施计划文书之中。并要求，对 2000 年秋联合国总会采纳的"新世纪发展目标"

---

① 広野良吉：《ヨハネスブルグ・サミットと「持続可能な開発のための教育の10年」の推進》，《环境研究》2003 年第 128 期。

达成的政治决议给予重新确认和强化。同时强调，这些发展目标达成既要发展中国家自己努力，又要国际社会的协作。

UNDP《人类发展报告 2002》指出，21 世纪初，发展中国家有 28 亿人每天只有不到 1 美元的收入，世界总体的 1% 富裕层人口的收入相当于世界总体的 57% 贫困层人口的收入。据预测，如果在 2015 年以前把每天不到 1 美元收入的人口减半，那么从发展中国家总体来看，每人的收入要以每年 3.7% 的数值增长。在过去的 10 年里，只有 24 个发展中国家实现了这个目标。占世界总人口的 34% 的 127 个发展中国家对上述目标表示绝望。令人惊讶的是，占世界总人口 25% 的 33 个发展中国家到 2015 年，"新世纪发展目标"的一半也难以达到，尤其是南非最贫穷的 23 个国家。

1990 年发表"为了万人教育"宣言以来，在各国的努力和国际协作下，发展中国家初等教育的普及超过了预期的发展。1985—2000 年，青年人（15—24 岁）的识字率，发展中国家平均从 78.4% 上升到 84.6%。可是，一部分发展中国家因财政困难，比如最贫困国家，在同一年间只从 52.3% 上升到 66.0%。特别是，阿拉伯国家因为宗教教义和社会传统，女性初等教育的普及率比男性低，同时期从 63.1% 上升到 79.1%。截至 2000 年，女性的识字率只不过是男性的 79%。

在 1970—2000 年的 30 年间里，发展中国家婴幼儿死亡率和 5 岁前儿童的死亡率大幅度减少。前者从每千人 108 人降到 61 人，后者从 166 人降到 89 人。可是，在最贫困国家中，前者从 148 人降到 98 人，后者从 240 人降到 155 人，其水平大幅度超过发展中国家的平均值。在这种状况中，占世界总人口 60% 的 81 个发展中国家，在 2015 年以前，把 5 岁前儿童的死亡率削减到 1990 年水平的 2/3，这是不大可能的。

把视角转向政治目标的达成上，发展中国家的民主化在过去的 10 年间表现出若干进展，但在拥有多数政党参加选举的 140 个发展中国家中，显示民主化进程的国家只有 80 个，106 个国家依然没有保障政治的和市民的自由。卷入国际纷争而导致死亡的人数，1990 年比 1980 年减少 2/3，即使如此也高达 22 万人。更加恐怖的是，在国际纷争中丧失生命的一般市民为 360 万，国际难民与 1980 年相比增加 50％。

在环境问题上，京都议定书生效较晚，但 1999 年发达国家人均电力消费量依然大约相当于发展中国家的 59.4 倍。可是，从 1980 年到 1999 年，发达国家的电力消耗从 4916kW·h 上升到 7001kW·h，即增长 1.5 倍，而发展中国家却增加到 2 倍，即从 316kW·h 上升到 745kW·h。这个结果也反映出，相同期间内，发展中国家人均二氧化碳排放量从 1.3 吨增加到 1.9 吨，而发达国家由于节能技术的进步，人均二氧化碳排放量从 11.0 吨降到 10.9 吨。特别是，发达国家自不必说，一部分发展中国家二氧化碳排放源的中心从以往的能源产业和工业活动逐步扩展到运输活动和一般市民家庭。

再把目光转向发达国家，庞大的化石能源使用量继续增加。即使在 1998 年，世界二氧化碳的排放量有 49.6％主要来自发达国家。它们依次是美国 22.5％、中国 12.8％、日本 4.7％、印度 4.4％、德国 3.4％。此外，其他各种不可再生的矿物资源等依然在大量使用。也就是说，不可持续的生产与消费仍在继续。正如约翰内斯堡高峰会议在"实施计划"成文过程中激烈讨论的那样，倡导向自然能源转换是理所当然的，而各国设定向自然能源转换的目标则是当务之急。尤其是在以发达国家为中心的，大量生产、大量消费、大量废弃的社会现状日益扩大的今天，许多发展中国家正在加速追随这种不可持续的社会发展模式。因此，约翰内斯堡达成共识的"实施计划"文书中决定，包括发达国家在内的世界各国政府要制定"加速向可持续生产与消费模式转换的 10 年计划"。

三　DESD 内容概要

（一）DESD 的目标、目的

DESD 是一项复杂而深远意义的事业。它不仅对环境、社会、经济产生重要影响，而且影响着世界上人们生活的诸多方面。贯穿DESD整体的目标就是把可持续发展的原则、价值观与实践纳入教育和学习的所有层面。通过这项教育事业，创造更加可持续的未来，即促进行动的变化、保护环境、经济发展、对现在与未来的世代都公平的社会。DESD的基本愿景是：未来的世界谁都有从教育中接受恩惠的机会，都有为了可持续的未来发展和积极的社会变革而学习必要的价值观念、行为和生活方式的机会。

DESD目标1（国际水平目标）：联合国总会决议59/237决定，建议各国政府要讨论将实施DESD的举措纳入各类教育系统及战略之中，并在适当场合将其纳入发展计划之中。同时还呼吁各国政府在DESD开始时，通过市民社会及其他相关组织的协作等，促进人们认识DESD以及广泛参与。也就是说，DESD的总体目标是：把可持续发展观念贯穿到教育与学习的各个方面，以改变人们的行为方式，建设一个更加可持续发展和公正的社会。

DESD目标2（国家水平目标）：第一，提供机会，使他们通过所有形式的教育、人们的认识与培训，熟悉可持续发展的愿景，促进其变革；第二，提高教育和学习在可持续发展中发挥重要作用的关注程度。

DESD的目的是：①促进可持续发展教育（ESD）各主体之间的草根性市民运动、合作、交流与相互作用；②促进教育和学习在ESD中的质的改善；③支援各国，通过ESD事业，面向"新千年发展目标"前进，以便达成目标；④向各国提供教育改革事业中纳入ESD的新机会。

另外，为了理解DESD的国际实施计划（IIS），作为准备有必要讨论如下3点：一是必须在教育活动中纳入有关可持续性的各种课题；二是价值观在ESD中拥有的作用；三是DESD和其他教育事业的整合。

（二）利益相关者

每个人都是可持续发展教育的利益相关者，既能感受到它成功或失败所造成的影响，同时所有人的行为也对可持续发展教育产生正面或负面的影响。地方、国家、地区、国际的各类不同组织和团体的作用和责任是互补的。在每一个层面上，相关利益机构与群体可能是政府、民间团体、非政府组织的一部分，或者私营部门，也包括媒体与广告机构对公众进行宣传。

（三）推进战略

为了策定"联合国教育促进可持续发展10年（2005—2014）国际实施计划"，经过国际社会的协议确认并提出了7项彼此联系的推进战略。这些战略是地区、国家、准国家水平上，策定实施战略与计划，推进DESD所不可或缺的。要充分研讨这7个战略，并在策定实施计划之初就纳入其中。而且，在任何实施计划中，这些战略必须成为它的一部分。这7个战略是：构建愿景与宣传活动；协商与主体者意识；寻求合作伙伴与建立联系网络；能力建设与培训；调查研究与创新；信息通信技术（ICT）的运用；监督与评价。这些战略构成了在DESD里促进这项事业不断深化发展的全面和谐机制，它们将确保公众态度和教育方法的变化，以适应可持续发展的不断挑战。

（四）预期成果

①把教育作为可持续发展计划的组成部分；②在制订所有发展计划中，评估可持续发展教育的需求和作用；③增进对可持续发展教育战略重要性的共识；④在各种可持续发展教育活动中，增进合作和相互促进；⑤公众对可持续发展性质和原则认识的提高；⑥媒体经常认真宣传和介绍可持续发展问题；⑦可持续发展贯穿于"全民教育"的努力中，以提高教育质量；⑧在各种学习情形中，逐渐采用可持续发展教育为特点的方法；⑨可持续发展教育成为教育者培训的一部分；⑩开发可持续发展教育高质量的教材和方法；⑪学校管理能力能够胜任开展可持续发展教育。

第二节　ESD 的解读

一　可持续发展概念的提出

1980 年，IUCN（国际自然保护联盟）、UNEP 和 WWF（世界自然保护基金）合著的报告书《世界自然保护大纲》第一次向世人提出了"可持续性发展"理念，并强调指出"保护自然环境是实现可持续性发展的必要条件之一"。1984 年，依据 1983 年第 38 届联合国大会的决定，成立了由原挪威首相布伦特兰女士任委员长的 WCED（环境与发展世界委员会）。1987 年，该 WCED 提交的报告书《我们共同的未来》第一次从当代人与后代人之间伦理关系的角度对"可持续性发展"的内涵给予解释，从此，"可持续性发展"概念在世界范围开始广泛传播与使用。"可持续性发展"这个概念至少包含三个要素：经济与社会的发展和环境保护之间相协调的必要性；从自然和社会、文化、经济与政治的多元角度理解环境以及环境问题的必要性；将环境问题与发展问题结合起来，在考虑社会的、经济的和政治的价值的同时理解二者关系的必要性。报告强调指出，环境与发展不应是对立的，二者是相互联系、相互依存的关系。环境危机、发展危机、能源危机等所有危机都是一个危机，即地球危机。此后，1991 年，IUCN、UNEP 和 WWF 又合著了报告书《保护地球——可持续生存战略》。该报告书从生态系统的容纳能力（环境容量）的视角对"可持续性发展"给予重新定义，倡导应建立地球伦理，并提出了实现可持续生活方式的 9 项基本原则和 132 项行动规范。地球伦理包括两个价值基准：生态学的可持续性（包括相互依存关系、生物的多样性、对地球少负荷的生活、物种间的公正）和社会的公正（包括基本的人的要求、人权、参与、世代间的公正）。

二　可持续发展教育（ESD）与可持续发展的3个基本领域

可持续发展教育（ESD）要使所有职业和有社会地位的人们意识到，面对威胁我们地球可持续性的各种问题而建立计划、实行以及发现解决问题的办法。这些重要问题已经在里约热内卢"地球高峰会议"中得到确认，特别是2002年南非约翰内斯堡"关于可持续发展世界首脑会议（WSSD）"再次得到确认。ESD的中心任务就在于理解并努力解决给各国及社区带来影响的、与可持续性相关的世界规模问题。这些问题起因于可持续发展的3个领域——环境、社会和经济。与雇佣、人权、男女间公平、和平、人类安全保障等社会问题一样，水、废弃物这些环境影响着所有国家。此外，所有国家还必须致力于削减贫困、企业责任等经济问题。在可持续性的3个领域中，HIV/AIDS、移民、气候变动、城市化等世人关注的大问题与多数领域相关。这些问题非常复杂，要发现解决的办法，就需要为现代及下一代的领导者和市民筹划广泛而细致的教育战略。也就是说，ESD的课题就是要致力于开展对应威胁地球可持续性的复杂问题的教育。这些问题只依靠教育改革是解决不了的，要求社会各部门的广泛配合和认真努力。也就是说，可持续发展的概念是不断发展的，它涉及社会、环境和经济三个基本领域：①社会领域。理解社会的制度及其在变化与发展中的作用；理解民主参与制度，它使人们有机会发表意见、选择政府、达成共识和解决分歧。②环境领域。认识环境的资源性和脆弱性，以及人类活动和决策对它的影响，要把环境作为社会与经济政策制定的因素。③经济领域。认识经济增长的局限性和潜力，及其对社会和环境的影响，要从环境和社会公正出发来评价个人和社会的消费水平。此外，它还关注以下重要领域：人权、和平和人类安全、性别平等、文化多样性和不同文化间的理解、健康、艾滋病、政府治理、自然资源、气候变化、农村发展、可持续城市化、减灾防灾、消除贫困、企业公民责任与问责制、市场经济等。

三　可持续发展教育的提出

1992 年 UNCED（地球高峰会议）采纳了《21 世纪议程——为了可持续发展的行动计划》，这为人类迈向可持续发展的社会指明了方向和措施。其中，第 36 章"促进教育、公众认识和培训"提出了三项行动计划："面向可持续发展而重建教育""增进公众认识"和"促进培训"。值得注意的是，整个议程并未使用环境教育这一用语，而采用的是"关于环境和开发的教育"或者"面向可持续发展的教育"这一表现。应当说，这不但是用语表现上的变化，而且是环境教育的思想、观念的重要转变和发展及其性质的明确定位。UNEP 事务总长 Elizabeth Dodsweii（1995）曾指出："地球高峰会议所明确的是环境、和平与发展在本质上是不可分的。同时也告诉人们，仅从经济的观点是不能把握世界性相互依存关系的。还认识到，世界性人类社会不安定的根本原因不只是军事问题，其根本原因与由广泛的贫穷、歧视、饥饿、疾病和文盲产生的不安定相关联，也与环境恶化连接在一起，还与不公正和非正义具有深刻关系。"总之，环境问题并非单一性问题，而是与其他问题紧密相关的综合性问题。因而，面向可持续发展，全方位地改变人们现有的环境意识与行动方式是完全必要的。

四　可持续发展教育理念的界定

1997 年，为响应联合国可持续发展委员会提出的"考虑环境教育取得的经验，把有关人口、卫生、经济、社会和人类发展，以及和平与安全的审议意见统一起来，完善面向可持续发展的教育的概念和要旨"之要求，UNESCO 提出了报告书《教育为可持续未来服务——一种促进协同行动的跨学科思想》。① 报告书指出，人口、贫

---

① 联合国教科文组织：《教育为可持续未来服务——一种促进协同行动的跨学科思想（EPD-97/CONF. 401/CLD. 1）》，1997 年 11 月（中文版），第 7、12、14 页。

困、环境恶化、民主、人权与和平、发展等全球性问题日益严重，我们不仅要解决好这些问题，更重要的是端正思想——"看清这些问题之间的相互关系，并认识到确定一种根植于可持续价值观的新视角的根本必要性。正是这样一种必要性才使教育成为创造可持续未来的关键所在。"即报告强调了环境问题与其他全球性问题并不是彼此毫不相干的，恰恰相反，它们是内在地相互联系、相互作用和相互影响的。构筑可持续性教育的宗旨正是为了从根本上综合地解决全球性问题。另外，报告书还着重对可持续性概念给予界定。报告书指出，可持续性概念是环境要求与发展需要之间的"一种动态平衡"，"教育是人类探索实现可持续发展的最好的希望和最有效的手段"。

1997 年 UNESCO 和希腊政府在塞萨络尼基共同召开了题为"环境和社会的国际会议：为了可持续性的教育和公众意识"环境教育国际会议。会议通过的《塞萨络尼基宣言》指出："在面向可持续性教育整体的变革中包含着所有国家的所有层次的学校教育及校外教育。可持续性这个概念不仅指环境，也包含贫困、人口、健康、粮食的确保、民主主义、人权和和平。说到底，可持续性是指道德的、伦理的规范，其中包含着值得尊重的文化的多样性及传统知识"。因此，"将环境教育表现为'为了环境和可持续性的教育'也无妨"。UNESCO 对会议成果进行总结评价时指出，这次会议达成了以下共识："可持续可理解为实现未来的手段，为了可持续性的教育包容着人口、贫困、环境恶化、民主主义、人权与和平、发展与相互依存等概念，应综合地理解和把握它。"① 这表明以提高环境意识、解决环境问题为主要宗旨的狭义的环境教育是不能有效应对环境问题以外全球性课题的。为了协调环境与发展、人口、民主等全球性问题之间的内在辩证关系，以达成社会的可持续发展，就必须进一步丰富和充实环境教育的内涵，拓展环境教育的外延，将环境

---

① 刘继和：《"关于环境和社会的"塞萨罗尼基会议和宣言》，《外国中小学教育》1996 年第 6 期。

教育的性质和宗旨定在构建实现社会可持续发展之战略目标上来。UNESCO "为了可持续性教育" 概念和理念正是基于正确认识和把握人与自然之间的关系、人与人之间的关系以及二者之间的内在联系，以综合地对应全球性课题而提出。因此，理解和认识环境教育这一概念不能单纯地关注环境问题（人与自然环境之间的关系），还要着眼于与其具有内在联系的其他全球性问题（人与人的关系——包括横向的民族之间、地区之间、国家之间的关系和纵向的当代人与后代人之间的关系等），同时，还要将两个关系统一起来加以考虑。

五 可持续发展教育（ESD）的核心与实质

面对可持续发展应当采取哪些措施与方法？各国政府的决定与本国社会的价值观具有密切的联系。因为这些价值观左右着人们的意志决定和本国的法律条文，所以，理解各国的价值观是理解个人的价值观以及他人所不可或缺的。"为了可持续未来教育" 的核心就在于理解自身的价值观、自己所生活社会的价值观以及世界上他人的价值观。各国、文化团体及个人必须学习认识自身价值观的技能，以及在可持续性的文脉中评价价值观的技能。

在历史上，联合国留意人类的尊严、人权、公平以及环境保护相关的多种价值观。可持续发展要进一步推进这些价值观，并超越时代传承下去。与人类的多样性、非排他性、参与性一样，只有承认生物的多样性和环境保护的价值，可持续发展才可能得到落实。在经济领域里，应当认同的价值观是千千万万的人能够获得经济上的满足，经济活动机会平等。在 ESD 的各种计划中要教授什么样的价值观，这是值得讨论的课题。其目标是，在获得充分信息理解可持续发展本来所拥有的原则和价值观的基础上，构建 ESD，扎根地区，在文化上创造切实的价值观。总之，ESD 的核心与实质在于价值观教育，而价值观教育的重心在于帮助受教育者学会尊重。即尊重他人（包括现代和未来的人们）；尊重差异与多样性；尊重环境；

尊重我们居住的星球上的资源；尊重、重视和保护过去的成就。教育人们能够理解自己和他人，以及我们与自然和社会环境的联系，这种理解是养成尊重的坚实基础。确保公正、责任、探索和对话的同时，ESD 的目标就是通过我们的行为和实践，使所有人的基本生活需求得以充分满足而不是被剥夺，创造和享受更舒适、更安全和更公正的世界，做一个人道的公民，为自己的权利和当地、国家、全球的责任负责。

六　可持续发展教育（ESD）的目的

作为 DESD 主导机构的 UNESCO 应发挥的作用及加盟国应达成的课题，在一定程度上取决于《21 世纪议程》第 36 章所明确的 ESD 的 4 项主要目的。

1. 提高普及高质量的基础教育

ESD 最优先的课题是普及基础教育并改善其质量。基础教育的内容和年限世界各地差异很大。有报告显示，虽说是初等教育的就学年龄，但没有上学读书的孩子超过 1 亿人，不识字的成年人高达 8 亿人左右。很多国家基础教育的现实水平很低，这极大地妨碍了为了可持续未来的国家计划。所以说，高质量的基础教育这个 ESD 目的正是与 EFA（为了万人的教育）和 MDG（新千年发展目标）最紧密相关的。当然，ESD 的目的不只限于教育水平较低的国家。各国都拥有关于向万人提供高质量教育的各自课题。即便是识字率高、可提供高质量教育的国家，现在许多儿童、青年和成年人依然没有接受充分的教育，教育机会很有限。例如，中途退学率高、终身教育受限制等。不仅如此，即便是提供基础的识字能力也不可能简单地推进可持续社会发展。实际上，渴望面向可持续目标前进的国家与地区必须把目标锁定在有利于促进和支持市民参与和社区的意志决定的知识、技能、价值观和洞察力的养成上。要达成这个目标，就要调整基础教育的方向，扩大基础教育的目标，培养批判思维技能、总结数据和信息并加以分析的技能、明确问题的技能等。特别是基础教育还必须教育人们拥有分析社区面临问题的能力、不损害天然资源、能够独自选择社会公平与公正的生活方式。

2. 在既有的教育计划中调整新方向

现在所传授的基础性教育是不可能构建可持续社会的。为支持自己的生活方式,哪些国家提供的教育能够摆脱大量消费资源与能源这种社会发展模式的约束?可见,只是增加教育的数量是不能构建可持续未来的。问题在于教育的内容和合理性。从幼儿园到大学,要抱有疑问来重新思考与修正教育,要把环境、社会与经济各个领域中与可持续性相关的更多的原则、知识、技能、洞察力和价值观纳入教育当中,这对于我们的现在及未来的社会来说是非常必要的。这需要全体社会的参与,并进行综合的、多角度思考。同时,各国还要根植于地方,以符合当地文化的形式加以实施。

3. 提高人们对可持续性的理解和认识

要推进可持续社会的发展,就必须让人们认识可持续性的目标,以及掌握有利于这些目标的知识与技能。拥有知识的市民可以用种种方法来支援社会的可持续发展。首先市民通过每日的言行支援政府关于资源管理和市民行动的政策。其次是市民可以支援政治家导入和支持有关可持续发展的政策与法律。最后,市民可以成为拥有知识的消费者。总之,拥有充分信息的市民是社区与政府决定可持续发展实施政策,推进社会可持续发展的有利助手。

4. 提供培训

对于商业、工业、高校、NGO、社区团体等所有部门,就环境管理和公平相关政策等可持续性问题,要使训练各部门领导采取可持续的行为,要向各部门劳动者提供培训。要使各部门劳动者掌握必要的知识与技能以可持续的形态从事劳动,开发特别的培训计划,这是 ESD 的重要因素。最近,特别是制造业这样的大型企业因导入能源、水、废弃物管理相关问题的培训而大大提高了企业的经济利益。事实上，在几个一流商业学校中，可持续发展作为必修科目导入课程计划之中。可是，占世界产业界 99.7% 的企业是中小型企业，他们拥有世界 75% 左右的劳动者。因此，包括中小型企业在内，企业需要开辟新方法。

为策定纳入上述四个目标的 ESD 计划，教育界的所有部门应当齐心协力，共同合作。正规教育部门伙伴（大中小学等）、非正规教育部门伙伴（文化中心、NGO 等）以及非正式教育部门伙伴（电视、广播、出版界等）要紧密配合。同时，ESD 是一项终身计划，各部门要影响各个年代市民的生活。

七　可持续发展教育（ESD）的特征

ESD 不存在普遍模式，尽管可持续性的原则及其基本概念已经达成共识，但因地方状况、优先事项和方法的不同，ESD 也会有微妙差异，各国要决定自己在可持续性和教育的优先事项和行动。为此，各国必须以符合当地文化的方式，与地区的环境、社会与经济状况相一致，制定各地区的目标、重要事项和过程。ESD 是一项与发达国家和发展中国家都相关的重要事业。ESD 的主要特点在于，这是一项可以在文化上以多种形态加以实施的事业。

ESD 的特征表现在：①ESD 根植于整个课程体系之中，而不是一个单独的学科，具有跨学科性和整体性；②强调可持续发展的观念、原则与价值；③树立解决可持续发展中遇到的困境和挑战的信心，养成批判性思考方式和解决问题的能力；④ESD 要求改变教育方法，包括课程设置和内容、教学方法和考试，倡导采用文本、艺术、戏剧、辩论、体验等多种不同教学方法；⑤学习者可以参与并决定自己如何学习；⑥学习与每个人和专业活动相结合；⑦学习不仅针对全球性问题，也针对地方性问题，并使用学习者最常用的地区语言。⑧可持续发展教育服务于每一个人，不论其处于生命中的哪个阶段。因此，它是终身学习，即从幼儿到成人，在任何可能的学习场所进行的正规的、非正规和非正式的教育。⑨广度特征：学习的空间范围包括非正规教育场所、社区的组织和地方民间团体、工作场所、正规教育、技术与职业培训、教师培训、高等教育督导机构、政策制定机构等。

第三节　ESD 的构成领域

一　全球教育 （Global Education）

在人类发展的时间坐标轴上，以 1945 年为界，人类正式进入了"地球时代"。何谓"地球时代"，至今尚未定论，但可做一定性描述，即地球上所有的人、事、物都是彼此相互联系、相互依存、相互影响的，是一体的关系，这种关系存在于地球的各领域、地区和国家之间且表现得日益突出。我们每一个人都生活在这种关系性之中。这种关系性就是地球时代的最基本特征。地球时代的概念和理念源于日益增多的全球性问题，因为妥善解决全球性问题必须以正确对待和处理这一关系性为前提。应当说，地球时代最早始于古希腊时代，因为当时就有"地球是一个球体"之说。哥伦布时代亦即大航海时代以实际行动证实了古希腊时代的假说。当所谓的征服者们进入并征服了美洲大陆之后，地球就变成了征服者与被征服者的地球，即地球被分化为统治者与被统治者两个世界。进入帝国主义时代，地球成了帝国主义者们瓜分的对象，统治者们统治和霸占地球的野心进一步急剧膨胀。20 世纪的两次世界大战就是称霸地球野心无限膨胀的结果。马克思主义者为批判帝国主义，呼吁全世界的无产者联合起来，并构想和提出了一个个性解放的、充满自由和平等的人类理想的社会——共产主义，这一思想在地球时代的今天具有积极理论意义。地球时代到来的主要表征是：第一，1948 年的《世界人权宣言》。"第二次世界大战"期间，美国将核武器实际应用于战争（日本广岛和长崎），这既标志着核时代的到来，也意味着地球时代的开始。因为核战争可以给人类和地球造成毁灭性打击，这警告了人类的最终末日是共同的，人类拥有一个明天，人类是一个整体。为了远离战争，营造新的世界和平秩序，以"第二次世界大战"后人类危机意识日趋增强为契机，联合国发布了《世界人权宣言》，它对推进人类和平与人权事业的发展起了极大作用。宣言指出，和平不存在于特定的国家或地区，只存在于世界（人类的和自然的）。人权也是超越一个国家的局部框架，是全世界、全人类的权利。《世界人权宣言》的诞生，对于 20 世纪中期印度尼西亚、朝鲜以及新中国的成立等殖民地及国家的独立起了积极作用。第二，1966 年联合国通过并于 1979 年生效的作为人权条约的世界人权宣言成为国际条约。在此基础上，女性、残疾人及儿童的权利作为适应人类自身具体特性的权利保障条约也获得国际认可和法律保障。为迎接地球时代，积极对应全球性问题，全球教育（Global Education）便孕育而生。

何谓全球教育？根据全美社会科协议会的观点，全球教育的目的是："在以天然资源的有限性、民族的多样性、文化的多元主义以及相互依存关系的日益增强为特征的世界行程中，使年青一代养成更好地生存而应有的知识、技能和态度。"日本全球教育协会（原日本全球教育研究会）指出，全球教育旨在："培育'全球市民'——他们能与异质共存，发展以人类史为基础而形成的精神，承认宇宙船'地球号'具有的最高价值，并为其安全且永续性运行而摆脱以本国家、本民族为中心的思想，从地球利益的角度出发，以自觉与责任寻求团结与合作，共同面对问题的解决。"

目前，关于全球教育的目的、内容和方法有各种各样的见解，但在全球教育方法论的根基中，"从地球规模思考，在地区行动"（Think Globally and Act Locally）之理念在实践中得到广泛认同。另一方面，依 1975 年贝尔格莱德宪章的规定，环境教育的目的是"注意和关心环境及其相关的诸问题，同时，面向现在问题的解决和防止新问题的产生，在世界范围内，培养个人及集体活动中所必要的知识、技能、态度、意欲及实践能力的人"。日本文部省编发的《环境教育指导资料》指出，所谓环境教育在于"培养对环境与环境问题的关心和具备知识，在对人类活动与环境之间关系的综合地理解和认识的基础上，养成有益于环保的技能、思考力和判断力，以及主体参加创造更好环境的活动，养成对环境采取有责任感行动的态度的人"。可见，对环境教育的目标、内容、方法的理解也是各式各样的。

如上所述，在现代社会中，全球教育和环境教育的目的是非常相似的，两种教育的警界线并不是分得十分清楚。在环境教育中，全球教育的"从地球规模思考，在地区行动"之理念可具体化为"着眼地球环境问题，始于地区实际环保行动"。可见，在以环境及环境问题为主题的教育实践中，两者交叉或重叠的地方不少。

二 和平教育

所谓和平教育，是指使人们认识战争的原因及其非人性之教育，其根本宗旨在于培育人们防止战争及维持和平的实践态度和能力。然而，在当今社会，和平教育不仅限于以往与战争直接相关的内容，还包括伴随着科学技术及社会文明的高度化而产生的解决各种问题的学习，例如，目前日趋突出的人口问题、南北问题、环境问题、人种差别问题以及贫困问题等，这些全球性问题也与和平教育有着直接或间接的联系。不仅如此，和平问题还与社会、政治、经济、文化等诸多复杂因素联结在一起而存在，因此，在今后的和平教育中，各学科之间的相互配合是不可缺少的。而且，还要与人权教育、环境教育、国际理解教育等紧密联系起来。1992年巴西地球高峰会议所采纳的里约热内卢宣言曾明确指出："和平、开发及环境保护是相互依赖、不可分割的。"所以，今后要进一步加强环境教育与和平教育之间的密切联系。

在和平教育中，可从如下两个视点来考察其与环境教育之间的相互关系。第一，战争的视点。里约热内卢宣言指出："战争原本就有一种破坏可能持续开发的性质。所以，各国应尊重在战争时有关环境保护的国际法，并应按需要为进一步发展而相互协作。""各国应按联合国宪章，用切实的手段和平地解决所有与环境有关的纷争。"另外还强调指出，战争及核武器的利用将严重破坏环境，并提醒人们，与环境问题相关的利害关系具有引发战争的危险性。因此，在环境教育中，应将和平教育作为一项不可或缺的要素，重新认识其必要性。例如，在日本环境教育实践中，注重通过对广岛、长崎的学习及和平宪法拥护运动，以促进学生形成和平概念，培养他们面向构筑和平的态度与能力，实现世界和平。第二，生存权与人权的视点。面对全球环境问题，地区、国家及国际社会有必要采取和平地解决方式。这一点既明确了环境教育蕴含和平教育的必要性，也指出了环境教育还包含着和平教育以外的学习，如包括贫困与差别在内的最基本人权概念的学习，对生命的尊严性及社会性正义的认识，以及在此基础上养成包含人类自身在内的对所有生命的爱与真诚。这也正是在环境教育中有必要开展和平教育、人权教育及开发教育的缘由。和平绝不是仅在人类之间就能实现的，人与环境之间的和谐关系也是和平概念的内涵。今后，我们必须认清人类与包括人类自身在内的生态系各要素之间的和平共存、共荣的必要性，并着手行动。

三　民主教育

在地球时代，环境问题不是单纯的环境问题，而是与差别和贫困等社会问题、生活方式和价值观等人类意识问题等广泛问题有着本质联系的问题。因此，环境教育不仅要应对环境问题，还需要应对与之相关的广泛问题。如果我们从环境的持续性（人间和自然的关系）、社会的公正性（人和人的关系）、人类存在的丰富性（自己和世界的关系）这三个侧面理解环境教育目的的话，民主主义则是与社会的公正性问题相关的主要原理。

"环境的公正性"是近年来才开始讨论的课题。日本环境问题专家户田清在其著作《寻求环境的公正》（新曜社，1994年）中，用与参加民主主义相对立的精英优先主义的概念，综合多种环境问题，详细分析了破坏环境的决策层（集团）与被害人们之间不一致的现实。在日本，公害是这种图式的典型表现。因此，在最初的日本环境教育——公害教育中，表示出强烈的拥护人权和培养民主主义的态势。在日本环境教育取得进一步发展的今天，追求民主主义的目标依然占据重要地位。

在国际上，贝尔格莱德宪章（1975年）和第比利斯政府间环境教育建议（1977年）为国际环境教育指出了基本理论框架。在其规定的环境教育基本目标（参加解决环境及其相关问题的活动，培养具有防止问题发生的能力和意识的市民）等中，借用"市民"和"参加"等概念，浸透和强调民主在环境教育中的价值。特别是，在1992年巴西地球高峰会议采纳的《21世纪议程》第36章"促进教育、公众意识和培训"中，特别将环境教育界定为了实现可持续发展与社会的教育，并强调要从社会、经济等广泛的角度把握环境问题，以培养具有主体解决问题能力的市民。另外，地球高峰会还确认了南北问题（先进发达国家和发展中国家之间的差距问题）应置于环境问题的核心。像今后议论地球环境问题不能离开南北问题一样，地球规模的公正问题和民主主义的问题应成为"北方"环境教育不可缺少的要素，即这意味着，以"北方"资本掠夺地球资源依然威胁着"南方"人民生活、"北方"政府对"南方"开发的技术与资金援助等内容，应纳入环境教育的视野。这也反映出，环境教育与开发教育、人权教育、地球市民教育等相重叠与交叉的部分很多，这也有赖于环境教育中占据的民主主义的重要性。

四 人权教育

从世界范围看，在学校教育中，通常将环境教育分散地渗透于各学科课程等学习活动中，开展综合性学习。但是，如何将人权教育有效地纳入学校教育，这还处于研究与摸索阶段。在全球化日益发展的今天，许多国家的教育计划和课程大纲中难以见到明确、系统的人权教育的内容。原因之一是，有些国家往往将人权教育简单地隐含在环境教育和国际理解教育之中。应当说，不论是人权教育还是环境教育都是全球化教育的一环，这是世界性动向。人权宣言的历史虽悠久，但由国内问题发展到国际问题的契机，是"第二次世界大战"后1948年在联合国总会上采纳的"世界人权宣言"，因为它倡导实现永久和平，废除人种差别，尊重人权，并使世界开始关注人权。此宣言是讴歌地球社会成员具有普遍权利和自由的最初的国际文书。1960年，它的进一步发展为"国际人权条约"，规定了各国肩负着尊重一定的人权的义务。

人权侵害与否，与和平有着密切的关系。第二次世界大战后使和平远离实现。世界各地的局部纷争依然不断发生。一方面，除了不同民族、不同文化之间的矛盾因素外，战略性矿物资源、能源等生产资料在地理上分布不均的事实也是激化纷争引致战争的重要诱因。另一方面，人口的增加也带来了人权侵害、确保粮食、自然资源的压力、海洋资源的乱捕、森林砍伐、过度放牧、土壤侵蚀、沙漠化等，与环境破坏紧密地联系着。

为纪念世界人权宣言58周年，1998年再次确认了人权尊重的基本原则。1997年联合国人权委员会的决议指出，世界上许多国家依然存在人权侵害问题。有些地区的纷争是引发人权侵害和环境问题的重要因素。

环境教育的核心内容之一是人口问题。一方面，由人口问题派生出的环境问题有森林砍伐、土壤侵蚀及沙漠化的扩大，对自然资源的压力、海洋生物的乱捕、急速发展城市中的贫困人口的激增等。还有与经济持续发展相关的产业公害、放射性废弃物处理、生活垃圾等环境问题。另一方面，分布不均的铀等战略矿物资源和能源是左右国家实力与可持续发展的重要生产资料，其争夺越加激烈。从人类的共生、共存、共荣来说，把世界各地的纷争与人权问题、环境问题连接起来，是环境教育不可缺少的题目。立足于地球的利益的观点之上，摆脱以本国家、本民族为中心的狭隘想法，试图努力培养地球市民，这是人权教育和环境教育的中心任务。

五　开发教育

所谓开发教育，旨在培养人们能够参加国家及世界的开发。它有广义和狭义两层含义。广义的开发教育是指为了先进工业国和发展中国家双方开发的教育，其内容不只限于开发问题，也包括人权和环境等广泛的问题，是培养"地球市民"的教育；狭义的开发教育是以发展中国家的开发问题为中心的教育。广义的开发教育与国际理解教育相重叠的部分很多。

广义的开发教育的内容大体包括以下四个方面：

1. 理解关系。即指学习与开发相关的国际关系的现实及其课题。它包括：①伴随着物、人、信息的国际化的现代世界的相互依存关系和竞争关系；②国际协调与国际合作；③"外在的国际化"与"内在的国际化"之问题等。

2. 理解文化。即指学习作为开发前提的必要的相互间文化。它包括：①比较本国与其他国家、民族的文化的差异，发掘各自文化的个性和特色，寻求作为产生差异背景的地理、历史及社会的诸条件、价值观和生存方式；②从本国和其他国家、民族文化的共通点寻求文化的一般性；③判断如何更好地相互理解各自文化的优点。

3. 解决问题。这是指学习人类迫于解决的全球性的开发问题。比如，环境问题、南北问题、人口问题、粮食问题、资源与能源问题等。它包括：①把握这些问题；②分析问题的原因；③对问题解决的策略下判断。

4. 面向未来。这是指对面向未来社会的开发具体提出方案。它包括：①把握现代社会的性质；②评价现代社会；③预测未来社会。

像这样，广义和狭义的开发教育和环境教育有着密切的联系。发展中国家的开发问题许多起因于人口激增和贫困所导致的环境破坏，因此，环境教育就成了狭义的开发教育的中心内容。如"森林的南北问题"，在开展作为狭义的开发教育的环境教育实践时，重要的是：要在与先进工业国的关系中寻求发展中国家环境问题的产生原因；要通过环境问题的学习，加强对发展中国家的综合理解；思考避免助长对发展中国家人民的偏见；将上述问题作为自身问题加以认真思考。

六　国际理解教育

国际理解教育是以实现世界的和平和提高人类的福利为最终目的的。它分为广义和狭义两种：广义的国际理解教育是培养作为国际理解之基础的民主主义、和平、尊重人权等意识的教育总称，它包含和平教育、人权教育、国际教育、开发教育、全球教育、环境教育、交流教育等。狭义的国际理解教育是以广义的国际理解教育为基础的，其目的是培养国际认识和国际性素质。狭义的国际理解教育，大体上可分为3个内容。第一，学习国际化的现状及其相关的课题，即"理解国际化"。其内容包括：物、人及信息的国际化；现代世界的相互依存关系和竞争关系；由于国际化进展而导致的各种问题以及国际协调与国际合作等。第二，以理解不同文化、其他文化以及文化之间的关系为中心的学习，即"理解文化"。其内容是发现本国与其他国家、民族人们的生活与文化的不同点和共同点；探求其历史、地理、社会的条件与价值观、生活方式等背景。第三，以环境问题、南北问题、人口问题、食粮问题、资源与能源问题等全球性人类迫切需要解决的课题为中心的学习，即"解决问题"。其内容是从全球的角度思考这些问题产生的原因以及相互之间的联系，并在日常生活中寻求解决方案。

可见，广义与狭义的国际理解教育与环境教育有着密切的联系，在温室效应、臭氧层破坏、热带雨林减少、酸雨、海洋污染、城市与生活型公害等地球环境恶化状况日益加速的今天，狭义的国际理解教育的中心内容可理解为环境教育。

在开展狭义的国际理解教育时，可把如下内容作为教材：国际组织、民间组织等环境问题解决工作；人类在与本国、其他国家、其他民族中的环境共存、共生的解决问题的智慧；日趋深刻化的地球环境问题的具体事例等，从全球的视野思考环境与人类生活的关系以及环境问题的原因，在日常生活中思考有秩序地利用和保护环境以及创造良好环境的具体办法。

七 伦理教育

伦理学是根据青年期自我形成与尊重他人的理念，以加深作为人类对理想的生存方式的理解与思索为目标的学科。伦理教育旨在让人们思索作为人类更好的生存方法的教育。人文学科能在推进理想生存方法教育中起到非常大的作用。

从环境教育的角度来看，在伦理教育中有必要使人们从地球伦理的视野思考人类对环境的责任、现代人对未来人的责任和自然的权利，加深对人与环境之间关系的理解。在环境教育中，要以科学认识为基础，理解和认识环境，掌握环境知识，收集信息，养成处理和解决问题的能力等。同时，生态破坏与环境污染也促使我们应深刻反省现今人类的生活与生存方法，有必要把环境问题视为关系到"人类理想生存方法"的重要问题来探讨。与伦理教育相关的环境教育的指导内容主要是：（1）在国际社会背景下思考自然观的特点、本国的风习与传统以及理想的生活方法；（2）理解人类的尊严与对生命的敬畏、自然与科学技术和人类的关系、参与社会服务。（3）在"现代的诸课题与伦理的关系"中，理解生命、环境、世界的多元文化以及人类各种福利中的伦理课题等。当然，作为环境教育的"伦理"内容不限于此。如果说环境问题是与"人类的理想生存方法"息息相关的问题的话，那么，可以说伦理教育的所有内容都与环境教育有关。不仅如此，在教学方式上，二者也是相近的，光罗列教科书上的知识是难以唤起问题意识的。不要把解决问题当作他人之事而应作为自身的课题，主动去调查或利用图书资料、视听觉教材等具体的教材寻求问题的解决。

八 能源教育

我们人类时刻在利用热和电（统称为"能量"）进行着经济活动及丰富的生活，它是人类一切社会活动的动力来源。而能量又源自于煤炭、石油、天然气等化石燃料和水电、核能等能量资源。化石燃料、水电、核能等为一次能源，由其换取而得到的热和电为二次能源。从人类能源利用的历史看，以18世纪后半期的产业革命为契机，随着蒸汽机车等的发明煤炭的利用逐渐增加，到19—20世纪，煤炭成为能源的主角，同时电能也开始利用。到20世纪中期，随着汽车工业等的飞速发展，石油需要激增，能源的主角从煤炭转为容易利用的石油。20世纪70年代的两次石油危机，迫使人们开始思考代替石油的新能源问题，在此背景下，核能、天然气的利用逐渐增加，节能意识也开始被提倡。自产业革命至今，随着经济发展和人口增加，化石燃料、核能等能源消费也在猛增。然而，化石燃料、核原料等资源是有限的，因此，能源的大量消费而导致的能源枯竭问题令人们担忧。不仅如此，化石燃料的燃烧所产生的废气还引发全球性温室效应、酸雨等环境污染。核能利用虽然获得巨大能量，但在其反面，放射性废弃物的处理与安置的安全性问题依然没有完全解决。

也就是说，能源问题与环境保护是密切联系的，是一个问题的两个方面。现在，对环境负荷小的绿色能源和不用担心枯竭的可再生能源代替化石燃料和核能被积极开发和推广，但其在经济与实用上还有很多课题。因此，比起把满足能源需要的安定供给为目标的对策，还是有必要把产业结构和家庭生活方式转换到节能或循环型的体制上来，以努力节减能源的使用。可见，考虑环境问题时不能脱离能源问题，必须从综合的、长远的和全球的角度把握和解决能源与环境问题。进一步来说，就是要用可持续发展的视点，以更为广泛的视野对待和解决环境与能源问题。相应地，也要把环境教育与能量教育结合起来作为一个问题加以实施。

九　人口教育

环境问题与人口问题有着密切的关系，人口的急剧增加，不仅导致过度放牧与过度耕作，甚至还会引发沙漠化与热带雨林减少等环境问题，即人口及人口结构的变化常常是增大环境负荷的重要因素，特别是在我国，环境与人口之间的矛盾日益突出，因此，在我国环境教育中必须强调人口问题是环境问题产生的重要原因。与环境问题一样，人口问题的具体原因和归结不仅因自然环境的存在方式和该社会所处的历史状况的不同而不同，而且因问题评价本身不同而异。既然人口问题是由种种要素和归结而构成的结构性问题，所以难以将它教材化为特定的教科。为此，在环境教育中将人口问题教材化时，一般从学习者容易理解的角度，立足于量的视野，将人口问题还原为人口不断增加与有限资源和能量资源之间的不均衡问题。

的确，世界的资源和能源是有限的，这一事实是说明诸多环境问题成因的基本前提，也是学习者应该理解的重要事实。然而，如果忽视产生人口与资源和能源之间的量的不均衡问题本身的诸多要素，那么就容易将"人口"还原为或等同于"资源的消费量"，将人口问题简单化为表面的"人口过剩"或"抑制人口"。事实上，我们人类不单是消费资源的生物，而且也是生产者、被雇佣者及养育者，肩负着社会性作用。因人们各自所处的生活状况不同，就像一片面包的价值，对于生活在绝对贫困状况下的人们和非此状况的人们来说是绝对不同的，即人们所需要的最低限度的生活资料的质与量是不统一的。因此，与人们渴望提高"生活质量"的动机相脱离是不能真正理解"人口"和"资源"的意义以及两者之间的关系。为防止人口问题的简单化，在各级各类学校的环境教育中，要使学生丰富地理解"人口"和"资源"的多种含义及价值，同时也使学习者认识到本身就是构成人口问题的"人口"之一员。

十 终身教育

在社会各个领域，从幼儿到老年人，如果不把环境教育作为终身教育加以实施是难以奏效的。作为终身课程的环境教育，按年龄段可划分为幼儿期、学龄期（小学到中学人）、成人期三个阶段，从自然（环境）与人类（环境）这两个对象，可设定"在环境中"亲身体验的感性学习、"关于环境"的知识，技术学习、"为了环境"的行动参与学习三个环境教育阶段。

自然与人类这两个对象，意味着"人与自然间关系的改善"和"人与人之间关系的改善"，如自然教育和野外教育，在"自然之中"进行的环境教育是亲身感觉自然的奇妙、美丽与恐怖的环境学习。另外，儿童在社区与不同年龄段成群结队的玩耍，是在"人（社会）之中"围绕人而展开的环境学习，是通过亲身体验达到理解与他人的关系的方式。对于儿童时代与他人关系的重要性，以1999年日本终身学习审议会答申（报告）提出的"生活体验、自然体验培养日本孩子的心"作为契机，做了多次报告。这些报告指出通过自然体验和生活体验，不仅能使他们感知到他人的存在，也能使他们认识到自我，即有利于寻找真正的自我。

总之，在幼儿期进行的来源于亲身体验的感性学习是包括自然在内的对于他人的产生共鸣的原点，因而是最重要的环境教育。在学龄期，在学校所学的关于"人与自然""人与人"之间问题的知识及解决问题的技术是主要的环境教育：学习关于所谓生态系和物质循环之类自然界平衡、人类活动在破坏着今后自然界的平衡、学习怎样做才能有利于恢复平衡的知识和技术，并学习各种人共同生活的社会的存在方式。在成人期间行动，参加学习即改善人与自然的关系，人与人的关系，参与可持续社会建设则是主要的环境教育。这 3 个阶段，并不需要按顺序依次进行，但采用时有必要注意保持平衡。并且可以把市民、企业、行政部门等共同携手进行的环境保护型地域建设当作终身教育。

十一　STS 教育

STS 教育从 20 世纪 70 年代末开始出现的，迄今 STS 教育的概念还没有明确的界定。不过，人们一般认为，STS 教育产生的背景在于：在现代社会中，增强科学及科学技术的社会性责任和提升一般市民的科学与技术素质是时代的要求。所以，STS 教育所强调的是学校教育不能只是一味地教授单纯的科学，而应使学习者理解科学、技术与社会之间是相互作用和相互影响的。英国是开展 STS 教育最早且最好的国家。英国科学学会开发的 SATIS（Science and Technology in Society）计划的基本理念是：科学不仅存在于实验室里，而且无处不在。要使人们对科学、技术与社会之间的相互关系感兴趣；使人们意识到科学与技术对社会的善与恶的两方面影响，要考虑科学技术对环境的影响以及把环境破坏降到最小限度的必要性；科学并不是被隔离的研究领域，而是与地理学、经济学、历史学具有较深的关系；实际生活中的决断有时是不确定的，而且是必须以矛盾的信息为基础的，有时决定中带有妥协，答案也并非只是一个；要提供练习读解、数据收集及其分析、信息检索、问题解决、交流等技能的机会；鼓励以事实为基础同他人进行讨论。

另外，在美国，1974 年 BSCS 开发了作为 STS 教育计划的"能源与社会"，该计划由政治、经济、科技、态度、健康与安全、环境影响和自然法规七个相互影响的领域构成。可见，将 STS 教育与环境教育进行严格区分是较困难的。可以说，前者是以"科学技术"为中心概念的，而后者以"环境"为中心概念的。在其方法论上，二者都是跨学科的，从价值判断的意义上讲，两者也难以区分。

第四节　ESD 固有的学习指导框架

构建可持续社会的课题中，许多是各种要素相互交织在一起的。因此，在 ESD 中，要求从多视角综合地面对这些课题展开学习，这就要求学校在推进 ESD 的时候，不能设定特定的学科加以实施，而是要将其纳入现有的各个学科之中，通过整体教育活动加以开展，这是非常重要的。

一　立足于 ESD 视角下的学习指导目标

ESD 的目标是"在所有的教育及学习场所纳入所有人都能享受高质量的教育恩惠以及可持续发展所要求的原则，价值观和行动。在环境经济和社会方面带来可实现、可持续未来的行动变革"（"联合国可持续发展教育十年"日本相关省厅联络会议，2006）。

日本国立教育研究所教育课程研究中心《关于学校可持续发展教育研究》（最终报告书）显示，以各学科教学中来开展立足于 ESD 视角下的教学活动以此为前提来精选必要的最小范围的 ESD 目标，即"发现构建可持续社会的相关课题，培养解决这一课题所必要的能力和态度"。而且，在推进各学科的学习活动中，一边达成这些目标，一边改善教学设计与实践，这有助于培养与作为可持续社会的建设者相适应的素养和价值观。基于该理念，为构想与开展 ESD 学习指导过程提出了如下的必要框架。①

立足于 ESD 视角下的学习指导目标：在推进各学科学习活动中，通过培养发现构筑可持续社会相关课题，为解决这些课题所必要的能力和态度，以养成与可持续社会的建设者相适应的素养和价值观。在这里，所谓"构建可持续社会"的概念构成包括：多样性、关联性、有限性、公平性、协作性、责任性等。"立足于ESD 视角下学习指导过程中应重视的能力与态度"具体包括：批判思维能力、预想未来及计划能力、多视角综合思维能力、交往和交流能力，与他人协作的态度、尊重关联性的态度、积极参与的态度等。

二 "构建可持续社会"的概念构成

如上所述，为了发现构建可持续社会相关课题，有必要明确把握构建可持持续社会的要素（构成的概念）。日本"可持续发展教育十年实施计划"中作为可持续的基础列举了下面概念：代际间的公平、地区间的公平、男女间的平等、社会的宽容、贫困的减少、环境保护、自然资源的保护、公正而和平的社会。另外，由 100 个以上团体构成的网络组织 ESD-J（可持续发展教育十年推进会议）作为 ESD 应培养的价值观列举了：人的尊严是至高无上的；有责任建设社会的、经济的公平社会；现代人对后代人的责任；人是自然的一部分；尊重文化的重要性。ESD 资源评价计划（英国教育技能省，2005 年）作为可持续社会主要概念，相互依存、市民性和积极参与、将来世代人的要求和权力多样性、生活的质量平等与公正、环境容纳能力、行动的不确切性和预防措施。以这些概念为基础，从中发现关键词如下表示：构建可持续社会包含着多样性的概念：共生、循环、平衡、相互关联、系统、多样性、多面性、有限性、未来性、

---

① 日本国立教育政策研究所教育課程研究センター：《学校における持続可能な発展のための教育（ESD）に関する研究（最終報告書）》平成 24 年版，第 3—11 页。

界限、寿命、时间变化、保护、人权、尊重生命、保持健康、生活质量、权力、平等、正义、机会均等、非排他性公平、公正、自主、自律、责任、义务、展望未来、决策、市民性、宽容改变行为（行为变革）、相互依存、共存共荣、团结协作、调和（协商）、非暴力和平（见表1）。

表 1 　　　　　　　　　"资源、能源、环境"学习基本表①

	概念	关键词
日本"联合国可持续发展教育十年"实施计划（相关省厅联络会议，2006）	代际间的公平、地区间的公平、男女间的平等、社会的宽容、贫困的减少、环境保护、自然资源的保护、公正而和平的社会	共生、循环、平衡、相互关联、系统、多样性、多面性、有限性、未来性、界限、寿命、时间变化、保护、人权、尊重生命、保持健康、生活质量、权力、平等、正义、机会均等、非排他性公平、公正、自主、自律、责任、义务、展望未来、决策、市民性、宽容改变行为（行为变革）、相互依存、共存共荣、团结协作、调和（协商）、非暴力和平
可持续发展教育十年推进会议 ESD-J（ESD-J，2006）	人的尊严是至高无上的；有责任来建设社会的经济的公平社会；现代人对后代人的责任，对后代人负责；人是自然的一部分；尊重文化的重要性	
ESD资源评价计划（英国教育技能省，2005）	相互依存、市民性和积极参与、将来世代人的要求和权力多样性、生活的质量平等与公正、环境容纳能力、行动的不确切性和预防措施	

三　"构建可持续社会"构成概念的关系

日本国立教育政策研究所教育课程研究中心在《关于学校可持续发展教育研究》（最终报告书，2012年）将"构筑可持续社会"相关概念（上位概念）区分为两大类：关于围绕人的环境（自然、文化、社会、经济等）概念和关于人（集团、地区、社会、国家等）的思想与行动的概念，如表2所示。

---

① 日本国立教育政策研究所教育課程研究センター：《学校における持続可能な発展のための教育（ESD）に関する研究（最終報告書）》平成24年版，第3—11页。

表 2   **"构建可持续社会"构成概念的关系**

上位概念 视角	多种要素构成	相互作用	向某方向变化
关于围绕人的环境（自然、文化、社会、经济等）的概念	多样性	相互性	有限性
关于人（集团、地区、社会、国家等）的思想与行动的概念	公平性	协作性	责任性

与此同时，报告书还主张，"构建可持续社会"是一个由极其众多要素复杂地交织在一起的概念，也就是要作为系统从多层面加以把握。这个系统由多种要素构成，且各要素相互作用，并向某个方向变化，作为一个整体而发挥一定机能。上位概念与系统之间就构成了的"构建可持续社会"构成概念的相互关系（见表 3）。

表 3   **"构建可持续社会"构成概念的关系（示例）**

围绕人的环境的概念	多样性	自然、文化、社会和经济是由起源、性质状态等不同的多种多样的事物所构成的。其中又发生多种多样的现象和事情。
		自然、文化、社会和经济在各自的形成过程中呈现多种多样的状态，存在多种多样的事物和现象。尊重生态学的、文化的、社会的、经济的多样性，从多方面观察和思考自然、文化、社会和经济的相关事物和现象非常重要。
		例如：①在颜色、形状、大小等方面生物各具差异；
		       ②地形、气候等方面，各地区各具特色；
		       ③身体所必要的营养的种类是各种各样的。

	相互性	自然、文化、社会和经济是相互作用的。其中有物质和能量的移动和循环，也有信息的传递和流通。
		自然、文化、社会和经济是一个相互作用的系统。其中有物质和能量的移动、消费与循环。人与该系统是相互关联的。而且，其中和人又是相互关联。认识这种关联性很重要。
		例如：①生物是和周围的环境相关联而生存的；
		       ②电可以转变成光、声音和热量等；
		       ③在食物中有的是从外国输入的。

	有限性	自然、文化、社会和经济受有限的环境要素和资源（物质和能量）所支配，且其变化是不可逆的。
		构成自然、文化、社会和经济的环境要素和资源（物质和能量）是有限的。为了将来的人类，要求我们有效地使用这些有限的物质和能源。同时认识到由有限的资源所支撑的社会发展是有限的也是很重要的。
		例如：①物质溶于水中的量是有限的；
		       ②土地因火山的喷发和地震而改变；
		       ③要思考物质和金钱的有计划的使用方法。

关于人的思想和行动的概念	公平性	可持续社会是以如下为基础的，保障基本权利享受自然等方面的恩惠。这是跨地区跨世代需要公平、公正、平等的。
		可持续社会的基础是保证、维持和增进每个人的良好的生活与健康。为此，有必要尊重人权和生命，不牺牲他人，保障权利和享受恩惠的公平。这些不仅是超越地区和国家的，而且是跨世代的。 例如：①保障健康所需要的饮食或食物、运动、休养和睡眠等； 　　　②重视自己和他人的权利； 　　　③消除差别，实现公平公正。
	协作性	可持续社会是通过多样性主体来顺应和协调各种状况并相互关系、并相互团结协作而构成的。
		可持续社会的构筑和维持，没有多样性的主体的团结协作是不能实现的。在意见不同的和利害关系对立等情况下，应顺应其状况，试图以宽容的态度去调和，并相互协作解决问题是很重要的。 例如：①地区的人们相互协作，努力防止灾害； 　　　②拥有谦虚之心，重视与自己不同的意见和立场； 　　　③思考自己与周围人们的关系，来规划自己的生活。
	责任性	可持续社会是通过多样性主体拥有对未来负责任的愿景，并朝向该愿景的变化而构筑。
		为了构筑可持续社会，每个人要自觉的认识到自己的责任和义务，并不是来指望他人。需要每个人积极主动的行动。为此，合理客观的把握现状的基础上做出决定。拥有对向往的未来有责任的愿景是非常重要的。 例如：①我国在国际社会中发挥的重要作用； 　　　②认识到劳动的重要性、为大家主动的劳动； 　　　③在家庭中能够完成自己分担的工作。

四　ESD 视角下学习指导中应培养的能力和态度

资料显示，各国对 ESD 应培养的能力和态度有各种看法。表 4 显示了日本 DESD 实施计划（2008 年）、ESD-J（2006 年）、ESD（R. McKeown，2002 年）和英国资源评价机构（2005 年）关于 ESD

应培养的能力和态度的各种看法进行的对比。

表4 ESD 应培养的能力和态度的各种看法

日本 DESD 实施计划（2008）	ESD-J（2006）	ESD（R. McKeown, 2002）	英国资源评价机构（2005）
换位思考能力	自我感知与思考能力看穿事物本质能力	批判性思维能力	批评性思维
交流能力	表达心情和想法的能力	交流能力	—
系统思维能力	—	把握体系的能力 使用多种探究过程能力	系统思维
—	描绘理想社会能力	预测与设计未来能力	前瞻性思考
—	改进的能力	—	处理问题的技能
收集与分析信息的能力	—	—	—
—	理解环境容量能力	—	—
—	主动实践能力	付诸行动能力	行动技能
—	协作推进事物能力	与他人协作行动能力	—
—	—	促进感知反应的能力	—
尊重多样性与非排他性	尊重多元化价值观的能力	区别数量、质量和价值的能力	—

表5表示的是日本国立教育研究所教育课程研究中心《关于学校可持续发展教育研究》（最终报告书，2014年）关于 ESD 重视的能力和态度的研究成果，共概括抽象与设定了七个能力和态度。这个研究结果参考与考虑到了 OECD 所提出的作为国际标准之学力的"关键能力"（OECD，2005年）。

表 5　　　　　　　　　　　ESD 重视的能力和态度

ESD 重视的能力和态度		关键能力
1. 批判性思维能力	根据合理的客观信息和公平的判断发现本质深刻思考事物，进行建设性的、协调性的、替代性的、思考与判断能力。 例：○认真地检讨理解采纳他人的意见和信息 　　×盲目的接受所获得的数据和想法 　　○积极的发展性的思考最佳的解决办法、对策 　　×消极的悲观思维，轻易放弃。只想得到答案	综合使用工具的能力：综合使用语言、符合和文本；综合使用知识与信息；综合使用技术
2. 预测未来，设计计划的能力	基于过去和现在，预测与期待应有的未来的愿景，并与他人分享，同时进行筹划事物的能力。 例：○拥有预测及目的意识来进行筹划事物 　　×无计划的推进事情，不思后果 　　○想象如何接受他人同时来进行计划 　　×唯我独尊的推进事物	
3. 多项的综合思维能力	理解人、物、事、社会、自然等之间的关联、关系及系统，进行多方面综合性思维的能力。 例：○废弃物因看法不同也可理解为资源 　　×认为没有用就抛弃掉 　　○相互关联的思考各种各样的事物 　　×不进行归纳总结，看法零散	
4. 交流能力	在传达自己的情感的同时要尊重他人的情感想法，积极地进行交流的能力 例：○能够简明扼要地传递自己的想法 　　×一味地指责他人的意见和缺点，不去表明自己的想法 　　○能够把他人的意见纳入自己的思想与意见之中 　　×不想听他人的意见	在异质集团中交流的能力：与他人建立友好关系；协作、团队行动；处理和解决争端
5. 与他人协作的态度	站在他人的立场上，感受他人的想法和行动，与他人协同协力来推进事物的态度 例：○思考对方的立场之后再做出行动 　　×只想自己的事情 　　○在鼓励同伴的同时，开展团队活动 　　×擅自行动，采取不合作的态度	
6. 重视关联的态度	关心人、物、事、社会、自然等与自身之间的关联和关系，并尊重与珍视这种关系的态度 例：○要关心自己是和各种各样的事物是相关联的 　　×只关心自己身边物体和直接相关的事 　　○切实感受到自己是在各种各样的事物的恩惠下而存在着 　　×坚信自己可以一个人生存	自律性活动能力：在长远展望中开展活动；设计实施人生规划与个人计划；表达自己的权利、利弊、界限与要求
7. 积极参与的态度	对自己在集体和社会中的言行负责，在认清自己作用基础上自主地参与事情的态度 例：○对自己说过的事情负责并坚守约定 　　×不负责任的行动，不守规则 　　○为了他人来积极参与行动 　　×只做自己受益之事	

下篇

学校能源教育的国际比较

下篇"学校能源教育的国际比较"由美国的能源教育、英国的能源教育、日本的能源教育和中国的能源教育（包括中国台湾地区的能源教育）四章构成。

第一章从美国能源教育的产生、国家能源发展战略、全美能源教育体系、国家能源教育课程内容标准、美国绿色能源教育法案、政府普及能源教育举措、美国能源教育成效测评多层面描述了美国能源教育概况。从项目简介、学习标准、师资培训、组织保障、课程资源、实践活动等多个视角详细阐释了美国国家能源教育开发（NEED）项目，并总结出 NEED 的特点。从项目简介、学习标准、《概念框架》《教育活动指南》、家庭能源教育和学校能源教育等多个视角详细阐述了美国威斯康星州 K—12 级能源教育（KEEP）项目，并总结出对我国有益的启示。

第二章由英国能源教育概况、英国能源教育课程标准、英国能源教育课程内容、英国能源教育的课程图和课程计划、英国能源教育特点与启示、英国可持续学校计划六节构成。着重全面阐述了英国能源教育课程标准和英国能源教育课程内容，总结了其特点与对我国的启示，并详细介绍了英国可持续学校计划，为从学校可持续发展高度和视角深刻理解学校能源教育提供了根基和方向。

第三章由日本能源教育政策、日本能源教育指南、日本小学能源教育、日本初中理科能源教育、日本绿色学校事业五节构成。从日本能源教育的基本理念、学校教育中能源教育实践的基本想法、学校能源教育的目标和内容、日本能源教育的宏观政策、日本学校能源环境教育的理念和举措等视角详细阐述了日本能源教育指南。从基本理念和教学案例与分析两大层面着重阐述了日本小学能源教育。最后介绍了与学校能源教育密切相关的日本绿色学校事业。

第四章由我国能源现状图解、我国的能源教育政策制度、我国小学生能源素养现状调查与分析和我国台湾地区的能源教育四章构成。立足全球视野，以图解的形式，从石油现状、天然气现状、煤炭现状、核能、水电、一次能源消费量等视角直观地展示了我国能源的基本现状。从我国能源教育政策制度的现状、发达国家和地区能源教育政策制度的成功经验、我国能源教育事业发展的对策建议三个层面阐述了我国的能源教育政策制度。以问卷的方式调查与分析了我国小学生能源素养的现状，指出了现存问题，提出了教育对策。最后，从制定能源教育政策方针、颁布学校能源教育实施计划、目标与课程等视野介绍了我国台湾地区学校能源教育的发展现状与推进举措。

第一章　美国的能源教育

第一节　美国能源教育概况

一　美国能源教育的产生

20 世纪 50 年代以后，由于石油危机的爆发，对世界经济造成巨大影响。石油资源蕴藏量不是无限的，容易开采和利用的储量已经不多，剩余储量的开发难度越来越大，到一定限度就会失去继续开采的价值。在世界能源消费以石油为主导的条件下，如果能源消费结构不改变，就会发生能源危机。第一次危机中，美国的工业生产率下降了 14％，所有的工业化国家的经济增长都明显放慢。

在此背景下，美国在 1980 年启动了"美国能源教育开发（NEED）"项目，从不同层面开展对国民的能源教育，由此构建了覆盖全国的能源教育体系，找到了应对能源危机的教育途径，在提高国民的能源意识、增强国民的节能技术和节能自觉性、化解能源危机等方面取得了显著成就。此后，美国能源部于 1982 年发布了中小学《能源教育框架》，指出能源教育的目标有五大项：正规的能源教育要使学生认识能源、节约能源，而且要使他们认知在生活、经济及社会中扮演重要的角色；正规的能源教育要使学生获得能源使用和管理上的技术，而且能应用于家庭、学校及工作中；正规的能源教育能提供学生足够的科学与技术知识，使他们有足够的知识参与公共政策；正规的能源教育要使学生对能源的未来充满希望与展望；正规的能源教育将引导学生能以道德价值观来衡量能源供应与使用时的抉择。由此可见政府对能源教育的重视程度。

二　国家能源发展战略

美国能源部于 2006 年公布了一项五年战略计划，称美国在能源领域仍面临众多挑战，政府将采取一系列战略措施确保美国在能源领域的国家利益。该计划详细阐述了美国能源部未来的职责和任务。美国能源部长博德曼表示，该能源战略计划就是指导美国应对当前一系列能源挑战的"路线图"。根据该计划，美国在能源领域的挑战共涉及五大类战略目标，即能源安全、核安全、科技发现和创新、环境职责以及高效管理。计划指出鼓励科技创新是该战略计划的核心。为实现上述五大类战略目标，美国能源部将大力推动科技研究和创新，开发太阳能、核能、水电等清洁能源，降低美国目前对石油的过高依存度，并提高能源使用效率。

在确保核安全和保护环境方面，美国政府将努力阻止恐怖组织获取大规模杀伤性武器，同时将研发更安全的新型核弹头，并做好核废料的处理工作。美国能源部制定的关于能源问题的五年计划，主要是应对能源问题的挑战，其主要措施是大力推动科技研究和创新。这反映出当今国际竞争的实质是科技的竞争、人才的竞争和教育的竞争。

三　全美能源教育体系

随着能源教育在全美的发展，以 NEED 项目为主线，美国形成了覆盖国家、州和地方的能源教育体系。美国能源教育体系主要包括如下项目：

（一）国家和国际项目

1.高等院校能源教育。这个项目主要提供那些与现实世界迫切需要相关的能源科学和数学研究方面的拓展性课程计划。

2. 美国能源部科学教育办公室。该项目主要为美国能源部的大学实习生、教师团队培训项目、教师和学生研究团队项目、试验设备赠予项目和国家露天科学剧院提供能源教育方面的资料和信息。

3. 美国能源部实验室和设备教育网站。该项目提供所有能源教育项目与美国能源部能源实验室和设备的链接信息。

4. 能源需求。加利福尼亚能源委员会提供的关于能源教育的多种可用资源的信息。

5. 能源唤醒学院。由美国能源部提供的帮助学校在建筑和交通上减少能源消耗，在能源节约教育中加强再投入，并且在学生和社区中培养能源节约意识的教育项目。

6. 环境问题教育。该项目由佛罗里达太阳能中心提供，主要通过教学资源、实习活动和背景信息资料提供，帮助那些有兴趣推动环境主题方面研究的教师提高能源教育的科学性和技术性。

7. 地热教育办公室。主要为学生和老师提供关于地热能源方面的特殊教育资源。

8. 绿色学院。这是能源节约计划联合会提供的在 K—12 年级学校中培养能源意识、提高实践能力、减少能源消耗的教育项目。

9. 国际太阳能教育协会。该项目为那些积极致力于不同层次的可再生能源教育的人提供电子资料。

10. 国家能源基金会（美国）：教育资源。主要提供关于能源教育的辅助教学资源、活动和课程的开发、推广和应用。

11. 国家能源科技实验室：教育开发行动。国家能源科技实验室网站为学生和老师提供的能源教育、能源活动的信息和可用资源。

12. 国家燃料电池教育项目。为公众提供关于氢燃料和燃料电池模型等方面的教育课程。

13. 国家可再生能源实验室教育项目。主要提供学生教育和竞赛、教师教育、大学生教育、高校合作教育项目以及其他的教育项目来履行国家能源部和可再生能源实验室的教育和研究使命。

14. 国家教师发展计划。1996 年开始由美国能源部和国家科学基金会联合投资进行的为中学教师开展能源专业发展和领导力开发的项目。

15. 太阳今日公司（Solar Now, Inc.）。主要致力于提高可再生能源和环境方面的教育。

（二）美国地区、州和地方项目

1. 科罗拉多能源科学中心。主要为科罗拉多教育者、教师研讨班和学生竞赛提供能源利用方面的课程和信息。

2. 水和能源教育基金会。该基金会主要为西北部地区提供作为可再生能源资源的水资源利用的教育信息。

3. 伊利诺伊州可持续教育项目。主要为 K—12 年级的孩子提供覆盖所有学科，采用多种学习方式提升领导力和组织技能的、免费的能源和环境教育项目。

4. 缅因州能源教育项目。该项目主要为缅因州各类学校、青年和成年人组织提供扩展和灌输能源教育方面的资料。

5. 自然能学院。纽约能源研究和发展局提供的为能源效率较高的家庭、学校和工作场所使用太阳电能所进行的指导教育项目。

6. 圣地亚哥城市学院能源利用管理。主要帮助圣地亚哥、加利福尼亚州的教师开发关于能源和水资源保护、光电等方面的课程计划和学生竞赛的方案并帮助他们融入课堂中去。

7. 中学太阳能启智项目。由威斯康星州公共服务公司提供的在高中进行太阳能教育的项目。

8. 学生能源教育发展。在新墨西哥州南部进行的拓展学生能源教育和培养学生在学校和家庭中积极参与能源保护和节约的教育项目。

9. 得克萨斯可替代能源课程。主要致力于鼓励得克萨斯州的教师传授给学生关于能源热点问题和能源保护方面的知识，并通过开展能源相关的项目和活动帮助学生把能源保护行动推广到他们所在的社区中去。

10. 威斯康星州 K—12 级能源教育项目。主要致力于在教育者和能源专业人士之间创新公私伙伴关系以提升 K—12 级能源教育效率。

总之，美国以 NEED 项目为主线，形成了覆盖全国的、所有年龄段的、包含不同课程的能源教育体系，在学前教育、初等教育、中等教育、高等教育、职业教育和继续教育中都融入了能源教育的内容，在能源认知、能源科学、能源效率、能源节约、能源技术、新能源开发、能源政策等方面为不同需求的人群提供不同种类的教育活动，形成了全民参与、全民支持、全民受教育的能源教育热潮，有效提高了国民的能源意识、国民的能源参与率和节能行为的执行力，大大提高了国民的节能效果，有效地缓解了能源紧张问题。

四　国家能源教育课程内容标准

为了配合能源教育的推广，美国能源教育开发项目组织在美国《国家科学教育内容标准》的基础上制订了《美国国家能源教育课程内容标准》，主要涉及以下三部分：美国能源教育通用课程内容标准、分级标准以及相关教育活动内容标准。

美国的能源教育课程通用标准适用于从幼儿园到 12 年级的每一个阶段。主要是通用的概念和方法准则，涉及系统、规则和组织，证据、模式和解释，变化、永恒和测量，进化和平衡，形式和功能五大部分能源教育课程。为了使课程具有科学性，美国能源教育课程内容标准还制定了分级标准，分为三个阶段：从幼儿园到 4 年级，从 5 年级到 8 年级，从 9 年级到 12 年级。各个阶段从科学研究、自然科学、生命科学、地球和空间科学、科学和技术、从个人角度和社会角度审视科学、科学的历史和本质七个方面设定课程内容的范围，并把幼儿园—4 年级定位为初级，5—8 年级定位为中级，9—12

年级定位为中级，从课程的范围和深度、难度等方面都体现了不同课程内容具有不同的宗旨。

为了巩固学校能源教育教学的成果、促进对能源教育的推广，美国能源教育开发协会除了制定学校教育课程内容标准之外，还确定了课外教育的相关内容标准，包括课外活动、夏令营、嘉年华等从认知性学习到研究性学习的社会教育活动内容标准。这些标准也具有不同的分级，比如初级（幼儿园—4 年级）相关教育活动内容包括：初级能源手册和手册活动、当代能源介绍活动、在学校中节约能源、培养孩子的能源意识活动、初级能源科学普及活动、能源探索活动、初级能源嘉年华活动、"垃圾"手册活动、初级太阳能认识活动等，这些活动又分别拥有各自的内容标准。总之，美国能源开发项目通过制定系统的能源教育课程内容标准和相关教育活动标准，并通过网络教育和学校教育的结合，迅速地推动了美国能源教育的发展，并取得了显著效果。①

五　美国绿色能源教育法案

随着美国能源教育的普及和能源利用效率提高的需要，美国加强了对能源利用效率的研究，进而发现在高科技领域的能源研究和教育更有利于提高能源效率，尤其在与人们日常生活相关的建筑领域，提高建筑领域的能源效率对于提高人们的用能效率有着直接而显著的作用。因此美国国会在修改《2006 年绿色能源教育法案》的基础上，重新颁布了《2007 美国绿色能源教育法案》（以下简称《法案》）。《法案》由序言、标题、定义、在能源研究和开发中的研究生培养、高绩效建筑设计中的课程开发等几部分组成，目的是促进高等教育课程发展和高年级研究生培养以及绿色建筑科技的发展。②

---

① 刘春玲：《美国国家能源教育课程标准简介》，《中国电力教育》2007 年第 12 期。
② 刘春玲：《2007 美国绿色能源教育法案》，《能源教育》2008 年第 1 期。

六　政府普及能源教育举措

考虑到能源供应和环境保护的压力，美国政府开始大力提倡节能，一种全民参与的节能意识已经在美国初步形成。美国政府除了强制推行标准之外，还提倡自愿使用节能标识。美国很多州都建立了能源与环境信息的公开网站，不仅将政府的环境与能源政策措施向公众进行广泛宣传，而且公众也可以在这一平台上反馈意见和建议。通过公众与政府之间的互动，不仅可以发挥公众的主动性和创造性，同时也有助于提高政府决策的合理性与可行性。对于具有自愿性能耗标识的节能型产品，最为典型的是美国环保署（EPA）和美国能源部（DOE）联合推动的"能源之星"项目。据美国能源开发署的调查显示，43％的消费者表示在选购商品时会选择"能源之星"之类的节能产品，即符合节能标准的商品会贴上带有绿色五角星的标签，并进入美环保局的商品目录而得到推广。这一计划开始仅适用于电脑和办公设备，但随着"能源之星"在办公设备领域的成功，美国环保局和能源部又把这一标识体系扩展到家用电器、照明、空调设备等方面，甚至包括新建住宅和商用房屋等。[①]

七　美国能源教育成效测评

《成功蓝图》（*Blueprint for Success*）手册是帮助 NEED 成员建立一个有效能源教育计划，为不同年级的学生提供基本的单元和课时计划，以便落实每一个单元的教学。这本小册子还包含适用于各个年级的 NEED 相关材料的简要说明，以及作为为测评工具的《能源调查问卷》（*Energy Polls*）和《能源教育单元测试表》（*Energy Unit Exam*）。以下"能源测试单"等就出于《能源教育单元测试表》。

---

① 赵行姝：《美国公众开始节能》，《世界知识》2006 年第 9 期。

（一）选择测试题

读题选择最恰当的答案，将您选择的答案填入试题前的横线上。

A. 能源科学

____1. 所有的能量变换都可以追溯到什么形式的能量

    A. 电能   B. 化学能   C. 光能   D. 核能

____2. 世界上最大的能源资源是什么形式

    A. 化学能   B. 电能   C. 核能   D. 机械能

____3. 植物发生光合作用必须

    A. 吸收能量   B. 给出能量   C. 排斥能量（repel energy）

____4. 电能可以直接被转化为

    A. 机械能   B. 光能

    C. 化学能   D. 以上三者都正确

____5. 人体使用储存在食物中的化学能来产生哪种能量

    A. 机械能   B. 电能

    C. 热能   D. 以上三者都正确

____6. 有一些化学物质中包含有 100 单位的潜在能量，在爆炸之后，所有的化学能都释放出来，转化为热能、光能和机械能。那么这三种能量的总和是

    A. 0 单位   B. 33 单位   C. 75 单位   D. 100 单位

____7. 一包燃料包含 1000 克的核能，在燃料被使用后将有多重

    A. 1001 克   B. 1000 克   C. 999 克

____8. 一个物质需要很小的以部分能量来将它点燃，那么这个物质的活化能将是

    A. 高   B. 低   C. 和点燃没关系

B. 使用和节约

____9. 在 1994 年，下列哪些能源是为国家提供主要的能源消费形式

    A. 汽油   B. 天然气

C. 煤　　　　　　　　　D. 以上三者的使用量差不多

____10. 美国家庭中，每年使用最多的能量的行为是

A. 用电　　　　　　　　B. 加热、制冷房间

C. 加热水　　　　　　　D. 电冰箱

____11. 等量瓦特的荧光灯与白炽灯相比，消耗多、消耗少，还是相等

A. 多　　　　B. 少　　　　C. 相等

____12. 如果能量的使用效率提高，那么它消耗的能量的总量将会

A. 增加　　　　B. 减少　　　　C. 不变

____13. 下列哪个能量的单位代表的能量多

A. QUAD　　　　　　　B. B. TU

C. 兆焦 MEGAJOULE　　D. 千度 MEGAWATT-HOUR

____14. 在夏季，什么时段需要的能量能达到峰值

A. 上午 6 时到中午　　B. 中午到下午 6 时

C. 下午 6 时到午夜　　D. 午夜到上午 6 时

____15. 在过去的 20 年里，机动车每英里（1 英里＝1.61 公里）的耗油量从 13 加仑涨到了 27.5 加仑（1 加仑＝3.785 升），对于这种增长，应负主要责任的是

A. 辐射轮胎　　　　　　B. 燃料的注入

C. 车重量的减少　　　　D. 平滑的车型设计

____16. 煤、汽油、天然气和丙烷气都是化石燃料，因为

A. 它们都燃烧释放能量而且还会污染环境

B. 它们都来自埋藏于地底数百万年的动植物

C. 它们都是非可再生资源，而且即将用完

D. 它们和化石混在一起产生能量

____17. 燃气的产生是来自哪种化石燃料

A. 天然气　　B. 煤　　　C. 汽油　　　D. 丙烷

_____18. 以下哪种化石能源最清洁

A. 煤　　　　B. 汽油　　　　C. 天然气　　D. 以上三种都是

_____19. 以下哪种化石燃料的大部分都来自国外的进口

A. 天然气　　　　　　　B. 煤

C. 汽油　　　　　　　　D. 以上三种都是

_____20. 液状丙烷代替天然气使用在热气球中，它还广泛使用在

城乡地区。为什么丙烷可以代替天然气使用

A. 安全　　　B. 干净　　　C. 方便　　　D. 便宜

_____21. 美国主要的煤的使用是

A. 发电　　　B. 加热房屋　　C. 产生化学物质

_____22. 哪种化石能源是腐烂的古代蕨类植物、树木的产物

A. 汽油　　　　　　　B. 石油

C. 天然气　　　　　　D. 以上三者都是

_____23. 美国哪部分消费是消耗国家汽油最多的

A. 居民　　　B. 商业　　　C. 工业　　　D. 交通

_____24. 丙烷产品是清洁和加工什么的结果

A. 天然气　　　B. 汽油　　　C. 两者都是

_____25. 什么气体可以通过使用一定的压力被轻易地转化为液体

A. 天然气　　　B. 丙烷　　　C. 上述两者所需压力相同

_____26. 天然气主要通过什么运输

A. 管道　　　B. 车运　　　C. 船运　　　D. 三者都可以

_____27. 铁路使用率的增长将最大影响哪种能源资源的消费

A. 汽油　　　B. 煤炭　　　C. 天然气　　D. 铀

_____28. 汽油工业的增长主要是由于什么的要求

A. 照明　　　B. 加热　　　C. 运输　　　D. 电能生产

_____29. 美国经济的哪部分消耗最多的天然气

A. 居民　　　B. 运输　　　C. 工业　　　D. 商业

_____30. 地球变暖主要由于燃烧化石能源致使什么气体在大气中

的含量增加

A. 臭氧　　　　B. 二氧化硫　　C. 二氧化碳　D. 二氧化氮

____31. 与当今陈旧的火力发电相比，清洁的煤炭发电设备产生相同量的电能需要使用的能量会

A. 减少　　　　B. 增加　　　　C. 相同

____32. 什么时候美国国会允许在北极国家野生动物居住地开发石油

A. 已经开始了　　　　B. 2001

C. 1996　　　　　　　D. 还没有计划

____33. 当今努力增加交通替代能源的使用，主要是由于对什么的渴求

A. 更清洁的空气　　　B. 较低的石油进口量

C. 较低的能源消耗　　D. 更多的工作岗位

____34. 碳和什么元素存在于化石燃料中，并在燃烧时提供能量

A. 氮　　　　B. 氢　　　　C. 硫　　　　D. 氧

C. 可再生能源

____35. 太阳能、生物能、地热能、风能和水力发电能，这些都是可再生能源。它们被定义为可再生能源是由于

A. 它们洁净而且免费

B. 它们可以被直接转化为热能和电能

C. 它们可以在短时间里由自然界自己补充

D. 不产生大气污染

____36. 下列可再生能源不跟太阳照射地球相关的是

A. 水力发电　B. 地热能　　C. 风能　　　D. 生物能

____37. 国家能源的百分之多少是由可再生能源供应的

A. 1%　　　B. 8%　　　C. 25%　　　D. 50%

____38. 在1994年，下列能源中，哪种能源为国家提供最大比重的能量

A. 风能　　　B. 太阳能　　　C. 地热能　　　D. 水力发电能

____39. 大部分的生物质能都是燃烧下列哪种资源产生的

A. 垃圾　　　　B. 木材　　　　　C. 农业废物　D. 三者都有

____40. 当今光电发电的花费和传统的煤、核发电相比有

A. 25%的减少　　　　　　B. 基本相同

C. 两倍的增加　　　　　　D. 四倍的增加

____41. 当今，太阳辐射能的百分之几通过PV可以被转化为电能

A. 10%　　　B. 25%　　　C. 50%　　　D. 75%

____42. 一年当中，风力发电产生电的时间占

A. 10%　　　B. 25%　　　C. 50%　　　D. 75%

____43. 地壳中产生的热能主要是由于

A. 大陆的漂移　　　　　B. 元素的放射腐蚀

C. 地球产生残留的热　　　D. 气体的燃烧

____44. 如果在未来的10年加倍地使用地热能、风能和太阳能，它们对美国能量的供应量同水力发电相比

A. 多了　　　B. 少了　　　C. 相同

____45. 生物质能是光能合成的。下列哪种能量也是光能合成的

A. 煤　　　B. 天然气　　　C. 石油　　　D. 以上都是

____46. 废物发电的花费同使用化石能源相比是

A. 减少了　　　B. 增加了　　　C. 相同

____47. 同煤或核能相比，水力发电产生能量的花费是

A. 多了　　　B. 少了　　　C. 相同　　　D. 电能

____48. 在过去的十年，国家对电的需求量是

A. 增加　　　B. 减少　　　C. 相同　　　D. 不一定

____49. 如今，化学能的百分之几能转化为电能

A. 33%　　　B. 50%　　　C. 75%　　　D. 90%

____50. 基地负荷产生能量在

A. 全天　　　　　　　　B. 主要在晚上

C. 仅仅在高峰时段　　　D. 仅仅在高峰时刻之前和之后

_____51. 哪种能量资源在 1994 年产生国家超过一半的电能

A. 煤　　　　B. 核能　　　　C. 水电　　　　D. 石油

_____52. 铀在核电站用来发电。铀原子可以释放能量是在

A. 化合并释放热能　　　　B. 分解释放热能

C. 燃烧释放热能　　　　D. 分解释放电子

_____53. AC 发电要比 DC 适用，是由于

A. 传输的距离远　　　　B. 每瓦特产生的能量多

C. 生产便宜　　　　D. 使用安全

_____54. 核能产生的花费的最大比重用于

A. 燃料　　　　B. 建造发电场

C. 处理废物　　　　D. 操作反应堆

_____55. 如今，109 所核电站产生的居民核浪费被储存于

A. 12 个临时存放地　　　　B. 产生废物的发电站

C. 在 Yucca 山　　　　D. 重新加工为增殖反应堆

_____56. 通过什么减少了对建造新能源工厂的需要

A. 将电能的需求转移到非峰值

B. 减少电器的能量需求

C. 在需要的时候切断电能的供应

D. 以上三者都正确

_____57. 发电厂的规模由什么能量单位衡量

A. 千瓦　　　　B. 兆瓦

C. 十亿瓦特　　　　D. SEPTAWATT

_____58. 在同时发电发热工厂，废热被用来

A. 产生更多的电　　　　B. 将蒸汽压缩成水

C. 制造产品　　　　D. 以上都是

_____59. 当电能离开发电厂，在传输过程中电压增加是由于

A. 运动得比较快　　　　B. 能量的损失较少

C. 有较高的电流强度　　　　D. 以上都是

_____60. 超导材料在将来使用，可以

　　A. 减少电压的需求　　　B. 减少由于热而生的能量损失

　　C. 减少能量的损失　　　D. 以上都是

_____61. 能量系统的可靠的增加方式是

　　A. 增加电能的使用量　　B. 增加电压

　　C. 建造更多的发电站　　D. 以上都是

_____62. 公司企业成为能量生产的一员，那么它们就可以

　　A. 储备电能以备后用　　B. 当需要的时候从其他

　　C. 增加电能的使用量　　D. 以上三种都正确

（二）小论文

在写小论文之前，你的小组应该讨论所有应该包含在论文中重要的事件。请在论文中附上你们小组讨论的结果。

1. 你被要求为当地报纸去写一篇关于节约能源重要性的文章。你文章的开始两段应该是关于能源节约的。确信你的文章至少包含一个下列能源节约方法：加热水、家庭取暖或制冷、煮饭。

2. 你发现埋藏了 100 年之久的一个时间舱，舱中包含了六样 1895 年美国家庭使用的东西，描述每样东西及其所使用的能源种类。

3. 你打开卧室的灯，灯的光能使你能够看见东西。从光能开始，追溯所有的能量流动和转换的发生。从你房子的电线到火力发电站，结束于地球上的主要能量形式。

4. 你们小组被联合国选中去参与非发达国家未来的能量计划任务。我们需要用环境可以负担得起的、可以接受的能量供应来提高居民的生活质量。你的工作就是在制订计划之前列出至少需要回答的十个问题，并解释为什么需要这些信息。

5. 你的小组被要求为美国总统写一份关于当今能源的简短的论文，论文应包含背景、历史信息和采取不同行动的优缺点。选择下列论题之一：未来电能的供应和需求、替代燃料、固体废物的管理和未来石油的供求。

6. 由于新的商业、工业和住宅区搬到你的附近，电能的需求持续走高。为了避免增加额外的发电站，你被要求设计一个方案来减少电能的需求。确信你的计划包含着在高峰时刻对减少电能使用的建议。

第二节　美国国家能源教育开发(NEED)项目

一　项目简介

1. 背景

NEED是1980年联邦会议决定设立的唯一的国家能源教育专门机构，旨在将能源教育教师、行政机构、企业等结成网络。活动资金由能源关联企业与团体、能源厅等一百多个支援组织提供。活动包括制定能源教育指南、向学校与教师提供能源教育计划、为教师召开能源教育研讨会等，试图普及能源教育。

1980年，为期一天的能源教育庆祝活动为NEED项目的启动拉开了序幕，国会联合决议成立"国家能源教育日"。美国总统公告宣布了能源教育在美国学校开展的必要性，人们对化石燃料的依赖减少的必要性以及增加可再生能源技术和能源利用效率的必要性。能源是一个随着全球人口面临的能源挑战和机遇的重要性持续增长的话题，学生都必须学习应用能源技术，更有效地使用能源，以减轻或消除能源使用对环境的影响，并找到新的方法更明智、更经济地使用能源。NEED与教师、学生、合作伙伴以及提供网络的赞助商联合起来，力争使能源教育在全美国的学校中具有优先权。

2. 项目宗旨

NEED以非营利性的教育协会为主体，它的核心理念是"把能源融入教育"（put energy into education），其基本使命是通过创建有效的学生、教师、企业、政府和社区领导者的合作网络，设计和提供多维的能源教育项目，提升国民的能源意识和社会责任感。

3. 项目主题

该项活动对象是幼儿园—12 年级（5—17 岁），活动宗旨是提高儿童和学生对一般的能源知识的认识，并发展科学、数学、语言、音乐、美术及社会的技能。NEED 将课程分为八个项目主题，每个主题都是一个独立完整的单元，即能源科学（the science of energy）、能源资源（sources of energy）、电（electricity）、交通运输（transportation）、能源效率和节约（efficiency and conservation）、综合和巩固（synthesis and reinforcement）、评估（evaluation）、奖励（recognition），其中每个主题都包含一定的学习课题（见表 1）。这八个主题贯穿 K—12 年级，随着年级的增长，各主题的内容有所加深，构成了七个阶段的学习活动构成：阶段 1：准备（学习的组织化、编组）；阶段 2：能量科学；阶段 3：能源；阶段 4：电；阶段 5：效率和保护；阶段 6：综合；阶段 7：评价与认定。

表 1   NEED 项目主题及其学习课题

能源科学	所有年级	能量的流动、有关能源的事情
	小学	磁铁的开发、能源科学
	中学	能源科学
	高中	高中能源科学
能源资源	小学 Primary	初级能量资料书、初级能量资料书活动、初级故事、太阳和它的能量、风能也是能源
	小学 Elementary	小学能量资料书、小学能量资料书活动、能量的平衡、共有地的能源、岩石运动的能量、能量资源博览会、海洋能源、学校使用的太阳能、这个矿是我们的、常见的能量、美国能源地理
	中学	中级能量资料书、中级能量资料书活动、能量的奥秘、共有地的能量、岩石运动的能量、能量资源博览会、用于生产产品的化石能源、优质的能源辩论会、可能的目标、学校使用的太阳能、常见的能量、美国能源地理
	高中	高级能量资料书、高级能量资料书活动、能量的奥秘、共有地的能量、岩石运动的能量、能量资源博览会、用于生产产品的化石能源、优质的能源辩论会、可能的目标、海洋能源、学校使用的太阳能、常见的能量、美国能源地理

电	小学 Primary	磁铁的开发、初级能量资料书、初级故事
	小学 Elementary	中级能量资料书、中级能量资料书活动、磁铁的开发、能源科学、岩石运动的能量、能量资源博览会、常见的能量、学校使用的太阳能
	中学	中级能量资料书活动、中级能量资料书、有关能源的事情、岩石运动的能量、能量资源博览会、可能的目标、能源科学、常见的能量、过去的能源
	高中	高级能量资料书活动、高级能量资料书、有关能源的事情、岩石运动的能量、能量资源博览会、可能的目标、能源科学、学校使用的太阳能、常见的能量、过去的能源
交通运输	小学 Primary	初级故事
	小学 Elementary	生物柴油、乙醇、常见的能量、燃料运输博览会、动能的运输
	初中	生物柴油、乙醇、用于生产产品的化石燃料、常见的能量、运输化石燃料博览会、运输化石燃料辩论会、动能的运输、你会开什么车
	高中	生物柴油、乙醇、用于生产产品的化石燃料、当今就是未来——燃料的运输、常见的能量、运输化石燃料博览会、运输化石燃料辩论会、动能的运输
能源效率和节约	小学 Primary	初级能量资料书、初级能量资料书活动、初级故事、节约能源小册子、如今的能源、废物小册子
	小学 Elementary	中级能量资料书活动、中级能量资料书、能量守恒定律、能量房、岩石运动的能量、能量节约博览会、谈论废物、当今的能源
	初中	中级能量资料书活动、中级能量资料书、有关能源的事情、能量守恒定律、能量房、岩石运动的能量、固体废物博物馆和能量、节约能源博物馆
	高中	高级能量资料书活动、高级能量资料书、有关能源的事情、能量守恒定律、能量房、岩石运动的能量、固体废物博物馆和能量、节约能源博物馆
综合与巩固	小学 Primary	初级能量狂欢、初级能量资料书活动
	小学 Elementary	小学能量资料书活动、全世界的能量、能量狂欢、能量是危险的、能量数学挑战、开发能源、全球贸易游戏、神秘的世界旅行、NEED 歌集、昨日的能量、美国能量地理
	初中	中级能量资料书活动、全世界的能量、能量狂欢、能量是危险的、能量数学挑战、开发能源、全球贸易游戏、神秘的世界旅行、NEED 歌集、昨日的能量、美国能量地理
	高中	中级能量资料书活动、全世界的能量、能量狂欢、能量是危险的、能量数学挑战、开发能源、全球贸易游戏、海洋能源、神秘的世界旅行、NEED 歌集、学校使用的太阳能、昨日的能量、美国能量地理

4. 学习内容和学习活动

以阶段 3 能源为例，其活动题目与教材、重点学习内容、年级和课时详见表 2。

表 2   阶段 3：能源的学习内容

活动 （题目和教材）	年级	重点学习内容	时间 （课时）
游戏	K—12	能源介绍	1.5—2.5
故事等	K—4	故事及具体活动	3—5
能源讲述	3—12	能源展示与介绍会	2.5—3.5
能源调和	4—6	图表展示能源的优缺点	2—4
明确能源	5—12	能源研讨会	2
演奏	3—12	能源歌词创作和演奏	2.5
辩论	5—12	能源的优缺点	—
能源之谜	7—12	用批判思维把握调查能源的入口	—
评价	7—12	评价用于发电的能源	—

阶段 3：能源的学习活动：

活动 1：游戏

（1）能源之歌：象征性表现 10 个能源（石油、煤炭、铀 U、天然气、生物资源、风、太阳、地热、水利、液化石油）的特征。随后教师提问："美国采油最多的是哪个州？世界呢？石油的主要用途？"

（2）猜卡片：在自己背上贴有事先写好能源特征的卡片，向伙伴质问加以推测。如"并不是一天总可以使用"。

（3）绘画：把猜到的能源以绘画方式在画板上描画出来。以小组竞争形式展开，5 分钟内哪组猜的多。

活动 2：能源学习成果发表会

以研究集会的方式进行发表会，即把同年级的其他班的同学召集过来，介绍自己的学习成果——阶段 2 能量科学（6 种能量形态及其转化：机械能、化学能、电能、光能、热能和核能）。通过具体实验，分组演示与说明其转化，并提供实验工具。

5. 能源学习成果评价

NEED 计划重视具体操作、实验、游戏、表现等活动，试图让学生从科学的能量概念和能源问题两个视角形成认识。NEED 计划提供的评价问题由能量科学（阶段 2）、消费与保护（阶段 5）、化石燃料、再生能源（阶段 3）和电（阶段 4）五部分构成，分别与前面课程内容相对应。例如：美国供给最多的能源是什么？（石油、煤炭、天然气、太阳）

二　学习标准

不同的年级拥有不同的学习标准。从幼儿园到 12 年级，根据不同年龄学生的特点，共分为 4 个不同阶段的学习标准。

1. 幼儿园—2 年级

有关能源的事件、磁铁的开发、NEED 歌谣集、初级能源博览会、初级资料书活动、初级能源科学教师指导和学生指导、初级故事、节约能源小册子、太阳和它的能量、如今的能源、废物小册子、风能也是能源。

2.3—5 年级

生物柴油、能量博览会、能量守恒定律、小学能量资料书活动、全世界的能量、能量事件、能量流动、太阳能教师指导和学生指导、能量房、能量的平衡、能量危险、能量数学挑战、共有地的能量、岩石运动的能量、能量资源博览会。

3.6—8 年级

生物柴油、当今能量事件、全世界的能源、能量博览会、能量的奥秘、能量的流动、能量的危险性、能量数学挑战、共有地的能量、岩石运动的能量、能量资源博览会、开发能源、化学能的开发、化学能的开采、全球贸易游戏、优质能源辩论游戏。

4.9—12 年级

生物柴油、有关能源的事情、全世界的能源、能量博览会、能量守恒定律、能量的奥秘、能量流动、能量的危险性、能量数学挑战、共有地的能量、岩石运动的能量、能量资源博览会、乙醇、用于生产产品的化石燃料、全球贸易游戏、优质能量辩论游戏、海洋能源、固体废物博物馆与能量、保护能量博览会、常见的能源、当今就是未来——燃料的运输、美国能源地理。

三　师资培训

NEED 每年都举办为期 1 到 5 天的"国家能源教师研讨会"（National Energy Conferences for Educators），对教师进行培训，使教师有机会通过利用能源科学、电力能源、能源运输、能源效率等 NEED 材料去了解能源。来自全国各地的能源教师通过这样一个平台相互交流，共同分享最先进的能源技术和理念，使自身得到一定的提高。NEED 还是一个致力于提高全国能源教育质量的团体。一些有经验的能源教育教师通过网络对其他教师进行培训，这样的网上培训至今已有 28 年的历史了。[①]

NEED 联合州和地方合作伙伴通过 1 个学年的时间向教师和学生开设了 600 余次讲习班和在职训练。NEED 开设讲习班，旨在发展学生的知识和领导技能，同时帮助教育者实施能源教育计划。幼儿园到 12 年级的老师都可以参加讲习班。针对老师进行培训的讲习班，主要探讨能源概况、能源科学和能源资源、电力、太阳能学校、氢能教育、学校能源管理、核能、风能、公共土地上的能源、燃料输送这十个类别的内容，各讲习班所涉及的内容各不相同。如能源概况讲习班向教师们讲授的是能源科学、能源资源、电力、能源运输和能源存储的相关背景；能源科学和能源资源讲习班主要讲授能源存在的各种形态、能源转换、可再生能源和不可再生能源；氢能讲习班主要讲授能源的形态、氢能开发，燃料电池和运输技术；由土地管理局举办的公共土地上的能源讲习班提供了在公共土地上的能源及其开发培训；核能讲习班在向教师介绍铀发电的知识时，提

---

① The NEED Project. About NEED-History, Goals, and Activities. http：//www. need. org/info. php.

供给教师们参观核电站的机会，以此来扩大他们关于能源转换和核能的知识面。

此外，NEED 还向教育工作者和能源专家提供了一系列的培训计划。① 如 NEED 决定面向能源管理员、学校设施管理人员以及建筑师举办能源管理学校会议；为了使能源专家和教育工作者寻求学习和分享能源教育和宣传的最佳机会，NEED 提供了能源教育论坛和交流活动；NEED 举办了教师暑期研究所，为对能源教育感兴趣的教育工作者提供更多的专业发展、能源实地考察、专门能源培训；NEED 还在春假或暑假为对能源学习感兴趣的学生提供了春季或夏季能源营等。

四　组织保障

NEED 建立了覆盖全国的教学网络，教师、学生、指导者、合作者、资助者和社区合伙人都是整个网络的参与者和支持者。这个网络包括指导者委员会、各州能源教育办公室、NEED 的网络资源等。

1. 指导者委员会

这是促进 NEED 战略规划实现的重要保证，这种指导可以在美国更多学校扩展和推行能源教育项目。委员会成员都是志愿者，他们自愿把时间和才智奉献给 NEED 项目，以确保 NEED 能够最大限度地培养更多的人，并且委员会的每个成员都为 NEED 项目的发展提供资金资助。

2. 各州能源办公室

这是 NEED 在地方开展能源教育的重要合作伙伴。各州的合作者和 NEED 的骨干教师、合伙人、资助者一起为地方教育项目提供日常指导，在地区和地方开展培训项目，设计制作并发放教材，并帮助教师开发 NEED 新的教育项目和教育活动，这可以确保各州的

---

① http://www.need.org/training.php.

能源教育标准达到 NEED 项目和教材要求的水平。

3. 网络资源

NEED 的网络资源包括能源交流（Energy Exchange），职业趋势（Career Currents）两种实事通讯以及门户网站 www. need. org。能源交流和职业趋势得到了广泛关注，据统计拥有至少 23000 名关注者。能源交流提供给教师、学生以及资助者有关能源、最新技术和最新发现方面的信息和活动。职业趋势向学生介绍了多种能源职业。能源交流和职业趋势得到了广泛关注，据统计拥有至少 23000 名读者。而门户网站为教师和学生提供了各种有助于教学和学习的工具，从网上的书目到科学实验、珍贵的能源图书，可以说是应有尽有。①

4. 合作伙伴

NEED 拥有很多合作伙伴和赞助商，NEED 通过与其合作，使项目能够顺利进行。如 NEED 与美国能源情报署的长期合作伙伴关系为每年 NEED 教材的更新提供了数据和能源分析；此外，这种伙伴关系还提供了课堂教学内容，课程教材，并且为环评儿童网站（the EIA Kid's Page）以及流行的能源蚂蚁（Energy Ant）的发展奠定基础。

五　课程资源

NEED 每年都会向教师、学生提供不同的资源，有助于能源教育的开展和落实。2009—2010 年度 NEED 的课程资源包括如下：

1. 《能源信息手册》（*Energy Info Books*）

《能源信息手册》分为小学（幼儿园—4 年级）、小学（4—5 年级）、中学（4—8 年级）和中学（7—12 年级）四个版本。手册每年都会进行一次修改，目的是提供最新、最完整的信息。手册介绍了能源资源、电力资源、能源消费等信息，可以作为能源活动的教材

---

①　The NEED Project. Network Resources. http：//www. need. org/info. php.

来使用。

2.《成功蓝图》（*Blueprint for Success*）

手册帮助 NEED 的成员建立一个有效的能源教育计划，为不同年级的学生提供基本的单元和课时计划，以便落实每一个单元的教学。这本小册子还包含适用于各个年级的 NEED 的相关材料的简要说明，以及作为为测评工具的《能源调查问卷》（*Energy Polls*）和《能源教育单元测试表》（*Energy Unit Exam*）。

3.《游戏和破冰船》（*Games & Icebreakers*）

这本小册子包括能源活动和游戏的介绍，主要有电路连接、能源圣歌、难题破解、能源猜想和在美国最令人讨厌的能源浪费者游戏等。

4.《计划和活动》（*Projects & Activities*）

这本手册包括工作计划，对其他的班级、学校、家庭、社会的能源开展活动的建议，同时还提供青年奖励计划指导（Youth A-wards Program Guide）和申请表格等。

5.《NEED 材料目录》（*NEED Catalog of Materials*）

这本手册包含在过去的一年中的许多新的开发项目。NEED 在网站上也向教育工作者公布了用于课堂教学的项目。[①]

NEED 的资源可以说是多种多样，它不仅拥有《成功蓝图》这样涉及各年级的能源教育计划，以及《能源信息手册》这种全方位介绍能源信息的、可以作为教材来使用的指导用书，而且还包含《游戏和破冰船》这种集游戏、活动于一身的手册，可以让学生寓教于乐，在游戏的同时对学生进行能源教育。同时 NEED 提供适合班级、学校、家庭以及社会的能源活动建议，人们可以根据所在区域各自不同的特点对能源教育计划进行选择，而通过对《NEED 材料目录》的阅读，可以了解在过去一年全国各州所开展的能源教育项目，以便将能源教育更长久地开展下去。

---

① The NEED Project. NEED Membership. http：//www. need. org/member. php.

六　实践活动

NEED 每年都会以报告总结的形式向人们介绍在过去的一年里能源教育的成就，例如：评选出 NEED 青年领导者奖、杰出服务奖等各种奖项，以及总结各州、各种学校的学生所做的关于能源教育的实践活动等。下面以亨廷顿小学和圣·西多中学为例，对学校能源教育实践活动进行简单介绍。

1. 亨廷顿小学

由亨廷顿小学三年级学生组成的节约能源小组，主要致力于探索各种能源的来源、向其他同学传递保护能源的知识以及学习怎样成为学校或社区的能源领导者等。以"能源改变事物"为主题，小组成员度过了既有趣又受教育的一年，因为他们参加了 5 项与能源相关的旅行、学习了环境理论，并且参加了 NEED 的相关活动。在回收工业不景气的时候，节约能源小组仍然利用回收项目收集到了 2500 美元，并利用其中的 300 美元为即将动工的"人类家园"购买了节能灯泡以及节能用品。节约能源小组同学校、社区联合举办了 12 项能源活动，策划了 6 项能源计划，推动了"换一个节能灯，改变全世界"的进程。

2. 圣·西多中学

圣·西多中学开发了"高效能源开发者"项目，学生们走访了当地的家庭、企业和社区，以各种各样的方式向社会传递能源知识。走访不是为了得到人们关于更换节能灯的承诺，而是劝导人们改变生活方式以便减少温室气体的排放。学生们还以 NEED 比赛和能源嘉年华活动的形式来传达能源知识，而结果足以说明这是让公众了解能源的很好的方法。学生们还通过捡拾 208 吨废纸、42000 个塑料袋以及对 45 个空地的清扫获得了国家对减少废物的奖励。国家以及州参议员对同学们的努力做出了很高的评价，圣·西多中学的同学们在 NEED 的能源教育中做出了典范。[1]

---

① The NEED Project. Annual Report 2009. http：//www. need. org/needpdf/NEED Annual Report. pdf.

美国学校中进行的能源教育不仅仅局限在书本之上，而是与社会实践有着密切的联系。各学校根据自身情况首先确定一个能实现的项目计划，让学生以能源教育的组织者、宣传者、实践者这样的身份亲自动手、亲自参与到其中。在使他人受到能源教育的同时，自身也得到了很大程度上的提高，确保能源教育以丰富多彩的形式得以顺利进行。

七 NEED 的特点

1. 领域广阔性。能源学习领域（阶段）由能量科学、能源、电、能量效率与保护四个领域和综合与发展构成。

2. 内容选择性。学生并非是学习所有计划，而是每个领域选择活动，灵活地构建单元。

3. 学习连续性。从 K—12 学年进行连续、发展性的学习。

4. 方式趣味性。该计划并非重视内容系统，而是重视方式方法的具体性和唤起兴趣与关心。

5. 活动丰富性。该计划提供多样化活动，满足不同要求。

第三节 美国威斯康星州 K—12 级
能源教育(KEEP)项目

一 项目简介

提高全民节能意识和开发节能技术都离不开教育。在此背景下。美国启动了"国家能源教育开发"（National Energy Education Development，NEED）项目。投入大量人力、物力、财力开展能源教育，取得了卓越成就。此举在缓解能源紧张、提高节能效果、唤起国民能源意识、提高国民节能技术和自觉性方面找到了一条有效途径。威斯康星州从幼儿园到12年级的能源教育项目（Wisconsin K—12 Energy Education Program）（以下简称为 KEEP）就是 NEED 下设的一个州计划，它主要致力于在教育者和能源专业人士之间建立公私伙伴关系，以提升 K—12 级能源教育效率。美国能源教育开发项目以非营利性教育协会为主体，它的核心理念是"把能源融入教育"（put energy into education），其基本使命是通过创建有效的学生、教师、企业、政府和社区领导者的合作网络，设计和提供多维的能源教育项目，提升国民的能源意识和社会责任感。

KEEP 是为推进能源教育于 1995 年在威斯康星州设立的非营利团体。其契机是 1993 年威斯康星州环境教育中心（Wisconsin Center for Environmental Education，WCEE）决定编制幼儿园至高中能源教育指南。1995 年，能源调查 NPO 的能源中心（ECW）提供计划资金，威斯康星州环境教育委员会（WEEB）和威斯康星大学 Stevens Point 分校也给予大力支持。①

具体地说，在 KEEP 尚未出现之前，有些课程开发者和教师就在教育课程中涉及了一些与能源相关的活动，然而有人提出如果能源教育能够在威斯康星州广泛地实行，能够有效地推进学生的终身学习并将其与周围的世界紧密联系起来，还需要很多的工作要做。在此情况下，威斯康星州环境教育中心于 1995 年推出的 KEEP 满足了这一要求。能源问题重要而且复杂，威斯康星州的未来取决于人们对于能源问题采取的正确政策和选择，这就是打下一个能源教育的综合基础对于威斯康星州来说至关重要的原因了。在过去，威斯康星州的课程开发者和教师将能源教育融入课程之中，并且开发了与能源相关的活动。但是，许多威斯康星州的教育者认为，为了将来在州内更广泛、更经常地应用能源教育，我们仍然还需要做更多的工作。

KEEP 的宗旨是倡导并推动威斯康星州各学校能源教育计划的发展、传播、实施以及评价，并起到促进作用和提供方便。计划的目的是提高威斯康星州对能源教育的重视程度，并加大比例。KEEP

---

① Wisconsin K—12 Energy Education Program. About KEEP. http：//www. uwsp. edu/cnr/wcee/keep/AboutKEEP/about. htm.

的目标是通过教师教育来提高并增强威斯康星州从幼儿园到 12 年级学生的能源素养。KEEP 的终极目标是为威斯康星州未来的消费者提供必要的知识和技能使其能够合理地使用能源。能源问题的解决关键主要是加强能源教育，社会需要富有知识、技能和秉承着正确使用能源态度的个体，而了解能源相关内容的信息很少，就会影响威斯康星州经济和环境的未来。事实证明，学生确实缺少能源方面知识的传授。K—12 能源教育计划为学校能源教育形成了一个基本框架和支持系统，有效地将学校与环境组织、政府部门、工商业等各行各业的机构紧密连接在一起，为威斯康星州学生接受理性、系统和专业的能源教育搭建了平台。

为了更好地推进能源教育，KEEP 出版了大量有关能源教育的出版物，例如，《概念框架》《教育活动指南》《可再生能源》《KEEP 十年报告》《KEEP 基础研究》《小学补充课程：对你的学校能源流量的了解》等。这些图书有些可以直接作为学校的教材使用，有些可以作为教师的指导用书。总之，这些图书会使你对 KEEP 有更深一步的了解。《可再生能源》提供了动手活动、课堂讨论以及教室的应用等可再生能源教育内容，教师通过此书可以分析能源信息从而制定出相应的策略来增强学生对可再生能源的理解。可再生能源课程是为从幼儿园到 12 年级的教师在教室上课时所设计的，包含捕捉风车里的玉米、不要丢掉废弃物、可再生的糖果资源等活动。《KEEP 十年报告》这本小册子主要总结了在 KEEP 成立的 10 年里所取得的辉煌成就。

在这些出版物中，能源教育的《概念框架》和《教育活动指南》是 KEEP 的两个主要工具书。KEEP 能源教育的《概念框架》本身不是一项教案，而比较像是一个提供教案基础的大纲，就像是骨架上的骨头一样，为身体提供力量和构造。构成此架构的观念为一个牢固的、有组织的及全面性的教案提供基础，尽可能地将各种不同的议题和观点纳入其中。KEEP《概念框架》的观念由四大主题构成，每一个主题中的观念又细分成次主题。这些主题安排的方式让它们可以相互牵动。第一项主题的信息可以促进对第二项主题中观念的理解，依此类推。四个主题分别为：我们需要能源，开发能源资源，能源资源发展的影响以及对能源使用的管理。KEEP通过自身的理念和活动指南为威斯康星州的学生们提供了一个全面接受能源教育的途径。后面将对《概念框架》和《教育活动指南》做详细介绍。

二 学习标准

从幼儿园到12年级的能源教育计划的学习活动主要有以下的课题：

作能源广告、功率是什么、有关能源的职业、循环流动、教室里能源的流动、社会中能源的使用、能源消费、处理核污染、挖掘获取煤炭、令人不愉快的六七事、获利的正在减少、别浪费能源、施加压力的因素、电器猜谜游戏、电动机与发电机、能源行动计划、能源讨论、能源的划分、从食物中获得的能量、能源的未来、能源调查、能源的价格与法律、能源的故事、能源使用生态系、能源使用历史和现实、能源存在的迹象、开发热能、食物链游戏、我们身边的燃料、帮助植物生长的养料、获得汽油、管制核能源、太阳能电池的奇迹、人类的能量、势能、使威斯康星州人困惑的生物制品、阅读使用说明书、阅读能量使用计费表、炒花生、Shoebox 太阳能厨具、你想要将你的房间弄温暖吧、状态的破坏、太阳、风、水、测量温度、观点、水轮机、水磨房、汽轮机、它是从哪里获得能量的、为什么要使用可再生能源。能源教育计划的种种活动与课题是分散开来的，不同年级和不同学科是活动分布的两个纬度。表1和表2所展现的就是学习活动在不同年级和不同学科中的分布情况。

（一）不同年级

1. 幼儿园—4 年级

教室里能源的流动、挖掘获取煤炭、电器猜谜游戏、从食物中获得的能量、能源存在的迹象、开发热能、我们身边的燃料、太阳、风、水、测量温度、水轮机、水磨房、汽轮机、它是从哪里获得能量的。

2.5—8 年级

作能源广告、功率是什么、循环流动、社会中能源的使用、社会中能源的使用、能源消费、处理核污染、令人不愉快的六七事、获利的正在减少、别浪费能源、电动机与发电机、能源讨论、能源的划分、能源的未来、能源调查、能源的故事、能源使用生态系、能源使用历史和现实、食物链游戏、帮助植物生长的养料、获得汽油、管制核能源、人类的能量、阅读使用说明书、阅读能量使用计费表、炒花生、Shoebox 太阳能厨具、你想要将你的房间弄温暖吧、状态的破坏、为什么要使用可再生能源。

3.9—12 年级

有关能源的职业、施加压力的因素、能源行动计划、能源的价格与法律、太阳能电池的奇迹、使威斯康星州人困惑的生物制品、观点。

表 3 　　　　　　　　　不同年级的学习活动

学习活动	K—4	5—8	9—12
作能源广告		X	
功率是什么		X	
有关能源的职业			X
循环流动		X	
教室里能源的流动	X		
社会中能源的使用		X	
能源消费		X	
处理核污染		X	
挖掘获取煤炭	X		
令人不愉快的六七事		X	
获利的正在减少		X	
别浪费能源		X	
施加压力的因素			X
电器猜谜游戏	X		
电动机与发电机		X	
能源行动计划			X

续表

学习活动	K—4	5—8	9—12
能源讨论		X	
能源的划分		X	
从食物中获得的能量	X		
能源的未来		X	
能源调查		X	
能源的价格与法律			X
能源的故事		X	
能源使用生态系		X	
能源使用历史和现实		X	
能源存在的迹象	X		
开发热能	X		
食物链游戏		X	
我们身边的燃料	X		
帮助植物生长的养料		X	
获得汽油		X	
管制核能源		X	
太阳能电池的奇迹			X
人类的能量		X	
势能			
使威斯康星州人困惑的生物制品			X
阅读使用说明书		X	
阅读能量使用计费表		X	
炒花生		X	
Shoebox 太阳能厨具		X	
你想要将你的房间弄温暖吧		X	
状态的破坏		X	
太阳、风、水	X		
测量温度	X		
观点			X
水轮机、水磨房、汽轮机	X		
它是从哪里获得能量的	X		
为什么要使用可再生能源		X	

由此可见，5—8 年级是能源教育实施的主力军，48 个活动项目中有 29 个分布在 5—8 年级中。

（二）不同学科

能源教育活动在各学科中的分布是有交叉的，即同一主题可能在不同的两个或者几个学科中进行教学。

1. 艺术（美术、舞蹈、戏剧和音乐）：作能源广告、电的伪装假象、能源行动计划、能源调查。

2. 外语（英语和语言文学）：作能源广告、有关能源的职业、处理核污染、挖掘获取煤炭、能源行动计划、能源讨论、能源调查、能源使用历史和现实、管制核能源、观点、为什么要使用可再生能源。

3. 健康：令人不愉快的六七事、能源行动计划、从食物中获得的能量、能源调查、能源存在的迹象、炒花生、Shoebox 太阳能厨具、测量温度。

4. 生活（家庭生活和消费教育、技术教育和农业）：作能源广告、功率是什么、有关能源的职业、教室里能源的流动、社会中能源的使用、能源消费、令人不愉快的六七事、获利的正在减少、别浪费能源、施加压力的因素、电的伪装假象、电动机与发电机、能源行动计划、从食物中获得的能量、能源调查、能源的价格与法律、食物链游戏、帮助植物生长的养料、获得汽油、太阳能电池的奇迹、阅读使用说明书、阅读能量使用计费表、Shoebox 太阳能厨具、你想要将你的房间弄温暖吧、为什么要使用可再生能源。

5. 数学：功率是什么、能源消费、挖掘获取煤炭、获利的正在减少、施加压力的因素、能源行动计划、能源调查、能源的价格与法律、能源使用生态系、人类的能量、阅读使用说明书、阅读能量使用计费表、炒花生、你想要将你的房间弄温暖吧、测量温度。

6. 体育：电的伪装假象、从食物中获得的能量、能源存在的迹象、人类的能量。

7. 科学（环境、生命、地球和物理科学）：功率是什么、有关能源的职业、循环流动、教室里能源的流动、能源消费、处理核污染、挖掘获取煤炭、令人不愉快的六七事、获利的正在减少、电的伪装假象、电动机与发电机、能源行动计划、能源讨论、能源的划分、从食物中获得的能量、能源调查、能源的价格与法律、能源的故事、能源使用生态系、能源存在的迹象、开发热能、食物链游戏、我们身边的燃料、管制核能源、太阳能电池的奇迹、人类的能量、势能、使威斯康星州人困惑的生物制品、炒花生、Shoebox 太阳能厨具、状态的破坏、太阳、风、水、测量温度、水轮机、水磨房、汽轮机。

8. 社会（地理、历史、世界研究和政府管理）：有关能源的职业、社会中能源的使用、挖掘获取煤炭、别浪费能源、能源行动计划、能源讨论、能源的划分、能源调查、能源的价格与法律、能源的故事、能源使用历史和现实、帮助植物生长的养料、获得汽油、使威斯康星州人困惑的生物制品、太阳、风、水、观点、为什么要使用可再生能源。

表 4　　　　　　　　　不同学科的学习活动

学习活动	艺术	外语	健康	生活	数学	体育	科学	社会
作能源广告	X	X		X				
功率是什么				X	X		X	
有关能源的职业		X		X			X	X
循环流动							X	
教室里能源的流动				X			X	
社会中能源的使用				X				X
能源消费				X	X		X	
处理核污染		X					X	
挖掘获取煤炭		X			X		X	X
令人不愉快的六七事			X	X				
获利的正在减少				X	X		X	
别浪费能源				X				X
施加压力的因素				X	X			
电的伪装假象	X			X		X	X	
电动机与发电机				X			X	
能源行动计划	X	X	X	X	X		X	X

续表

学习活动	艺术	外语	健康	生活	数学	体育	科学	社会
能源讨论		X					X	X
能源的划分							X	X
从食物中获得的能量			X	X		X	X	
能源的未来								
能源调查	X	X	X	X	X		X	X
能源的价格与法律				X	X		X	X
能源的故事							X	X
能源使用生态系					X		X	
能源使用历史和现实		X						X
能源存在的迹象			X			X	X	
开发热能							X	
食物链游戏					X		X	
我们身边的燃料							X	
帮助植物生长的养料					X			X
获得汽油					X			X
管制核能源		X					X	
太阳能电池的奇迹					X		X	
人类的能量					X	X	X	
势能							X	
使威斯康星州人困惑的生物制品							X	X
阅读使用说明书				X	X			
阅读能量使用计费表				X	X			
炒花生			X		X		X	
Shoebox 太阳能厨具			X	X			X	
你想要将你的房间弄温暖吧				X	X			
状态的破坏							X	
太阳、风、水							X	X
测量温度			X		X		X	
观点		X						X
水轮机、水磨房、汽轮机							X	
它是从哪里获得能量的								
为什么要使用可再生能源		X		X				X

注：
艺术：美术、舞蹈、戏剧和音乐　　　　生活：家庭生活和消费教育；技术教育和农业
外语：英语和语言文学　　　　　　　　科学：环境、生命、地球和物理科学
健康：健康　　　　　　　　　　　　　社会：地理、历史、世界研究、经济和政府管理
数学：数学　　　　　　　　　　　　　体育：体育

由此可以看出，能源教育活动课程实施是遍布于各个学科的，而生活课程和科学课程对能源教育活动来说是十分重要的。

三　《概念框架》

形成概念框架的目的主要有三点：其一，定义并展现概念，可以帮助人们理解能源并对于与能源相关的问题做出决议；其二，为教师将能源教育问题引入课程之中提供指引；其三，指导 KEEP 活动指南的发展进程。

能源教育的概念框架本身并不是一门课程，但是这个框架为课程提供了坚实的基础。正如骨架上的骨头为人们提供了力量，并且构成了人体的外在轮廓一样，很多的概念组成的概念框架为一门强有力的、有组织的、综合性的课程提供了坚实的基础。研究者们也正在努力尝试着提出一些可以引出其他一些不同事件和观点的概念。这些概念一部分是从能源框架中衍生出来的，并由国家能源基金会、北美环境协会设计完成的，一部分是从物理科学、环境科学教学课本中衍生出来的。KEEP 提出这些概念的目的是反映出威斯康星州对于能源问题的关注方向。在这个框架设计实施的全程中，KEEP 的执委会协同两个中心组织（能源资源管理专家、课程设计专家和教师）共同研究、评定了这个框架。正是由于有了他们的协助，这个框架中有关能源教育的概念之间才得以展现它们很好的逻辑性和综合性。这个能源框架的设计所展现的内容就是能源教育想要展现的内容。框架制定者鼓励教师和课程开发者们能够帮助修改、完善这个概念框架，从而更好地满足能源教育课程实施。

（一）总体概念框架

为了定义一些可以帮助人们理解能源并对能源问题做出决议的概念、为教师能将能源教育引入课程之中提供指引、指导 KEEP 活动指南的发展进程，KEEP 出版了此书。概念框架由四个主题组成，这些主题的安排是富有层次的，前一主题中涵盖的信息内容可以帮助后一主题概念的理解，下面以表格的形式来展现概念的框架（详见表 5）。

表 5　　　　　　　　　　　　　　**总体概念框架**

主题	副（辅助）主题	概念
我们需要能量	定义能量	能量的定义、能量的可测性和能量的定义、功率的定义和单位
	能量的性质	能量传递的两种方式、热力学第一定律、热力学第二定律
	能量在系统中的流动	系统都遵循能量定律、能量的流动
	能量在非生物系统中的流动	能量在大量的非生物系统中流动和储存
	能量在生物系统中的流动	生物系统需要能量、生物系统所需的能量的频率不同
	能量在生态系统中的移动，包括人类社会	生态系统需要能量来进行生物地球化学循环
		生态系统的决定因素
		威斯康星州中有五个生态系统
		人类社会的能量流动
		能量使用与社会阶段的划分
		威斯康星州是高能量使用州
开发能量资源	能量来源与能源	主要的能源物质
		二级能源是由一级能源转化而来的
		能量资源
		能源的获取
		一些能源物质的分布很集中而有一些则比较分散
		不同能源的分布不均匀
		一定能源的可再生性
		威斯康星州内有一级能源
		威斯康星州内所使用的大部分不可再生能源
	能源资源的消费	供求关系对能源使用的影响
		全球能源的需求量在增加
能源开发使用效果	生活质量	开发与能量相关的产业是人们对舒适生活追求的结果
		有些技术产品会引起能源浪费
		可再生能源的使用
		个人单位可以创造可再生能源系统

续表

主题	副（辅助）主题	概念
能源开发使用效果	生活质量	选择使用可再生能源的几点考虑
		威斯康星州的居民健康、社会安全与能源资源的合理使用息息相关
		威斯康星州居民的健康和安全，与能源资源的发展与使用相关
		使用可再生能源产生的污染少
		定期维护可再生能源系统
		能源资源的使用影响着经济的增长和社会的全面发展
		许多职业、商业、服务业都是发展和使用能源资源的产物
		能源的市场价格中含有能源的出口费、回收费、提炼费、污染控制费、运费还有一些税收和杂费
		其他的一些费用就不在能源市场价格范围之内了，那些因素是由于环境破坏、财产损失、城市动荡、战争和健康因素等造成的
		能源消费比率可以影响到能源的价格
		能源的消费是影响威斯康星州经济发展的一个重要的因素
		可再生能源系统使用的资金返还
		资金返还的可行性
		非可再生能源有额外的成本
		可再生能源的选址
		可再生能源可以使美国变得更加的能源独立
		政治对能源管理的促进作用
		能源问题影响着国内外多方的关系
		各国的能源状况有所不同
		威斯康星州制定了一些规则来管理能源
		可再生能源的发展使用受社会政治的影响
		社会政治进程制定了一些法律和规则来管理能源的发展、使用、潜量
		可再生能源的所属情况
		价值取向影响能源的使用情况
		文化领域使用能源的主要形式

主题	副（辅助）主题	概念
能源开发使用效果	生活质量	社会的理解性和能量的使用形式的变化导致了对于能量的文化表达的变迁
		威斯康星州的文化被可用的资源能源定型
		全国、各个文化形态和政府都支持可再生能源的使用
		使用可再生能源可以缓和化石能源的过量的采集
		许多第三世界国家都受益于来自工业发达国家可再生能源设备
	环境质量	能源的使用导致环境恶化
		开发使用能源越广泛环境就会越好
		保护环境所需的资金比环境破坏后恢复环境所需的资金少
		威斯康星州的环境被可用的资源能源定型
		可再生能源对环境的压力小
能源资源的利用和管理	能源资源的管理	能源资源的选择和如何使用影响着能源的管理
		能源可以通过保护来进行管理
		公民可以对能源问题提出方案意见
		社会和个人根据奖惩而采取行动
		能源管理的成果和计划可以帮助威斯康星州的居民更有效地使用能源
		使用可再生能源可以帮助延长非可再生能源的使用寿命
		可再生能源的应用广泛
		政府鼓励个人使用可再生能源
	有关未来的管理计划	新能源和新技术会继续发展
		有关能源的管理方案将会影响到今后的生活和环境的质量
		基于新型能源使用方式的新型社会可能会出现
		可再生能源的使用正在全世界的范围内发展
		可再生能源的技术正在持续发展，变得效率越来越高
		新型的能源资源、新型的能源管理方法和新的可再生能源技术将会在今后得以更好地发展

（二）各主题的概要、目标和辅助主题及其能量概念

概念框架由 4 个主题、12 个辅助主题及 102 个具体能量概念构成。以下分别表示各主题的概要、目标和辅助主题及其能量概念以及对应的学年。①

主要主题一："我们需要能量"的目标和辅助主题

在此说明了定义自然科学中的能量概念，能量依据自然科学定律是如何移动和转换的。在科学的理解的基础上，阐述能量是如何维持包括生物、非生物及人类社会的生态系统（详见表 6）。

表 6　　　　　　　　"我们需要能量"的目标和辅助主题

目标：向学生传授关于能量的基础知识，认识日常生活中与能量相关的事物。要关注如何将能量用到维持和改变对我们生活有影响的系统上面。

辅助主题	能量概念
1. 能量的定义	能量是做功的能力（5—8） 能量的两种主要形态（5—8） 能量的量的概念（9—12） 功率的概念（9—12）
2. 关于能量的自然定律	能量是移动和转变的（5—8） 能量守恒定律（5—8） 能量第二定律（9—12）
3. 系统内能量流动	系统遵循能量定律（5—8） 系统转变后的能量在系统内流动，另一部分被储藏起来（储藏的是时间为数秒至数百万年）（9—12）
4. 非生物系统中能量的流动	能量的转移及储存（5—8）
5. 生物系统中的能量流动	生物用能量维持生命，一部分储存起来日后使用（K—4） 能量消费速度因生物不同而不同（9—12）
6. 包含人类社会在内的生态系统中能量流动	人类社会的组织和维持也需要能量，遵循自然定律（K—4） 能量利用改变了人类社会（K—4） 美国是大量利用能量的社会（5—8） 生态系统使用能量维持生物与非生物之间的循环（9—12） 生态系统可根据能量的利用进行分类（9—12） 威斯康星州有五个生物共同体（9—12）

---

①　社团法人科学技术と经济の会、エネルギー環境教育研究会：《持続可能な社会のためのエネルギー環境教育〜欧米の先進事例に学ぶ〜》，東京：国土社 2008 年版，第 170—179 頁。

主要主题二："能源的开发"的目标和辅助主题

人类为满足生活质量越来越依存于能源的开发与利用，何为能量？能量在系统中如何移动的？理解这些对于作为资源的能量的价值及其使用是不可欠缺的。2003年，作为新的主要主题追加了"可再生能源的开发"（详见表7）。

表7　　　　　　　　"能源的开发"的目标和辅助主题

目标：本主题旨在让学生理解，学生及人类为满足自己的生活水平是如何依存于能源的进一步开发与利用的；何为能量，系统中能量是如何流动的。理解这一点对于认识作为资源的能量拥有怎样的价值、如何使用能源，都是必要的。新增加的"7"、"可再生能源的开发"也同样如此。

辅助主题	能量概念
7. 能源的开发	一次能源：自然界所发现的、被储藏的事物（K—4） 二次能源：技术上由一次能源所产生的（K—4） 威斯康星州的一次能源（K—4） 能源的获得方法（5—8） 非再生和可再生能源（5—8） 威斯康星州的一次能源（5—8） 威斯康星州最广泛使用的化石燃料和核燃料是从外地输入的（5—8） 能够满足个人及社会需要的可以理解为能源（9—12） 能源分为优质能源和劣质能源（9—12） 能源的分布从世界角度看是不均衡的（9—12）
8. 可再生能源的开发	什么是可再生资源（K—4） 一般性可再生资源有太阳、风、水利、生物智能、地热（K—4） 人类社会一直使用着可再生资源（K—4） 何谓太阳能（K—4） 可再生能源适用广泛（5—8） 可再生能源的有效性多种多样（5—8） 太阳能、风、水利、生物智能、地热（5—8） 跟其他可再生能源相比，任何可再生能源都拥有自身的优点（9—12） 可再生能源的转化率因资源和技术而不同（9—12） 可再生能源的利用分为集约型和分散型（9—12）
9. 能源消费	从世界来看能源消费扩大，化石燃料面临枯竭，能源获得竞争增强（5—8） 能源的需求与供给由资源的特性、技术水平、社会因素所决定，而且对能源的发现、开发、利用产生影响（9—12）

主要主题三："能源开发的效果"的目标和辅助主题

这个主题主要说明了能源的使用给人类社会及环境所造成的影响（详见表8）。

表8 　　　　　　　　　　"能源开发的效果"的目标和辅助主题

目标：本主题帮助学生调查能源的使用给我们的生活带来怎样的影响。认识这些效果可以提高学生对使用能源的理由和使用方法的理解以及促进对管理能源使用重要性的认识。

辅助主题		能量概念
10. 生活、生命、人生的质量	【社会政治】	能源需求影响地区、州和国家的关系（5—8） 可再生能源的管理可由个人、地区、政府来执行（5—8） 可以在社会政治过程中建立能源开发利用的法律和规章（9—12） 能源的开发和利用不能平等的共享（9—12） 在威斯康星州的社会政治过程中形成的法律制度（9—12） 可再生能源开发的援助受社会及政治的影响（9—12） 社会政治学的过程与规定可再生能源的开发能力和使用的法律紧密相关。为指导可再生能源系统的配置，制定了地区的规章与法律（9—12）
	【经济】	能源利用影响经济增长和幸福（5—8） 许多职业、企业、公关服务起因与能源的利用与开发（5—8） 能源的价格影响威斯康星州的经济和市民生活（5—8） 可再生能源的利用提高了国家的能源的自给率（5—8） 能源的市场价格包含能源的探索、开采、精制、污染防治、配给、流通、税费及其他费用（9—12） 能源市场价格中不包括外部费用（对环境和健康的影响）（9—12） 能源的消费率受能源的价格和外部费用影响（9—12） 消费者在购入可再生能源系统时，一般要考虑援助措施（9—12） 在比较可再生能源与非可再生能源时，必须考虑非可再生能源的外部费用（9—12） 向能源开发与生产的投资，这部分资金用在材料和劳动上而不是燃料（9—12）
	【生活方式、健康、文化】	个人与地区的健康与能源的开发相关（K—4） 威斯康星州的健康与能源的开发和利用相关（K—4） 因文化的不同所导致能源利用的差异表现在艺术、语言、文艺、宗教上（K—4） 支持我们生活方式的技术因设计和使用方法不同时常浪费能源（5—8） 我们个人通过集中型能源的电能可以购入可再生能源（5—8） 选择使用可再生能源的理由（5—8） 使用可再生能源可以减少污染物质减少对个人及地区健康的影响性（5—8） 某种程度上说威斯康星州的文化是由能源利用所创造的（5—8） 对可再生能源的支持与支援因国家文化政府等不同而不同（5—8） 能源技术进步的要因是对舒适、便利、娱乐的追求（9—12） 在风能系统这样的分散系统中，个人和企业可以制作可再生能源（9—12） 分散性可再生能源系统为确保其安全性需要切实的保护（9—12）

续表

辅助主题		能量概念
10. 生活、生命、人生的质量	【生活方式、健康、文化】	能源利用的可能性创造出了文化（9—12） 随着人们对社会与能源的关系及能源自身的理解，利用能源这一文化的呈现与表达也随之改变（9—12） 可再生能源的利用降低了使用化石能源所造成的不利影响（9—12） 发展中国家从发达国家可再生能源技术的开发与利用中获得利益（9—12）
11. 环境的质量		能源的开发和利用改变了周围环境的状态（K—4） 能源的快速开发和利用也带来了环境的急剧变化（5—8） 威斯康星州的环境因能源的开发和利用而不断改变（5—8） 可再生能源的使用减少了对环境的影响（5—8） 与恢复环境相比保护环境不花费费用和能源（9—12） 可再生能源技术的开发、制造、流通及配置中包括与环境相关的费用和便利。各种技术及其使用都伴随特有的费用和便利

主要主题四："能源利用的管理"的目标和辅助主题

在这里表示了如何解决主题三中的课题，同时还表示了今天关于能源的行动和决定是如何影响未来能源利用的（详见表9）。

表9　　　　　　　"能源利用的管理"的目标和辅助主题

目标：对下述问题的正确理解和认识是该主题帮助学生认识在未来利用能源的方法，让学生主动地采取有效的能源利用管理行动不可欠缺的。例如：什么是能源、能量在系统中是如何移动的、能源的价值、能源利用对人类社会、对环境的影响。

辅助主题	能量概念
12. 能源利用的管理	能源的选择及其利用方法影响能源的管理方法（5—8） 能源通过抑制浪费、有效利用、削减使用量加以管理（5—8） 通过管理能源消费的系统和计划可以支援威斯康星州市民的能源的有效利用（5—8） 可再生能源的利用延缓了非再生能源利用的期限（5—8） 可再生能源利用的行动包括简单而便宜的（太阳能计算器）到最先进的费用高的（设置家庭的风力系统）（5—8） 一部分个人组织团体的市民能够采取考虑能量管理的行动与判断（9—12） 社会与市民的决定与行动依存于能量管理的选择相关联的动机与障碍（9—12） 政府有计划促进可再生能源的利用，但利用动机则取决于个人的选择（9—12）

续表

辅助主题	能量概念
13. 能源开发和利用的未来展望	新能源及其管理方法、管理技术今后要大力发展（K—4） 可再生能源的利用在世界范围内不断扩大（K—4） 现在能源的选择影响未来的生活、生命、人生及环境的质量（5—8） 可再生能源技术不断取得进步（5—8） 社会的新的形态随着能源的开发与利用的变化而明确（9—12） 新能源及其管理方法、管理技术今后要大力发展（9—12）

（三）《概念框架》的具体内容

如上所述，概念框架由四个主题组成，每一主题都涵盖了一些概念，这些概念又可以引出一些二级概念。这些主题的安排是富有层次的，前一主题中涵盖的信息内容可以帮助后一主题概念的理解。[①]

主题一：我们需要能量（6个辅助主题/18个概念）

本主题中的概念为学生提供了能量的基础知识，使学生们珍惜我们日常生活中使用的能量。并且使学生了解能量是如何持续使用、如何管理、如何改变我们的设备从而影响我们的生活的。

① 定义能量（理解下面的概念有助于帮助学生辨别能量的形式）

概念（1）：能量是一种组织、改变物质的一种能力或"有做功潜能"的能力。概念（2）：能量主要以两种方式存在：势能（能量蕴涵在物质之中）、动能（运动的能量）。除此之外，能量还以热能、弹性势能、电磁能（光能、电能、磁能）、重力势能、化学能、核能的形式存在。概念（3）：能量可以被测量和计算。测量时所用的不同单位可以用来衡量能源的多少。一种单位可以转换成另外的一种单位。计算能量的单位有卡路里和千瓦时。概念（4）：功率表示能量的使用效率。功率的单位是马力和瓦特。

②能量的性质（了解这些概念可以帮助学生了解能量是如何转化和转移的。它还可以帮助学生认识到对于任何人和事物来说，能

① 日本静冈大学大学院教育学研究科訳：《エネルギー教育の概念に関する指針：A conceptual Guide to K—12 Energy Education in Wisconsin》，2006年。

够使用的能量总数是有限额的）

概念（5）：能量可以从一个地点转移到另外的一个地点。就像太阳能能够穿过太空到达我们的地球一样。能量转移可以通过两种方式，一是靠做功（例如，推动一个物体），二是靠传热（热传导、热对流、热辐射）。概念（6）：能量既不能被创造也不能被消灭，它只能从一种形式转变为另一种形式。（热力学第一定律）例如，在煤炭之中储藏着化学能，而这种化学能又可以转化成热能。概念（7）：每次能量从一种形式转化成另一种形式的时候都有一些能量变的不可用。（热力学第二定律）例如，燃烧煤炭所释放出来的热量最终会消散到环境之中而不可用了。这种消散的能量叫作熵。例如，没有燃烧的煤炭周围环境的熵值比燃煤周围的灰尘和炉灰的熵值低。

③能量在系统中的流动（掌握这些概念可以帮助学生理解能量在生物和非生物系统之间的流动的自然定律）

概念（8）：所有的系统都遵循能量定律。概念（9）：有一些能量被流经它们的系统改变成了其他的形式。其他的则被储存起来，可能是几秒钟也可能是上百万年。一些系统转化能量的效率比其他的要高。

④能量在非生物系统中的流动（通过理解这些概念，可以帮助学生解释能量如何创造气候的类型和地球的外貌）

概念（10）：能量在大量的非生物系统中流动和储存。例如，地球表面对太阳能的吸收和分散影响着气候和潮汐。例如，热能储藏在地球的内部，并在地震、造山运动和火山活动的时候移动地壳。

⑤能量在非生物系统中的流动（通过掌握这些概念可以帮助学生解释人类和其他的一些生物组织是如何获取她们生存所必需的能量的）

概念（11）：生物系统需要能量来生长、变化、维持健康、移动、繁殖。生物系统还需要储存一些能量以备后用。例如，植物和其他的一些自养生物通过光合作用将太阳能转化成化学能。例如，动物和其他的一些异养生物通过细胞呼吸代谢将植物或其他一些动物身上的化学能转化成它们自己能够使用的化学能。例如，包括人类在内的生物需要一定数量和质量的食物来保持健康。概念（12）：生物系统所需能量的频率各有不同。一些生物系统，如鸟类，它们经常需要补充能量来维持生长和进行新陈代谢。而乌龟则不需要经常补充能量，因为它们移动缓慢。

⑥能量在生态系统中的移动，包括人类社会

概念（13）：生态系统需要能量来进行生物地球化学循环，例如，在生物和非生物系统中进行的固、液、气循环。概念（14）：生态系统由以下几点决定：＊可用能量的类型和数目，例如，植物中的化学能；＊能量流动的类型和特征，如，食物网；＊能量预算，是就现在整个生态系统使用的能量看，计算还有多少的能量是可用的。生态系统的能量预算关系到整个生态系统的承载能力；＊在平衡和稳定的环境下使用能量的能力。概念（15）：威斯康星州中有五条：北部森林，南部森林，草原，栎树草原和水生植物。概念（16）：人类社会，像自然生态系统，需要能量来组织和维持自身的状态。人类使用能量是需要遵循自然定律来管理能量在各个系统中的流动。概念（17）：人类社会从原始畜牧采集社会到工业社会，可以靠能量的使用数量和效率来对社会进行划分。原始畜牧采集社会的产生是适应当时的自然环境。当时人们的生活所需直接取材于自然的能量和材料，而他们生活消费的能量和材料比率是与自然界的状况相平衡的。在非工业的农业社会，人类调节自然环境主要是为了获取食物资源。他们依靠低级的工艺来获取能量和材料。在工业社会人类试图评论和控制自然环境。尖端的科技使得他们对能量的使用率很高，他们需要能源补助来满足居民、商业、工业、农业和运输业的需求。概念（18）：总体来说，威斯康星州与美国的其他的州是一个工业化的、科技发达的高能量使用社会。

主题二：开发能量资源（2个辅助主题/11个概念）

这个主题帮助学生意识到他们与其他人一样变得越来越依靠发

展，用越来越多的资源能源来满足他们自己的生活需要。理解什么是能量，能量又是如何在系统中流动的可以帮助我们理解人类是如何将能源作为一种资源来重视和对待的。

①能量来源与能量

概念（1）：主要的能源物质，一部分已经被发现了，还有一部分储藏在自然界中。太阳是主要的能量来源。概念（2）：二级能源是由一级能源中转化得来的（发电机）。概念（3）：当能量来源满足了社会的需要时就会被人们称为资源。概念（4）：人类应用各种方法来获取能源的历史已经很悠久了。概念（5）：一些能源物质的分布很集中而有一些则比较分散。概念（6）：在地球上不同的能源的分布是不平均的。概念（7）：一些特定的能源是可再生的，因为它们在自然过程中可以很快地再生；还有一些能源，它们再生的速度很慢或者是不能再生。概念（8）：威斯康星州内有一级能源。概念（9）：威斯康星州内所使用的大部分不可再生能源（核能、化石能源），都是从外地进口的；威斯康星州内使用其他能源，如：生物质能、水能、太阳能、风能等，都是可再生能源。

②能源资源的消费

概念（10）：供求关系影响着能源资源的发展、发展与使用。概念（11）：全球能源的需求量在增加。

主题三：能源开发使用效果（2个辅助主题/40个概念）

在这个主题中帮助学生调查能源是如何影响他们的生活的。认识到这些影响可以增强学生对于为什么要认真的计划、规划能源使用的认识。

①生活质量

概念（1）：驱使人们发展与能量相关的产业的是人们对于舒适、便捷和安乐生活的追求。概念（2）：技术在为人们的生活提供便利的同时，也会引发能量使用的浪费，这都取决于技术产品的设计方式和使用方式。概念（3）：个人可以从国家中央的发电站处获取可再生能源，可再生能源的使用不会改变生活方式。概念（4）：个人或商业单位可以创造自己可再生能源系统，如风力发电站。概念（5）：人们选择使用可再生能源主要是有以下几点考虑：环境考虑、经济考虑、道德考虑、工业利益、需求的自我满足和对于电力的信任性考虑。概念（6）：威斯康星州的居民健康、社会安全与能源资源的合理使用息息相关。概念（7）：威斯康星州居民的健康和安全，与能源资源的发展和使用相关。概念（8）：由于使用可再生能源产生的空气污染远远小于使用化石能源所产生的污染，因此，对人体的危害也小得多。概念（9）：为了安全使用非政府起用的可再生能源系统，需要定期的维护。概念（10）：能源资源的使用影响着经济的增长和社会的全面发展。概念（11）：许多职业、商业、服务业都是发展和使用能源资源的产物。概念（12）：能源的市场价格中含有能源的出口费、回收费、提炼费、污染控制费、运费，还有一些税收和杂费。概念（13）：其他的一些费用不在能源市场价格范围之内，那些因素是由于环境破坏、财产损失、城市动荡、战争和健康因素等造成的。概念（14）：能源消费比率可以影响到能源的价格。概念（15）：能源的消费是影响威斯康星州经济发展的一个重要的因素。它影响了威斯康星州的房屋预算。概念（16）：当消费者一想到可再生能源系统的时候就会连带想到"返还"。即安装了可再生能源系统后，最初的投资会被陆续返还。概念（17）：以当前的能源价格来看，一个自建的可再生能源系统可以在它的使用期限内全本返金。影响返还的因素有：机械的种类、使用的资源、选址。如果技术先进，可再生能源的产量增加返还的金额还会更多。概念（18）：当考虑可再生能源和非可再生能源的成本问题时，还应当将非可再生能源的额外成本加进去（污染）。概念（19）：绝大多数的可再生能源都是免费的，建造的可再生能源系统通常是在美国国内。所选择的地点常常是可再生能源资源丰富的同一个州或城市。概念（20）：使用可再生能源可以使美国变得更加的能源独立。概念（21）：社会政治进程促使着建立管理能源发展、使用、潜量的法律和规则。概念（22）：对能源的需求影响着同盟、敌对州、区域和国家之间的关系。概念（23）：尽管社会政治进程正在努力的处理，但是本国内能源资源的消极或积极方面的影响，在其他的州、区域和国家的反响并不是一致的。概念（24）：威斯康星州的社会政治进程制定了一些法律和规则来管理能源的发展、使用。概念（25）：对于可再生能源的支持是受到了社会和政治的影响。在美国，可再生能源的发展是受到政策管理部门制定的能源政策管理的。概念（26）：社会政治进程制定了一些法律和规则来管理能源的发展、使用。使用和分区制法律管理着可再生能源的建设。概念（27）：可再生能源系统可以由个人、社会团体或者是政府所有。概念（28）：能源资源的使用形式可以塑造文化形态，每一种文化都含有一种价值取向，这影响着能源的使用状况。概念（29）：文化领域使用能量的主要形式是：美术、建筑、城市规划、音乐、语言、文学、戏曲、舞蹈和一些其他形式的媒体、体育和宗教。概念（30）：社会的理解性和能量的使用形式的变化导致了对于能量文化表达的变迁。古埃及人崇拜太阳，而当今的人们则将太阳与积极的心态、快乐和自然联系在一起。概念（31）：威斯康星州的文化被可用的资源能源定型，以前是，以后也将是这样。概念（32）：全国、各个文化形态和政府都支持可再生能源的使用。概念（33）：使用可再生能源可以缓和化石能源的过量的采集。过量的采集化石能源影响文化、环境和个体的健康。概念（34）：许多第三世界的国家都受益于来自工业发达国家的可再生能源设备。

②环境质量

概念（35）：能源资源的使用能将环境引向不利的方向：降低空气和水的质量、沙漠化、退田修路。这些环境的改变威胁了人类和其他的生物形态的身体健康。概念（36）：能源资源的开发和使用的越快、越广泛，我们的环境状况就会变得越好。概念（37）：保护环境所需要的能量和金钱与环境已经被破坏后重新恢复环境所需的能量和金钱相比要少得多。概念（38）：威斯康星州的环境被可用的资源能源定型，以前是这样，以后也将是这样。概念（39）：可再生能源技术使用的能源是洁净的，对环境的压力远远小于非可再生能源。概念（40）：每一项可再生能源技术的使用、发展都有各自的在环境方面的支出和收效。

主题四：能源资源的利用和管理（2个辅助主题/14个概念）

这个主题中的概念可以帮助学生寻找能量可持续使用的方案，使学生能够主动地采取行动来管理能量。在此之前，学生需要了解能量的概念、能量在系统中的流动方式、资源的价值和资源能源在使用过程中对社会和环境的影响。

①能源资源的管理

概念（1）：能源资源的选择和如何使用影响着能源的管理。概念（2）：能源可以通过保护来进行管理。包括减少对能源的浪费、节能和有效利用等。概念（3）：公民们可以就如何管理他们使用的能源这一问题提出方案或采取行动。阻碍或是奖励会对这些方案或行动产生影响。概念（4）：社会或个人对于能源所采取的决定和行动取决于能源管理选择的阻碍和奖励。概念（5）：能源管理的成果和计划可以帮助威斯康星州的居民更有效的使用能源。概念（6）：使用可再生能源可以帮助延长非可再生能源的使用寿命。概念（7）：支持可再生能源的使用的行动既有简单且便宜的（太阳能计算器），又有先进且昂贵的（家庭风力发电机）。概念（8）：使用非政府的可再生能源系统是一种个人行为，而不是政府强制的。尽管政府是鼓励这么做的。

②有关未来的管理计划

概念（9）：产生新的能源是管理能源的新方法，与此同时新的技术也会发展。概念（10）：现在的有关能源的管理方案将会影响到今后的生活和环境的质量。概念（11）：当能源资源发展和使用的方式变化时，新型社会（在信息和服务的基础上建立的可持续发展的社会）可能会出现。概念（12）：可再生能源的使用正在全世界的范围内发展。概念（13）：可再生能源的技术正在持续发展，使能源利用效率变得越来越高。概念（14）：新型的能源资源、新型的能源管理方法和新的可再生能源技术将会在今后得以更好地发展。

由此可见，KEEP 具有相当完整的能源教育概念架构，针对 K—4 年级、5—8 年级、9—12 年级三个年级阶段，开发出不同的学习主题概念，根据学生的理解能力与学习能力的发展阶段，KEEP 在幼儿园—4 年级阶段较强调认识能源（We Need Energy）与能源的开发（Developing Energy Resources），5—8 年级部分则随着学生理解能力的提升，强调四个主题平均认知。而在 9—12 年级部分则因为学生对于政治社会与经济等相关领域已有深一层的认识，因而较为强调能源开发的效果（Effects of Developing Energy Resources）与能源管理（Managing Energy Resources Use）两大主题。

四 《教育活动指南》

KEEP 的《教育活动指南》为教师提供了 48 个跨学科的课程，同时涵盖了 100 多个能量专题，还提供了一些符合威斯康星州课程标准和使得能源问题贴近学生生活的教学改革建议。整个指南包含了所有要求的操作活动、评价目标及对于活动的综合评价。其中既介绍了人们是如何通过技术手段来使用能源以满足社会愿望和需要，同时也展示了人类是如何利用资源的。与《概念框架》一样，《教育活动指南》也分为四个主题：我们需要能量、开发能量资源、能源开发使用效果、能源资源的利用和管理。

1. 各主题的活动目标和活动题目

概念框架是骨骼，活动指南如同肌肉。在此它介绍了从幼儿园到高中各学科教师容易使用的实验和认知活动。另外，作为能源教学指导方案有一百个以上的"能源的火花"辅助教材，可用于发展性研究。这个活动指南与概念框架的四个主要主题相对应。根据年级阶段，阶段性的设定学习题目。通过理解最初主题的内容可以更容易地理解后续主题相关概念，各主题以相互关联的形式设定的①（详见表 10）。

表 10　　　　　　　　　各主题的活动目标和活动题目

主题	活动目标	年级	活动题目
我们需要能源	让学生理解能量的性质，关注日常生活相关的系统的维持、组织与变化是如何使用能量的。通过这些活动来获得能量的基本知识（什么是能量、从哪儿来的、有什么形态）进一步认识能量转换和能源利用的界限。	K—2	来自食物的能量 能量的证据 探究热量 热量探究实验 测定温度
		3—5	生态系统中能量的利用 食物链游戏 潜在的运动 太阳、风、水
		6—8	电能的使用率 社区的能源利用 能源的劣化 功率 花生的燃烧
		9—12	太阳能和碳的循环 威斯康星州的生物共同体游戏
		综合活动	能源故事
能源的开发	让儿童认识各种能源的差异分析，根据我们的需要利用能源的过程。理解何为能源，系统中能量的移动，这是认识能源的利用方法、价值、管理所必需的。	K—2	能源是从哪里开采的
		3—5	电路 煤炭的开采 身边的燃料 太阳能加热器 水车、风车、涡轮机
		6—8	电机和锅炉 能源的分配 石油的获取 核能的利用 房屋取暖
		9—12	发电站的燃料 太阳光发电的未来
		综合活动	能源讨论

---

① 社団法人科学技術と経済の会、エネルギー環境教育研究会：《持続可能な社会のためのエネルギー環境教育～欧米の先進事例に学ぶ》，東京：国土社 2008 年版，第179—181 页。

续表

主题	活动目标	年级	活动题目
能源开发使用效果	鼓励儿童调查能源的使用给我们生活带来怎样的影响。认识能源利用的效果可以提高学生对使用能源的理由及使用方法的理解，促进社会及个人对管理能源利用的理由的理解。	6—8	能源的宣传 能源利用的废用 核废弃物的处理 污染物的处理 能源利用的过去和现在 阅读能源利用的账单 阅读能源量表
		9—12	汽车的分析 能源的价格：需求和供应的法则各种观点
		综合活动	能源调查
能源的利用和管理	作为可持续理念的基础，为了有效地使用能源，让儿童掌握能够使用的知识和技能，主动采取有效的能源利用管理的行为，有必要正确地理解和认识何为能源、能量在系统中是如何移动的、能源的价值、能源利用对人类社会对环境的影响。	6—8	不要舍弃能源 为什么使用可再生能源
		9—12	能源相关的工作 能源的未来 太阳和风能的利用
		综合活动	能源行动计划

2. 课程案例

下面就举几个例子，做一个感性介绍。

课程案例 1. 能量存在的迹象

【年级】K—4

【主题范围】身体健康教育、科学

【关键词】能量、热量、动能、光能、声能、做功

【主要概念】定义能量与 KEEP

【相关的活动】此项活动作为一个很好的能量概念的导入，使学生能够对在此展示的各种形式的能量做进一步调查。

【教学目标】使学生学会分辨在生活中以各种形式存在的能量的迹象。基本目标：通过教授可观察到的能量存在形式，如动能、声能、热能、光能，帮助学生理解能量到底是什么。

【材料】手电筒、铃铛、收音机（可选）

【背景资料】什么东西是永远存在而又永远不可见的呢？能量。

能量的概念不好理解，因为它不是一个可以看见、触摸到的具体物质。因此理解什么是能量，首先需要了解能量都能干什么。也就是说能量不可见，但是能察觉到它的存在。跳跃、移动轮椅、吃饭和唱歌都需要能量。非生命的物质也需要能量——时钟、真空吸尘器和机器玩具都需要能量。使用的这些物质中含有一种能量叫作动能（运动的能量）。任何东西移动了，就有做功发生，做功是需要能量的。因此，可以将能量定义为做功的能力。

当敲打一件东西的时候声音就产生了声音。声也是能量存在的一个证据。但是，声也能做功吗？是的，声也能移动物体。声震动我们耳朵里的小骨头，还能在大卡车经过的时候震坏玻璃。从开着的收音机的共振上，我们也可以找到声波存在的证据。当我们的身体即使在看上去没动的情况下，其实一直在做功。呼吸、眨眼、消化食物等都需要能量。为了我们能做这些活动，我们的身体需要燃烧分解食物中的能量。我们知道这个过程一直在发生着，因为，我们能够感受到温暖。（燃烧分解会释放出能量）

热是使用能量的一个证据。非生命物质在释放能量的同时也在吸收能量。在启动汽车或是真空吸尘器的时候，会感到表面的热。钟表和机械玩具也会放热，但是热量的总量实在是太少了，以至于我们用手感受不到它的热量。热能也是能量的一种形式，它可以改变事物。热可以融化冰，也可以使水沸腾。

能量的概念可以修订为能量是做功或是改变事物的能力。光是另外的一种值得注意的能量形式。光可以是物。当光照在你的手臂上的时候，你会感到手臂很温暖。当光照在绿色植物上的时候，植物可以结出果实。因此，尽管能量的本身是不可见的，你还是可以检测到一些能量存在的证据。运动、声音、热、光都是能量存在并且正在被使用的有利证据。

【教学过程】

将"能量"这个单词写在黑板上。问问学生们他们认为能量是什么。写下他们的答案。打开手电筒、摇铃铛、跳跃或者散步，询问学生这些事情有没有什么共同之处，引导学生回答出"你做的任何事情都需要能量"。告诉学生能量无所不在，但就是不能直接看到。然而，你可以发现能量存在的证据。

步骤：

①带领学生做一个简短的游戏。传授他们能量是可以被他们自己移动或使用的。让学生在房间中寻找辨认可以运动或者正在运动的物体。他们注意到的物件可能有钟表、铃铛和订书器。告诉学生所有的这些东西都需要能量。

②敲击木头或摇铃铛。告诉学生那些声音是一种形式的能量。学生可以自己寻找能够发出声响的物体，如收音机，学生可以感受到从收音机发出的声音的共鸣。

③让学生将一只手放在胳膊上，让他们描述一下感觉是怎么样的。告诉学生热量是能量存在的一个证明。指引学生寻找其他的一些可以释放热量的东西。学生可能会注意到暖气、发动机或者是身边的同学。

④有些学生可能会注意到太阳和电灯也会释放出热量。解释光也是能量存在的证据。让学生们寻找其他的光能的例子。

⑤通过讨论，了解学生关于能量的朴素概念。你可以这样开始："世界上有很多的事物，我们知道它们是存在的，因为我们能看见它们。但是，还有一些东西我们是看不见的。能量就是这样的。那么，我们如何才能知道能量存在呢？谁能告诉我一个方法？"孩子们可能会提出如下的例子：我们是可以移动的，暖气摸上去是温暖的，太阳是发光的。

结束语：

在黑板上写下"什么是能量？"或将这个问题大声地问出来。让他们写下自己的理解的定义。接受所有的回答，但是要强调能量通常涉及运动和热量。让学生在他们今后的生活中保持着能量存在形式的印象。

【作业】

①形成性作业：当学生们谈及能量的使用形式的时候，是否能与运动、声音、热量和光联系起来。

②总结性作业：让学生创造出表示能量被使用的象征物体。例如：可以用一只耳朵来表示声音，一个人奔跑的形象表示运动，一团火表示热量，太阳表示光。学生们以小组为单位，在四张卡片上画出这些象征物。让学生们巡视教室或者学校的四周，将卡片放到能证明能量存在的物体上。向学生们展示使用能量的物体，让学生指出他们是如何看、听、感觉到这些物体中的能量使用的。（例如，他们可以听到收音机的声音、感觉到热量）。学生可能会发现一些物体中有多种形式的能量存在的证据。

课程案例 2. 开发能量资源

【年级】幼儿园—4 年级

【主题范围】物理学，环境科学

【关键词】流体，电流，电荷，电子，能量

【主要概念】能量资源的发展

【教学目标】学生们将会学习到如何描述学校里物品中的电流的流动

【基本目标】使学生在使用学校中的电器设备的时候更加的小心谨慎。这项活动还可以帮助学生了解电是从哪里来的，并且是如何运送到校园里面的

【材料】用于猜谜的道具（可选择），电器设备

【教学过程】引入：列举一些教室中的物品，如头上的投影机，电脑和灯；询问学生这些器物有什么共同之处；看看学生是否能够回答出"电"。如果学生没能回答出"电"，老师可以帮助他们意识到电是一个非常普遍的事物。（例如：可以询问他们如果想要打开电器或者想要确认电器是否正在运行的时候，我们应该做些

什么?)

步骤:

①告诉学生他们将要玩一个猜谜的游戏,在这个游戏中,各组的学生将会扮演各种电器,然后班级的同学将会去猜他们正在扮演什么。告诉学生,这是一个全身的展示,在展示中他们需要用全身的动作来描述他们扮演的电器,还要展示这种电器的功用。例如,如果他们要扮演一个电动削铅笔机,三个学生需要手拉手并且站成一个圆圈(扮演削铅笔机)并且中央站一个学生(扮演铅笔)。他们不能靠一个人将铅笔放入削铅笔机来展现表演的是削铅笔机,而是可以应用道具和声音效果。

②将班级划分为三到四组。将每组都分配指定一个电器的项目或者由他们自选一个项目(你需要确认每组的选择的项目是没有重复的)。给每一组足够的时间来准备,在需要的时候提供指导,确认每组都解释了电器的功用。

③使每组都证实他们所要展示的器械,看看班级其他同学是否能够猜得出来。鼓励各组的学生们尽可能地辨认出电器和能量使用的证据来。如果需要的话,可以对猜对的组进行奖励。

④当学生完成了短剧之后,将一个器具通到插座上,打开它。询问他们,是否知道使电器运行的电是从哪里来的(刚刚扮演电器的学生们也可以进行讨论),点评他们的回答。

⑤解释电是由发电场产生的,并且通过电线运送到学校里和各个用电器之中。将学校和家庭中周围的输电线指给学生看,并且告诉学生还有很多的电线是埋藏在地下的,所以是看不到的。这是一个向学生宣传用电安全的好机会。

⑥告诉学生他们也可以将电流的流动内容加在他们的模仿表演之中。让一组的学生到前面来,表演用电器;班级其余的学生站成一条线,扮演电线,队伍末端的学生扮演发电站,将电通过"电线"运送到用电器之中。

⑦告诉学生，当电源打开的时候，他们就可以开始表演电流从发电站运送到用电器之中的过程了。为了展现这个过程，"发电站"首先要拍打紧挨着他的同学，也就是"第一截电线"，其次"第一截电线"拍打"第二截电线"，就这样一直传到排的末尾。"最后的一截电线"再去拍打扮演用电器的同学（学生也可以在拍打的过程中，说"电"这个字，来强调能量的传递）。当"最后的一截电线"拍打到扮演用电器的其中一个同学时，扮演用电器的整个小组就可以开始表演，让大家猜测了。为了强调电流的流动，"发电机"需要持续不断地向"用电器"发送能量，一直到用电器被关闭为止。

结束语：让学生们回顾在学校和家庭中使用的各种用电器，并回想电是从何而来。学生们还可以重复模仿表演在家中使用的一些用电器。

【作业】

①形成性作业：学生在模仿用电器的时候，创造力和想象力如何？学生是否能正确地解释电流的流动？

②总结性作业：让学生们模仿家中使用的大量的用电器是如何工作的。让学生画示意图来描述电是如何通过发电站传到各个用电器之中的。

课程案例3. 作能源广告

【年级】5—8

【主题范围】家庭生活与消费教育、艺术（美术、摄影）、英语语言文学（交流、写作）

【关键词】宣传、能量的使用效率

【主要概念】能量资源的消耗、生活质量

【准备活动】尝试着去获取一些与能量相关的广告（了解有关能量的广告的形式和种类）。做这样的收集工作可能会花去两周的时间。这也可以是学生的作业。你可以将这些广告放在文件夹中，还可以放在活页夹里，将相似的放在一起。例如，有关厨房器具的广告可以用同一颜色的纸张打印出来，或者放到同一个文件夹中。

【教学目标】使学生学会分辨与能源相关的广告的有效性，调查测定与能源相关的广告是否真正提升了能源的使用效率，设计一个广告来鼓励能源的有效利用。

【基本目标】对与能源相关的广告进行评定与分类。帮助学生更好的理解能源问题，提高他们对于能源问题做出正确决定的能力。

【材料】从报纸上获得的广告（例如：洗发水、清洁剂、快餐）、与能量相关的广告、剪刀、学生教材的一份复印稿。

【背景资料】你可以在报纸或者杂志看见它们，在收音机旁听到它们，在电视上看到它们。如今，在网上也有它们的身影了。大众媒体无论是在哪里出现，广告总是会随之而来。每个广告都是在节目的间隙或是在你所要浏览的页面出现之前出现，每个广告都向我们推销着一些产品、接受一些建议、拥护某个候选人或是支持某个事件。既然我们买的每一件商品都涉及能源的消耗，那么说广告在促使我们不停地使用能源，也就不奇怪了。广告，都是有目的的，无论是否涉及能源，这个目的可以影响到任何的人。这些目的主要包括：增加产品的知名度和利润，提高对商品某一方面的认识，提升学生对于某种商品购买的渴望，确保如此行动能使顾客能够去购买相关的商品。说到能源，产品常常是由能源形成的（石油、天然气、电池、太阳能电板），一项服务（重新布置你的家，在家中引入天然气，安装太阳能电板），或者建议使用能源（炉子、移动电话、电炉）。所有的这些形式的产品都涉及一种形式的能量的消耗。因此，能量广告促使能量资源的消耗，因为，广告的目的就是促使大家购买能量相关的产品。这种涉及能量形式的广告常常可以分为三类：第一类包括"能量资源的种类"的广告，其目的是让大家相信一种形式的能源比另一种形式的要好（例如：有的广告声称用天然气比用电好；有的广告声称用可再生能源比用化石能源好）。第二类是最常见的，向消费者推销产品的广告（例如：石油公司推销司机购买自己品牌的汽油；公共事业公司提倡大家用电；电池制造商声称他的电池使用起来最长久）。第三类是公益广告。公益广告所要强调的是增加对产品的认识和理解。能源公司经常使用公益广告来展现它们对全面发展和繁荣的社会做出贡献。有些时候，他们只是想要为公司留下好的印象，而并不在广告中涉及其产品的内容。这类的广告可能会描述公司为了保护环境付出了什么努力；支持艺术、教育、社会；提升科学技术造福于市民。广告还可以用来抵御一个富有争议的问题，如核能的使用。

有了这三种分类，还有一些广告的技巧可以被应用。几乎没有哪一个广告会简单地说，"买这种牌子的汽油吧""安装这些节能灯泡吧""驾驶这种汽车吧"。而他们会使用一些适宜的方法来捕获人们的注意。广告人会使用一些不同的策略、创造力、绘画设计来博得注意。艺术作品不仅仅是视觉上的，而且是听觉上的。广告人运用了大量的技巧和富有创造性的设计来生成广告。但这也不能满足所有人的需要，因为一些人喜欢幽默的，也有一些人喜欢含蓄的。

美国人（包括威斯康星州人）变得越来越关注能量的使用效率。这种关注，主要是因为这样做能够节省能源的消耗从而省钱。因此，许多能源公司、能源服务公司将节约作为他们公司广告的一个重要的因素。例如：CFLs 的厂商在他们的广告中宣传，顾客使用他们的高效率、长寿命的电灯泡会更省钱。在美国，CFLs 的销售量在1995 年增长了 10 个百分点。

然而，在另外的一些商品中，能源的使用总量的概念不是那么被关注或是被忽略了。很明显的一个例子就是在汽车的广告中，强调的是汽车的款式、特性、时速等，而并不是它的燃料消耗效率。讽刺的是，很多商品的广告都对其商品要使用的大量的能源避而不谈。

【教学过程】

引入：

向学生们展现一些与能源不相关的广告的事例。要求他们辨认广告到底是为了要宣传什么。复习做广告的目的，讨论做广告的原因和它的重要性。学生们是否觉得能源资源需要做广告，让学生们讨论为能源做广告的原因。

步骤：

①向学生们展示几个与能源相关的广告。弄清与能源相关的广告中所涉及的商品的种类。温习广告的不同的类型并且帮助学生将广告的例子归到相应的广告类别中去。

②强调能源广告促进能源资源的发展和消耗，因为他们所卖出的产品是需要消耗能量的。简短地讨论与能量发展和消耗相关的事件。要求学生提供一些能源有效利用的例子和解释为什么能源有效利用是重要的。

③将班级划分为几组，每组 2—4 人。为每组提供与能源相关的广告或让他们使用自己收集来的广告。

④给每组一份"能源广告分析报告"，要求他们按要求检查他们手头的广告。

⑤"能源广告分析报告"中第八、九题需要组织全班同学一起讨论并总结出三类广告的特征，指明哪类广告设计更有可能提高能源的使用效率。

可能性特征：提供有关效率的信息，强调使用高效产品的经济鼓励，强调顾客使用这些产品的方便和舒适，突出使用这些产品的环境收效，提出产品的耐用性，突出这种产品的科技含量。

结束语：当学生回答了所有的问题之后，每组找一个学生将他们组认为"有效的"能量广告贴在墙壁的一侧，"无效的"能量广告贴在墙壁的另一侧（你可能还需要第三面墙来粘贴"没有应用"能量的广告）。让每组的发言人解释为什么广告宣扬或是没有宣扬能量的使用效率。让学生自己总结能源广告关于能源生产和使用的通用方式。

【作业】

形成性作业：学生能否解释为什么能源广告能提升能源的发展和使用。学生是否有能力分辨出能源广告中使用的策略。学生完成"能源广告分析报告"的程度如何。学生归纳出来的特征是否能有效地帮助他们分辨出哪些是提升能量有效利用率的广告，而哪些不是。

总结：让小组的学生们开创出一个使用或出售能源的服务行业、产品行业或公司。指引小组间的同学们交换意见。让小组的学生们挑战自己设计出提升能源使用效率的广告。

五　家庭能源教育和学校能源教育

（一）家庭能源教育

进行家庭能源教育的对象不仅是学生，还包括教师以及家长等一切对家庭中的能源消费、能源效率和避免能源浪费感兴趣的人。以下主要介绍三种家庭能源教育形式：

1. 家庭节能

为了节约家庭生活中的能源（水电费的开支），人们必须清楚地知道当前家庭消耗着多少能源。虽然水电费账单会显示总的千瓦时以及吨数，但是更加深入的分析将会告诉人们更多。

（1）家庭节电器网站

该项目是由美国能源部主办的，作为美国"能源之星"中提高家庭能源效率的一部分，网站旨在帮助人们确定在家庭中节约能源的最好方法，由此来发现节能资源。

（2）家庭节约能源手册

这本手册是由美国能源部提供给人们的节约家庭能源的相应举措。具体包括家庭能源的加热使用和冷却、水暖、照明、家电、驾驶和车辆维修等多项节能方法。

（3）HomeTome 网站

网站提供了家中所有节能和提高能源效率方面的综合的网络

资源。

此外，人们通过参与最终的使用情况调查、电器调查以及家庭能源问答等各种形式的调查，可以从中受到能源教育。

2. 争得"能源之星"

"能源之星"是通过环境保护署（EPA）和能源部认证的一项政府计划，旨在通过优化能源使用效率来帮助企业和个人对环境进行保护。在功能、样式或者舒适度没有降低的情况下，节能高效产品的选择能节省家庭能源消费的三分之一，同时减少了温室气体的排放。所以无论是购买房子还是添置相关的设备，人们都应该看看其是否通过了能源之星的认证，因为所有能源之星的产品均通过了美国环境保护署和美国能源部有关能源高效的认证。

3. 能源审计

如果人们想要装修房子或者想要节约用于能源费用上的钱，那么就应该为自己的家庭安排一个能源审计。KEEP 提供给公众一个 2—3 小时的专业家庭教育，找出人们家中的能源问题，并为其提供相应的解决方案。

（二）学校能源教育

美国学校能源教育主要是以节约能源为主线，从而将一系列的活动贯穿其中，而且着重强调了在日常生活中节约能源的重要性与迫切性。

1. 学校节能理念

KEEP 为了使学生们对学校能源消耗以及对能源的正确使用更加了解，特此颁布了《学校节能理念》。通过多达 94 项对学校节约能源的建议来进行能源教育，包括在特定情况下栽培需水量少的植物、用节能灯来取代白炽灯、节约用水、使用吊扇、减少照明等，这些是每个人都清楚却又经常被忽视的问题。

2. 能源效率教育课程

本课程侧重于对威斯康星州各学校建筑物的能源利用进行评估，

以及对 K—12 年级的教师进行能源教育的学习工作指导。课程内容包括对学校建筑的审计，来自各学区和当地公用事业的嘉宾演说，学校能源费用的分析，并将学校建筑设施和能源纳入学校课程的活动。课程目标：学校建筑物内基本的能源体系和能源流；如何将能源体系纳入学校课程；如何建立一个有效的学校建筑节能行动计划；为教育工作者提供进一步学习资源。教师通过该课程向学生们介绍了可以减少学校能源消耗、节约能源、保护环境的方法。通过课程结束后的报告可以肯定，本课程深受教师们的欢迎，他们认为自身拥有更多的权利和能力为学校节能做出相应的计划。

以霍桑小学为例，在教师的带领下，学生们在课后组成了社区能源俱乐部，通过能源节约活动来进行课程实践；学生们还通过更换节能灯以及向其他学生和教师们发出节能倡议的活动节约了学校的能源。他们的事迹在当地媒体广泛宣传，这也激励了学生对下一年节约能源计划的信心。

威斯康星州下设有不同的学区，每个学区都有各自不同的节约能源的政策与内容。如绿湾学区的政策手册中强调的是有关暖气和空调、有关电灯节能、电脑或办公室用品以及建筑物的改进等多项建议和措施；而南密尔沃基学区的政策手册中强调的是对有关暖气设备、空调设备、照明以及节约用水的建议。各学区通过制定适合于各自区域的节能措施与建议，将能源教育更好地进行贯彻和落实。

六　KEEP 的成果及对我国的启示

（一）KEEP 的成果

在美国，KEEP 完成了威斯康星州从幼儿园到十二年级能源教育的概念纲领，确定学生应该认识以及了解的重要能源概念，可以将 KEEP 的成就进行如下总结：

活动指南：包含符合威斯康星州的学术标准的实用的、学科间的课程，并让能源与学生生活产生关联。

　　幼儿园到十二年级教师的在职进修课程：提供教师活动指南中的实务经验教授课程，并介绍他们其他和能源相关的授课资源。此课程可以增加教师在能源方面的知识，并增加他们将 KEEP 教材应用在教室中的可能性。

　　网上能源知识课程：透过网络进行能源教育。此交互式的课程内容通过 KEEP 的网站全年免费提供教师在线学习，而且每年还会提供好几次有学分的课程。

　　再生能源：活动指南，支持教材，以及在职进修课程提供教师可以和学生分享的有关再生能源的背景信息。

　　能源教师认证：全州有超过 2000 位教师进修过 KEEP 的课程，并且参与过其活动。这些教师为威斯康星州数以万计幼儿园到十二年级的学生提升了能源教育的质量。这些接受过训练的教师说他们现在有教授能源的知识和经验，也可以在教室内从事更多有关能源的活动和课程。

　　能源教师的全美网络：KEEP 通过下列方式持续为教师提供支持：更新信息（出版物或在线报道、网站以及大会）、支持教材（能源教育数据库）、学生参与机会（小型日光灯基金筹募活动、书签比赛以及区域活动）、从教师的建议和合作支持中发展出的新活动。

　　能源教育中的伙伴关系：通过聚焦能源（Focus on Energy）、能源公用事业以及与各种能源专家合作，KEEP 促进了家庭、学校和社区的能源教育及效率。

　　（二）KEEP 对我国的启示

　　KEEP 作为美国威斯康星州的能源教育项目，对威斯康星州的能源教育产生了极大的影响，而且其出版的教材被多个国家和地区作为能源教育的成功范例所引进和推广。KEEP 对于我国能源教育发展具有如下三点启示：

　　1. 能源教育的框架化

　　概念框架不是体系框架。概念框架只是一个最基本的判断，它是一些重要概念的联结的可能性和统一性，但并不完全表现联结的显性结构，或者说体系化。体系化是对联结可能性的现实化，局限化。由于能源教育内容的性质特殊，很难形成一个严密的体系框架。因此将相关内容以概念框架的形式展现出来，既清晰了教学的知识点，又没有对教学的具体过程施加很大的压力，有利于教师的发挥。

2. 能源教育的指导性

教育活动指南具有一定的指导性。将一个个抽象的概念主题衍生成一节完整的课，对教师的教学具有指导作用，虽然教师不会完全按照活动指南的步骤进行，但可以启发教师的思路，进行更进一步的探索。由于活动指南具有很强的实际意义，因此在我国的能源教学中应该编制各个主题的活动指南，供教师和学生参考学习。

3. 能源教育的连续性

能源是关系到人类可持续发展的重大课题，是国家经济和社会发展的血脉。因此，关心能源问题、提高节能意识、增长能源知识、形成科学的生活方式应成为各年级各学科教育教学的重要内容。无论是低年级还是高年级都应接受能源教育。换言之，能源教育是连续的教育，具有连续性。能源教育应从基础教育抓起，并贯穿于整个基础教育过程的始终，并不断地增大其在基础教育中的比重。对此教育者应有足够的认识。目前，在我国学校课程的能源主题分布的十分零散，仅渗透和散见于物理、化学等少数学科教学中，连续性不强，这对培养学生的能源素养十分不利。教育管理者及广大教师应从素质教育的角度对能源教育的重要性给予充分理解和重视，将能源教育贯穿于教学的始终。

第二章　英国的能源教育

第一节　英国能源教育概况

一　产生背景

在英国，能源与环境问题主要表现在气候变暖、国家及个人耗能较大三方面问题。针对这三方面问题，英国政府采取了节约能源政策。然而，据资料显示，英国居民对目前能源存在错误理解，而这必将影响英国能源政策的实行。在此背景下，英国开始展开能源教育，意在配合政府政策的实行，同时也为了间接提高英国居民的能源素养，以达到最终解决能源问题的目的。英国能源教育的产生有如下三方面背景。

（一）能源与环境问题

1. 国家耗能较大

英国地处欧洲西部，面积 244820 平方公里，人口 5910 万。英国拥有可观的石油和天然气储量，是目前欧盟最大的原油生产国，也是天然气的最大生产国和输出国，又是欧洲最大的能源消费国之一。英国拥有 50 亿桶已探明原油储量及 26.7 TCF（万亿立方英尺 1TCF＝283 亿立方米）天然气储量，几乎全部分布在北海区域。英国的石油消耗量（1999）为每天 171 万桶，天然气消耗量（1998）为

3.09TCF，煤炭消耗量（1998）为 6310 万吨，电力消耗量（1998）为 331.5BkW·h（十亿千瓦时），能源总消耗（1998）9.8 BTU（BTU，英国热值单位，1BTU 的热值约等于 1.055 千焦，1015BTU 约合 0.348 亿吨标准煤），占全球总消耗的 2.6％。[1] 据统计，英国 1988 年天然气消耗占能源消费的 1％，而该数字预计到 2010 年将上升至 50％，因此，英国的天然气工业将面临挑战。[2] 英国的人口只占世界人口总数的 0.1％，却消耗了世界 2.6％的能源，这一数字无疑是巨大的。巨大的能源消耗带来了各种各样的环境问题。目前英国的主要环境问题是：发电厂氧化硫排放造成的空气污染，通过下水道排放的农业废水和煤炭业废水造成河流污染。此外，英国与能源相关的碳排放量（1998）为 14740 万公吨，占世界总排放量的 2.4％，目前，英国处于气候变异协约地位，是联合国气候变化协约国，同时也是京都协议签字国（1998 年 4 月 29 日）。按照协议，英国同意在 2008—2012 年间将温室效应废气降至比 1990 年低 8％的水平。[3]

2. 家庭耗能较大

英国人均能源消耗（1998）165.3 MBTU，这一数字近似为世界人口平均耗能量的 26 倍。其实，仅仅英国一个普通家庭一天的耗电量统计起来数字就很惊人（每户平均每天约用电 17.4 度），其统计数据见表 1。[4]

表 1　　　　　　　　　　英国家庭每日耗电量

用电器	每工作一小时的耗电量 kW·h	每天的平均使用时间
电热炉	3	20 分钟
洗碗机	3	20 分钟

① 国际石油网：《英国石油及能源状况》，[2009 - 09 - 16].www.in-en.com/oil/html/oil-0820082050140766.html.

② 同上。

③ 同上。

④ CSE.BackgroundInformation.[2009 - 06 - 20].www.cse.org.uk\pdf.

续表

用电器	每工作一小时的耗电量 kW·h	每天的平均使用时间
烘干机	3	20 分钟
电暖气	3	20 分钟
洗衣机	2	30 分钟
电热风	2	30 分钟
熨斗	0.5	2 小时
甩干筒	0.5	2 小时
电脑	0.3	3 小时
电吹风	0.3	3 小时
电视机	0.15	7 小时
100 瓦的白炽灯	0.1	10 小时
冰箱/冰柜	0.08	12 小时
节能灯	0.02	50 小时（多盏节能灯合计）
微波炉	0.6	90 分钟
煎锅	2	30 分钟
烤箱	1.2	45 分钟
电水壶	2	30 分钟
合计英国每户每天耗电量	17.4 度	

3. 二氧化碳排放与气候变暖

使用能源不免会产生 CO_2，即便被称作清洁能源的电能的生产与使用也会产生 CO_2，因为英国的大多数电力是靠燃烧煤、石油及天然气来生产的，英国的核电厂只承担了很小一部分的供电。表 2 给出了每供 1 千瓦时的能量，不同能源产生的 CO_2 量（以千克计）。[1]

---

[1] CSE. BackgroundInformation.［2009－06－20］. www.cse.org.uk\pdf.

表 2　不同能源（供 1 千瓦时的能量）产生的 CO_2 量（以千克计）

能源种类	每千瓦时产生的 CO_2 量（以千克计）
电	0.43
煤	0.32
石油	0.27
天然气	0.19

据资料显示，英国在 2006 年煤炭的使用量为 142 千吨，按照换算公式计算，英国 2006 年一年仅由煤炭产生的二氧化碳量即为 142×9000×0.32＝40896 吨。大量排放二氧化碳会加剧世界的温室效应，而温室效应的表现之一就是世界海平面的升高。在英国，每十年海平面就会升高 5 厘米。这一现象极大地威胁了沿海地区的土地及城市，其中，以英国东部所受的威胁最大。而海平面升高还会带来一些附加效应，例如，受海平面升高的影响，海湾暖流将不会再登陆英国，因此，海湾暖流再也不会对天气造成任何的影响。此外，天气变暖将直接影响害虫的繁殖，温度越高，害虫的繁殖量越大，而这将对英国的农业造成严重的负面影响。

1992 年，世界高峰会议在巴西里约热内卢举行，与会的各国首脑最终达成了减少二氧化碳排放量的协议。1997 年世界各国在日本京都签订了关于限制二氧化碳排放的京都议定书。根据京都议定书的规定，以 1990 年二氧化碳排放值为基准，英国还需要将自身的排放值降低 12.5％，而英国政府的减少二氧化碳排放量的力度更大。英国政府决定，截止到 2010 年，英国的二氧化碳排放量将比 1990 年的水平降低 20％。[①] 英国 27％的二氧化碳排放是由火力发电所致，英国政府决定，截止到 2010 年，英国 10％的电力要通过可再生能源生产。英国减少二氧化碳排放的另一重大措施就是提高英国的能源

① CSE. BackgroundInformation.［2009 - 06 - 20］. www. cse. org. uk. cn \ pdf.

利用效率，而这涉及生活的各个方面，包括家庭用能、运输及生活方式的选择均要以提高能源利用效率为准。

（二）对能源的错误理解

1. 可再生能源的意义

英国居民一直对可再生能源存在误解，英国居民错误地认为，可再生能源比非可再生能源经济、廉价或者说更具长期性。例如将其转化为电能会比用其他能源转化廉价，事实却非如此。而且问题的关键也不在于廉价与否，而是在于可再生能源可以持续被利用，并且对环境的损坏较小。

2. 发电对环境没有污染

英国居民错误地认为使用电能对环境没有污染。不错，电能在被使用时不会产生污染，但在发电的过程中会对环境产生污染。火力发电厂发电时会产生大量的烟尘与 CO_2。核电厂会产生大量的辐射性核废料。这两种发电方式还会向河流中排放热水造成水中动植物的死亡，进而使水腐败变臭。

3. 100℃是50℃热度的2倍

英国的居民错误地认为100℃是50℃热度的2倍。如果最低温度是0℃的话，那么，100℃确实是50℃的2倍，但问题是最低温度是绝对零度，即-273℃，所谓的50℃或100℃其实是在-273℃的基础上再加上50℃或100℃而已。另一种解决该误区的方法是将其转化为华氏温度。50℃转化为华氏温度是122 ℉，而100℃转化为华氏温度是212 ℉，由此可以看出，100℃的热度不是50℃的2倍。

（三）国家节约能源政策

英国巨大的能源消耗引发了政府的高度重视，政府迅速制定了相应的能源政策。然而，对人口的能源知识普查却显示英国居民对能源问题存在严重误解。因此，能源教育势在必行，且迫在眉睫。于是，在这样大背景下，英国能源教育诞生了。英国根据自身的能源现状，制定了节约能源、减少二氧化碳排放的总体计划，并依据此计划采取了相应的政策与措施，具体条款如下。①

1. 英国政府将节约能源与减少二氧化碳排放作为一项长期的基本国策

具体措施如下：

（1）为奉行可持续发展思想的家庭制定提高能源使用效率的方案；

（2）让居民明白可持续发展是未来建筑的建设理念；

（3）回顾以往的建筑规章制度，将可持续发展思想融入其中；

（4）确保政府投资的房屋要达到3级可持续发展住宅的标准；

（5）为新老居民颁发节约能源荣誉证书；

（6）根据目前气候日益变暖的现状制订新的政策计划；

（7）要求英国计划局迅速出台关于使用可再生能源的政策。

2. 政府将对能源市场进行规划

英国政府将按照国际与欧盟标准对英国的能源生产商与能源销售商进行管理，以确保将低效能源驱逐出市场。同时，英国政府将通过确立能源的生产与销售的法律法规来促进能源市场的竞争与创新机制，进而建立优质、高效能源的交易市场。

3. 政府出台新的能源效率法

2010年春，英国政府对第三阶段的能源效率法进行咨询。在此之前，英国政府将在2009年夏末对此项法律预先进行咨询，以看其是否能超出了欧盟的规定范围。

4. 政府将对个人实行计划能源政策

截至2020年，英国政府将以各种形式对英国居民实行计划能源政策。特别是在2011年后，英国政府建立能源政策与超出计划外使用能源的收费政策来降低居民对能源的需求，进而降低英国的二氧

---

① Department of Trade and Industry. Meeting the Energy Challenge A White Paper on Energy May 2007. London, Office of Trade and Industry. [2009 - 06 - 20]. www.cse.org. uk.cn \ pdf.

化碳排放量。

5. 政府将增大对能源耗费的宣传

英国政府建议有关部门将以往的能源账单（2007 年以前）进行统计，并将统计结果公之于世，使英国公民时刻与过去的能源耗费进行比较，进而达到节约能源的目的。此外，英国政府将与能源生产商与能源销售商进行协商，争取随时随地将英国居民消耗的能源情况、能源价格上涨等信息反馈给英国公民，以强化其节约能源的意识。

6. 政府将细化能源消耗级别

英国政府将通过制作国内能源消耗表及其他形式的图表来反馈英国的能源消耗信息，进而对英国的能源利用、能源消费与能源获利情况进行重新统计。英国政府尤其重视对电力与天然气使用的监控，将电与天然气的使用情况反馈信息作为此项政策的重中之重。

7. 政府将通过财政手段调控能源使用

英国政府将通过财政手段对英国居民的能源使用进行宏观调控。政府决定提高能源使用量小的地区公民的个人收入；同时将调查低能源使用量地区的能源使用机制及其因素，目的是确认当前的高效能源利用政策是否发挥效用。

二　基本理念、实施与成效

（一）能源教育课程

英国的节约能源政策催生了英国的能源教育，因此，英国能源教育有着强烈的节约能源的色彩。英国的能源教育力求在孩童时期的学生脑中植入节约能源的意识，随着年龄的增长，英国能源教育对学生的要求一步一步加深，让学生的能源素养从建立起节约能源的意识发展到节约能源的行动，再发展到对当前节约能源的对策进行反思，从而建立起自己的节约能源方式。

以英国可再生能源中心（Center for Sustainable Energy，英国

代表性能源机构，以下简称为"CSE"）提供的英国能源教育课程标准为例，在 KS1 阶段（5—7 岁，1—2 年级）的能源教育课程中即设定了让学生了解"省电可以保护环境"的目标。围绕该目标，CSE 制定了"与同学交流省电的方法"的学习内容，将节能观念深深烙入每个孩子的内心；而在 KS2 阶段（7—11 岁，3—6 年级）与 KS3 阶段（11—14 岁，7—9 年级）则围绕"减少能源消耗"为目标，设置一系列相应的课程。例如，在 KS2 阶段的能源课程中设置了查找热量的耗散之处、思考家里电灯的能源消耗，通过计算来寻找减少能源消耗的方法并将方法付诸行动。KS3 阶段重在培养学生的反思意识。CSE 在 KS3 阶段的能源课程中设置了收集家庭能源耗费的数据、思考家庭的能源使用情况并思考在家中安装合适的节能装置、收集与分析班级数据计算能源耗费及节能设备的耗费、分析数据并计算 CO_2 的消耗等内容。可以看出，KS3 阶段的课程在计算能源消耗的基础上又增加了根据家庭能源耗费数据来思考家庭节能装置的内容，让学生学会利用自己调查的数据进行思考，从而使学生的能源素养更加成熟。

（二）能源教育的目标和内容

英国能源教育的总目标为提高学生的能源素养，其终极目的在于使全国居民最高效率地参与到政府倡导的节约能源行动中来，以达到最大限度地降低英国能源消耗的目的。总目标以提高学生能源素养为核心，以节约能源为宗旨。英国能源教育的具体内容可概括为以下四个方面。

1. 能量概念

英国能源教育在 KS1 阶段即引入能量概念。此后在 KS2 与 KS3 阶段并未系统介绍能量概念，只是使用了热量耗散等与能量相关的概念。在 KS1 阶段，CSE 由自然课引入能量概念，在具体实例方面，CSE 主要从食物与电动器械中储存的能量入手向学生展示了能量的存在与能量的转化。在 KS1 阶段，CSE 还设置了热量的运动一单元内容，其主要目的在于使学生了解热量从高温物体运动到低温物体的过程，以为 KS2 与 KS3 阶段的减少能量耗散等内容作铺垫。

2. 能源知识

能源知识是英国能源教育的重点内容。英国能源教育最早在 KS1 阶段向学生引入电力能源。其目的仅在于使学生了解省电可以保护环境的原因。在 KS2 阶段，英国能源教育向学生引入了能源与能源利用、能源与环境变化、能源消耗与能源消耗的计算等内容，其目的是由认识能源扩展到让学生了解能源消耗所带来的环境问题与经济问题。而在 KS3 阶段，在认识问题的基础上，英国能源教育侧重于让学生通过问题思考对策。在思考对策时，可以通过不同手段积累数据，然后对数据进行分析，找出最佳的解决方案。例如，观察家庭的能源使用情况、收集家庭能源耗费的数据、思考家庭的能源使用情况、在家中安装节能装置，通过比较找出最适合的节能装置等内容。

3. 能源技术

英国能源教育在能源技术方面的内容较少。这与英国所持的能源理念相关，因为，英国认为节约能源是当前最佳的能源可持续方案，而不是通过能源技术来达到能源的可持续性。换句话说，英国认为即便有了新的能源技术，居民也依然需要节约能源，这是达到可持续利用能源的根本。在能源技术方面，英国能源教育在 KS2 阶段设定了让学生认识保温材料并制作保温餐盒的内容，其目标也仅限于让学生了解保温材料的保温特点。

4. 能源、环境与人的关系

节约能源是英国能源教育的核心思想，英国正是从能源、环境与人的关系出发而提出节约能源的政策。因此，优化能源、环境与人的关系是节约能源政策的落脚点，也是英国能源教育的根本目标。英国能源教育主要就能源引起的环境与气候变化问题进行了课程设置。其中，在 KS1 阶段，英国能源教育设定了"让学生了解省电可以保护环境的原因"这一教育目标。在 KS2 阶段，英国能源教育设定了能源使用及环境变化方面的课程，认识可再生能源与非可再生能源的课程。其目的是让学生理解确保能源可持续供给的重要性。在 KS3 阶段，英国能源教育设定了"观察家庭的能源使用情况、收集家庭能源耗费的数据、思考家庭的能源使用情况。在家中安装节能装置，通过比较找出最适合的节能装置"等内容，其目的在于"让学生思考改善和解决能源生产和消费过程中导致环境问题的有效措施"。

（三）能源教育的实施

在英国，能源教育并没有作为一门独立的课程来开展，但英国政府一直争取让其成为一门独立课程。因此，能源教育课程也没有具体的课时，对英国能源教育的评价也仅仅从各家能源的节约情况来反馈能源教育开展的良好与否。因此，前文提到的英国国家能源教育课程标准（CSE 制定），英国 KS4 阶段能源教育计划（CRE-ATE 制定），英格兰、威尔士能源教育课程图也只是规定在何种学科的哪一学段来开展，开展时应讲授何种内容，内容的程度该有多深等。

英国的各种能源教育机构一致认为，能源教育应从 KS1 阶段（即小学 1—2 年级）开始展开。从 KS1 至 KS3，程度依次加深。但落实到具体的课程设置上，又有所不同。其中，CSE 的设置是将课程标准划分为知识单元、相关学科知识链接、课程目标与要求三大主要模块。知识单元明确了该单元要向学生传授的知识内容，相关学科链接是该知识在其他科目的课程中的位置。因此，当其他课程进行到该位置时，应对学生进行能源教育。课程目标与要求则规定了该课程要达到的既定目标。与 CSE 相似，Enzone 也设定了教学目标与相关学科链接。CREATE 的设定则更为细致，CREATE 对课前预习、课时设置、教学活动及教师和学生需要学习的资料都做了详细的规定。但 CSE 的能源教育紧紧围绕家庭和学校的能耗而展开，实用性很强；而 Enzone 的课程设置则紧密联系科学与地理课程中的知识内容，知识性较强；CREATE 则是立足于英国能源现状，因此其课程内容紧密围绕国家的宏观能源政策而展开。

英国的能源教育机构在 KS4 阶段的能源教育上也存在分歧。其中，CSE 并不赞成在 KS4 阶段开展能源教育。因此，CSE 并未制作 KS4 阶段的能源教育标准。而 Enzone 的课程图中却包括 KS4 阶段的能源教育，但也只是提出了课程目标而没有规定该课程该如何展开。CREATE 的主要贡献就是对 KS4 阶段的能源教育提出了具体的计划，CREATE 对课前预习、课时设置、教学活动、资料有着明确的要求。CREATE 规定，KS4 阶段的能源教育课前预习时间为 5—10 分钟，预习时主要以熟悉材料为主。在具体课时设置方面，CREATE 规定了每个知识点的学习都不超过 5 分钟，但教学活动的时间则要保持在 5 分钟以上。在资料方面，CREATE 有着严格的规定，CREATE 只提供给学生一种阅读资料即《英国能源现状与展望》。因此，CREATE 的主要课程目标也是将国家层面的能源问题贯彻给学生。

（四）英国能源教育的成效

经过能源教育机构、学校、教师及政府的多方面努力，现在英国的能源素养有了大幅度提高，但由于各国的能源教育内容及理念的不同，因此，各国获得的成效也不同。关于煤炭、石油等化石燃料的有限性，各国学生的共同认识是"因其使用量增多，故要逐步枯竭"。不过，关于石油资源的枯竭和生活的关系，因国家不同反映的情形也不同。其中，英国以节能来应对，认为通过节约能源可以缓解石油等非可再生资源的枯竭，因此英国政府的政策是节约能源，而英国能源教育的总体理念也是节约。因此，英国能源教育的主要成效也是见于节约了大量能源。据悉，由于学生的建议，有 75% 的家长已采取一定措施来节约能源。学校能源教育比社会上的职业性质的能源教育机构所取得的效果要好得多，家长受学生的节能行为影响而改变自身节能态度的比重是受其他方式影响的两倍以上，由此英国能源教育的成效可见一斑。①

英国对温室效应表示出危机意识，尤其对能源消费造成的温室效应表示关注，因此英国的能源教育针对此对学生进行了教育。现在英国的学生普遍认为，过多的消耗能源是造成全球变暖的罪魁祸首。在新能源方面，英国表现出冷淡态度，理由是新能源在技术上的信赖性难以确认，况且难以替代现有能源，这也是英国能源问题将希望寄托于节约的主要原因。英国学生的环境科学素养总体上很高，有半数以上的学生都知道核能发电机理、放射能与放射线的知识。英国认为，这很大程度上依赖于学校的教学。

第二节　英国能源教育课程标准

一　能源教育课程的目标与意义

可持续发展教育让人们在做有关个人、群体、地方与国际的决策时增长所需要的知识，并且丰富在此方面的技能，提高对可持续发展的认识。可持续发展教育最终会提高人们的生活质量，以便在满足现在需要的同时，又不损害后代的利益。能源教育是可持续发展教育的一部分，因此能源教育在课程性质、课程目标与课程理念上与可持续发展教育一脉相承，有异曲同工之妙。英国能源教育是英国可持续发展教育的一部分，它对提高学生的科学素养、促进学生全面发展有着不可替代的作用。为加强教师、政府及学校管理者对能源教育教材的监制，英国可再生能源中心（CSE）为英国能源教育制定了"英国能源教育课程标准（National Energy Education

① CSE. Energy Matters, Education for Sustainable Development. [2009 - 06 - 20]. www. cse. org. uk. cn \ pdf.

Curriculum Links）。"①

可持续发展教育的意义与目标为：首先，无论在家还是在学校，可持续发展教育都是一种教育信条，可持续发展教育可以使人在精神、道德、人际交往、文化与身心发展等方面获益。同时教育对大家机会均等，健康且相对民主，对经济有促进作用而且持续性好。然而，欲达到此效果，教育还要反映出可持续发展的价值观。可持续发展关乎我们对自身、家庭及其他关系的维系，关乎我们所在的群体，关注社会的多样性以及我们所居住的环境。其次，学校课程也需要渗透可持续发展观念，并且帮助学生建立为社会做贡献的思想。学校课程同时应发展学生对环境的理解，加强学生对环境的尊重及认识，同时又要确保学生在个人、地方、国家及国际四个维度上均具有可持续发展意识。

CSE 在为能源教育及能源教育机构提供教材方面处于领先位置。在过去的三年中，CSE 制作的能源教育计划已经被英格兰的绝大多数地区所接受，有 500 多所中学，近 18000 名学生在学习 CSE 制定的能源教育。近期，能源教育在规范学生在校与在家的节能行为上取得了丰硕成果。可见，学校能源教育比社会上的职业性质的能源教育机构所取得的效果要好得多，家长受学生的节能行为影响而改变自身节能态度的比重是受其他方式影响的两倍以上。由此，CSE 制定的能源教育课程标准的影响力可见一斑。

二　能源教育课程的设计思路与结构

英国能源教育课程标准主要包括四阶段、七方面。四阶段分别为 KS1、KS2、KS3 与 KS4，七方面分别为依赖性、公民与工作、后代的需要与权利、多样性、生活质量、持续的变化、不确定性与预防措施。（详见表 3）

---

① CSE. Energy Matters，KS3：Home Energy，National Curriculum Links.［2009 - 06 - 20］. www. cse. org. uk. cn \ pdf.

表 3 能源教育课程标准框架

主题＼学段	KS1	KS2	KS3	KS4
互赖性	理解为什么人们的所作所为影响到了人们自身的利益，而且影响到人们所在的环境及环境中的动植物	理解人们与动植物是怎样与自然循环和生态系统相互连接的	对包括贸易、工业及消费方式调节在内的全球环境有深刻的认识	理解科学与技术的发展对个人、集体以及环境的益处与害处，理解科学技术发展与可持续发展间的关系
公民与工作	知道如何才能照顾自己和他人，如何照顾家庭、学校和当地的环境	能够与学校中的其他成员合作，并且能够为持续合作而感到负有责任感	知道工业社会、经济与环境问题的决策的制定方法，以及它们彼此间的关系；并且学生还应知道这些决策对当地以及国家的直接和间接的影响	理解价值观与信仰是怎样影响到人的行为与生活方式的；并且学生要理解有些生活方式与行为的持续性要比其他生活方式与行为要长
后代人的需要和权利	能够讨论自身的生活方式以及自身所使用的产品与服务给环境带来的影响	能够区分行动、产品对环境的可持续性是否有益	能够将可持续思想融入个人的生活	能够分析自身行为及生活方式对环境及社会的影响并能做出一些颇具远见卓识的决策
多样性	知道当地以及较远的地方生存着多种不同的动植物群落	理解当地与其他环境中多样性的意义，以及维持当地与全球层面上多样性的意义	认识到自然界的变化对经济、文化、的影响以及当地的生物多样性对后代人的影响	理解不断增加的消费选择同交流和文化缺失之间的矛盾，经济与生物多样性在全球化和技术化进程之中矛盾
生活质量	理解需要与欲望之间的根本区别	理解需要的普遍性	理解生活标准与生活质量之间的差异	理解为什么社会公平是维系可持续发展所不可或缺的组成部分
持续的变化	理解能源有限性的概念	理解家庭与学校怎样才能被更好的管理	理解个人与国家层面的持续消耗概念	对影响可持续发展的决策、实践及过程提出疑问，并且调查其他的可供选择的办法
不确定性与预防措施	理解行为不越位的重要性	能够认真听取议论并仔细衡量证据的有效性	知道不同的文化与信仰是怎样影响看待资源环境的观点	理解按照不确定性所制定的关于个人、社会、经济、科技的决策的价值及其预防方法

三 能源教育课程的内容标准

（一）KS1（1—2年级，5—7岁）：认识能源

表4 　　　　　　　　　认识能源的内容与结构安排

知识单元		相关学科 知识链接	课程目标与要求
第1单元 观察 能源	课程：引进能量储存概念；让学生对能量进行观察、比较；了解食物和电动器械中储存的能量	自然：植物生长；推与拉	了解人类必须进食才可维持生命；可以说出身体各部分名字；了解绿色植物生长需要阳光
第2单元 学校中的 电力	课程：告知学生哪里有电以及电的来源、输送方式 活动：使用学校的电力设施；与同学交流省电方法	自然：光明与黑暗；电与数码类家电	了解省电可以保护环境的原因，进而了解电能的优与弊
第3单元 保暖	活动：了解其他生物怎样适应严酷的气候；了解日常控制食物与饮料温度的电器	自然：分类与使用家电	发展学生语言技能；通过交谈增加学生对家用电器的认识
第4单元 热量的 运动	课程：由水从热变凉来向学生说明热量从高温物体传向低温物体；基于生活经验对热量的运动进行预测 活动：测量水的温度	算术：组织数据、使用数据	理解热量从高温物体向低温物体传递的概念
第5单元 学校的 保暖	活动：观察学校的保暖设施；通过自身行为来减少热量耗散；提升学校所有房间的能源使用效率	算术：组织数据、使用数据	理解热量从高温物体向低温物体传递的过程

（二）KS2（3—6年级，7—11岁）：能源与家

表5 　　　　　　　能源与家的内容与结构安排（第1组）

第1组　简介			
知识单元		相关学科知识链接	课程目标与要求
第1单元 能源概念	课程：关于能源及其使用的词汇；环境变化与能源问题 活动：讨论能源及能源的使用	地理：环境变化方面的知识；环境变化所带来的环境问题 英语：在与能源问题相关领域能侃侃而谈，并能倾听他人的意见；分组讨论，能充分利用能源术语进行交流 公民与社会：讨论对不同环境问题的不同见解 伦理学：自信心与责任感	在分组讨论中自如地使用能源术语；重新认识能源与能源利用

表6　　　　能源与家的内容与结构安排（第2组）

第2组　调查与分析

知识单元		相关学科知识链接	课程目标与要求
第2单元 观察卧室	课程：观察卧室中的能源使用；收集数据；关注个人对能源的消耗 活动：对卧室展开调查；分析得到的数据；计算自己的能源消耗	地理：环境变化方面的知识；环境问题；在校外，对当地情况进行研究 数学：十进制；运算能力；再现数据、解释数据 公民与社会：合理使用资源，做优良市民 伦理学：发展对社会的责任 信息技术：处理数据	在处理数据时使用一定的运算方法；理解基本的能源消耗问题

表7　　　　能源与家的内容与结构安排（第3组）

第3组　回顾与交流

知识单元		相关学科知识链接	课程目标与要求
第3单元 观察起居室	课程：观察起居室里的能源使用与能源消耗；查找使用能源的各类器械；查找热量的耗散之处；依据能源用途进行分类；不同的能源消耗方式 活动：对起居室展开调查；分析得到的数据；考虑是否应使用能源，思考能源消耗与能量耗散	地理：收集并记录证据；分析证据；环境变化方面的知识；环境问题；在校外，对当地情况进行研究 数学：处理数据的能力；再现数据、解释数据 英语：使用写作来辅助调查；使用包括报告在内的不同写作方式 公民与社会：做优良市民 伦理学：合理使用资源	为查找的目标设定计划；在处理数据时使用一定的运算方法；明确当前环境问题背景下的能源耗费问题
第4单元 走进厨房	课程：关于能源及其使用的词汇；环境变化与能源问题 活动：讨论能源及能源的使用	数学：十进制；运算能力；再现数据、解释数据 地理：环境变化方面的知识；环境问题；在校外，对当地情况进行研究 英语：拓展词汇量 公民与社会：学会管理资金，做优良公民 伦理学：发展责任心，合理使用能源	在处理数据时使用一定的运算方法；理解基本的能源消耗问题
第5单元 家里的灯	课程：为分析收集数据；思考家里电灯的能源消耗；通过计算来寻找减少能源消耗的方法 活动：观察家里的灯；建立个人的能源消耗与节能表格	数学：理解分数；运算；处理数据；再现数据、解释数据 英语：在与能源问题相关的领域能侃侃而谈，并能倾听他人的意见；劝说别人节约能源，建立自己的节能观点，使用不同写作方法 公民与社会：学会管理资金，做优良公民 伦理学：发展责任心，合理使用能源	在处理数据时使用一定的运算方法；理解基本的能源消耗问题

续表

第 3 组 回顾与交流		
	知识单元	相关学科知识链接	课程目标与要求
第 6 单元 能源概念	活动：观察何处的热量可被节省；收集关于家里的绝缘物质的处理；分析数据并对能源消耗进行计算	地理：环境变化方面的知识；环境变化所带来的环境问题 数学：处理数据；再现数据、解释数据 公民与社会：学会管理资金，做优良公民 伦理学：发展责任心，合理使用能源	在处理数据时使用一定的运算方法；理解基本的能源消耗问题
第 7 单元 家里的能源从何而来	课程：思考家用能源的来源；了解能源的可持续性 活动：不同的能源消耗方式；可再生能源与非可再生能源的区别	地理：环境变化方面的知识；环境变化所带来的环境问题 英语：在与能源问题相关的领域能侃侃而谈，并能倾听他人的意见；分组讨论，能充分利用能源术语进行交流 公民与社会：讨论对不同环境问题的不同见解 伦理学：自信心与责任感	在分组讨论中自如地使用能源术语；重新认识能源与能源利用。
第 8—9 单元 把调查结果带回家	课程：评价学生的调查结果；确定家庭的节能时机 活动：选择节能方式，并将其应用于家庭	地理：环境变化方面的知识；环境问题；在校外，对当地情况进行研究 英语：在与能源问题相关的领域能侃侃而谈，并能倾听他人的意见；劝说别人节约能源，建立自己的节能观点，使用不同写作方法 公民与社会：学会管理资金，做优良公民 伦理学：发展责任心，合理使用能源	收集关于能源的信息；认识可持续使用的能源

表 8 　　　　能源与家的内容与结构安排（第 4 组）

第 4 组　解决方案		
	知识单元	相关学科知识链接	课程目标与要求
第 10 单元 设计并制作气流涡旋机	课程：设计减少能源耗散的装置	科学：资料及学生的前途	设计并制作减少能耗的装置
第 11 单元 制作保温盒	课程：观察热量耗散；测量有绝缘物质和无绝缘物质的表面温度有何不同；调查绝缘体的优点 活动：查阅关于绝缘体的资料	科学：科学的调查方法；资料及学生前途；热绝缘体；测量冷热的温度计	测量并记录测量结果；了解热绝缘物质的保温特点

表 9　　　　　　　　能源与家的内容与结构安排（第 5 组）

第 5 组　知识拓展		
知识单元	相关学科知识链接	课程目标与要求
第 12 单元 设计制作家庭 节能手册	课程：思考交流信息的方式；发展依据信息进行设计的能力	艺术：设计类的知识	练习与群众沟通的能力；在做完调查后，进一步学习能源保护方面的知识
第 13 单元 制作节约 能源广告	课程：通过角色扮演来交流节约能源方面的信息	艺术：表演方面的知识	练习与群众进行交流的能力；培养团队协作的能力
第 14 单元 玩能源游戏	课程：加强节约能源的意识	体育：游戏方面的知识	评价学生在能源保护方面的知识

（三）KS3（7—9 年级，11—14 岁）：能源与家

英国 KS3 阶段能源教育课程结构分为三大部分：知识单元、相关学科知识链接、课程目标与要求。英国 KS3 能源教育课程 1—4 组具体内容如下表所示。[①]

表 10　　　　　　　　能源与家的内容与结构安排（第 1 组）

第 1 组　简介		
知识单元	相关学科知识链接	课程目标与要求
第 1 单元 前言	课程：学校的能源使用情况；关于节约能源的概念 活动：能源概念；关注能源的利用；尽可能地节约能源	科学：能源；能源保护 地理：资源与环境问题 英语：分组交流与讨论 数学：处理数据 信息技术：收集与处理信息 公民与社会：思索常见的能源环境问题 伦理学：思索社会与道德间的两难抉择	介绍能源问题与能源术语；了解常用的能源利用方面的知识

① CSE. Energy Matters，KS3：Home Energy，National Curriculum Links. ［2009-06-20］. www.cse.org. uk. cn \ pdf.

表 11　　　　　能源与家的内容与结构安排（第 2 组）

第 2 组　调查与分析

	知识单元	相关学科知识链接	课程目标与要求
第 2 单元 能源调查	活动：观察家庭的能源使用情况；收集家庭能源耗费的数据；思考家庭的能源使用情况并思考在家中安装合适的节能装置 观察：观察家庭能源的材料设备构造；观察家庭的加热系统目前安装的所有节能设施；目前采用所有节能措施	科学：能源——不同种类的能源；太阳能是否能成为电能的替代品；能源保护——能量转化与能量储存 地理：收集、记录、再现需保护能源的证据；目前的环境与资源问题 数学：处理数据；信息技术：收集与处理信息	收集家里所使用的所有能源数据；调查家里使用能源的种类与使用方法；在使用能源时，提高节能意识；制作计划以确定目标位置；在处理数据时，使用一定的计量方法；在环境问题背景下意识到能源浪费问题
第 3—7 单元 分析数据	活动：基于用来自家庭能源调查的数据，让学生收集与分析所得数据计算能源耗费、计算节能设备的耗费；分析数据并计算 CO_2 的消耗；设置这些内容，特别是能源调查内容可以使学生将家庭使用的能源与使用这些能源的影响通过 CO_2 的消耗量联系起来	科学：天然能源——不同种类的天然能源；太阳能是否能成为电能的替代品 地理：地理的探究方法与探究技能；分析并评价证据，得出并证实结论；以合理方式与群众进行交流，并就自己的任务与他人进行交流 英语：组队讨论，提出案例 数学：使用并应用数学方法；解决数据类的问题；处理数据；在工作中使用表达式与公式 信息技术：分析信息 公民与社会：思索常见能源环境问题 伦理学：思索社会与道德的两难抉择	收集并分析数据；分析可能的节能方法，找出适合的节能方法以达到提升家庭能源节约的目的；研究气候变化；与家庭成员进行交流，以促成节能计划；在这些单元需要的数学水平在 3—5 级，因此，学生应该具备开展科学与地理探究的能力，同时，学生也可以将科学与地理探究作为数学应用题来作业

表 12　　　　　　　能源与家的内容与结构安排（第 3 组）

第 3 组　回顾与交流		
知识单元	相关学科知识链接	课程目标与要求
第 8—9 单元 把结果带回家	活动：评定从调查工作中学到的成果；在家庭中确定节能时机；选择适合家里的节能方法	科学：能源，能源保护 地理：分析并评价证据，得出并证实结论；以合理的方式与群众进行交流，并就自己的任务与他人进行交流；关于环境变化方面的知识；当地的环境与能源问题 英语：分组讨论　提出案例 公民与社会：思考常见的能源与环境问题；参加学校与社区的活动 伦理学：思索社会与道德间的两难抉择	在环境问题的大背景下，认识到能源浪费问题；对信息进行概括；建议每个人都减少能源使用；提供反馈信息；在许多方面，本部分都是课程中最重要的部分，本部分课程设置的目的是使学生成为家庭节能问题的决策者，鼓励学生对由自身造成的环境问题进行解决

表 13　　　　　　　能源与家的内容与结构安排（第 4 组）

第 4 组　知识扩展		
知识单元	相关学科知识链接	课程目标与要求
第 10 单元 能量测量	活动：能量是什么；能量怎样测量	科学：物理过程，能源	让学生学会用千瓦时来计量家庭的能源消耗量；使用计算器来测量能源消耗
第 11 单元 热量传递	活动：通过实验来思考热量从热源向周围环境传递的过程	科学：物理过程，能量传递（能源保护）	解释通过实验获得的信息；并与家里的能源使用建立起联系；为实验制定计划；测量温度
第 12 单元 尽可能地利用能源	基于对家庭能源使用的设计，学生应懂得：调查能源来源与其对环境的影响；调查节能材料并对之进行测量	地理：环境与资源问题 科学：物理过程，能源以及能量传递 信息技术：分析信息	研究能源，包括可再生能源与非可再生能源，并研究其对环境的影响；做出较周全的决策；研究可持续发展的概念并将其融入个人的生活方式之中；此部分内容为全章内容做了铺垫，并兼顾了科学与地理的主题
第 13 单元 防治周围环境	审视环境防治，目前环境问题日益严峻的背景下，学生们应懂得：调查防治手段；考虑不同种类的防治手段；为能源防治提供合理化建议	技术设计：系统与防治 科学：研究能量来源与能量传递；科学发展在技术中的应用 地理：环境与能源问题 信息技术：处理信息	调查敞开系统与封闭系统的环境污染的防治方法

四　能源教育的课程样本[①]

【案例 1】KS1 "认识能源"第四单元：热量的运动

表 14　　　　　　　"热量的运动"的课程结构与内容安排

单元信息： 通过实际活动，让学生了解热的东西会慢慢变冷。这有助于让学生了解何种材料最适宜保持温度。		
相关学科： 与计算能力相关； 组织与使用数据； 与信息技术相关	词汇方面： 学生有机会使用：与温度有关的术语，如温度计、刻度、摄氏度等； 学会比较：例如冷/热/暖、加热/冷却、最高温度/最低温度	资料： 泡茶的适宜温度；茶壶与温水；不同等级的温度计；带 Excel 的计算机，用 Excel 建名为"泡茶温度""饮用温度"的表格
预期目标： 在学期末学生们应该了解：观察与比较温度的变化、学会保持饮料的温度。一些学生可能学不会上述两种内容，但至少要懂得饮料变冷的原因及保持饮料温度的方法。一些想要进一步学习能源教育的同学须知热量流向低温物体。		

【案例 2】KS2 "能源与家"第三单元：起居室中的能源

表 15　　　　　　"起居室中的能源"的课程结构与内容安排

单元信息：与能源与能源利用相关的一些术语；环境变化背景下的能源问题。	
相关学科： 英语： 在特定的环境中自如地发表言论的能力；倾听、理解及做出适当肢体语言的能力；分组讨论的能力；扩展词汇量的能力 地理： 环境变化方面的知识；由环境变化引起的环境问题 伦理学与政治学： 讨论典型问题时，应保持自信并充满责任感	主要内容： 能源与能源利用；对学校的能源器械做简要的调查
预期目标： 在学期末学生们应该了解：观察与比较温度的变化；学会保持饮料的温度； 一些学生可能学不会上述两种内容，但至少要懂得：饮料变冷的原因及保持饮料温度的方法； 一些想要进一步学习能源教育的同学须知：热量流向低温物体。	
实践活动：这些栏目不需要复制，问题可以记录在黑板上。	

---

① CSE. Energy Matters, Sample Pages. [2009 - 06 - 20]. www. cse. org. uk. cn \ pdf.

【案例3】KS3（能源与家）：第二单元：能源调查

1. 调查表：用下表来表示你在起居室里使用的能源（下表是给出的范例），然后用圆饼图来表示起居室里的能源使用。使用表格中的调查数据来确定圆饼图中每一组成部分所占的百分率。

表16　　　　　　起居室能源使用情况调查

设备	在相应的使用目的上打√ 加热　照明　娱乐		
电视机			√
总计			

2. 调查问题

①你通常使用下列哪种能源？

A. 电　B. 天然气　C. 汽油　D. 煤/木炭　E. 液化石油气

F. 太阳能

②你家里的主要供热设备是什么？

A. 暖气　B. 空调　C. 电子储热器　D. 电热炉　E. 天然气炉

F. 燃煤炉　G. 石蜡炉

3. 家里的供热设备是怎样控制的？

【案例4】KS3（可持续的能源）：第四单元：世界能源现状（活动课）

表17　　　　　　"世界能源现状"的课程结构与内容安排

单元信息：通过认识不同国家的能源现状，学生将会了解到关于世界能源与能源消费的严峻现状。	
相关学科： 地理：收集与整理信息；交流意见；使用地图；探讨可持续发展。	主要内容：大多数学生应该学会将国家和与其对应的能源现状连线；部分学生应该会为现状做出解释，并且发现英国自身的能源问题
预期目标：学生将会对世界能源问题有进一步的了解；此外学生将通过使用KS3地球能源分布图来确认不同的城市和国家。	

续表

单元信息：通过认识不同国家的能源现状，学生将会了解到关于世界能源与能源消费的严峻现状。

实践活动：
学生需要自己准备已写好的各国能源现状的卡片，然后将其与所在的国家剪开，之后把卡片的顺序打乱，然后学生通过自己的记忆将能源现状与其所在的国家一一对应起来。如果想把活动弄得更复杂一些的话，可以将城市的能源现状制成卡片，然后进行对应。通过这样的活动学生会在不知不觉中将世界地图上的国家、国家的名字及其能源现状记忆起来。

此外，教师也可将这一活动编成分组游戏在班级上展开。教师持有答案，可以向学生进行提问，教师应规定抢答题目、选答题目及必答题目。教师对学生的答案进行评判。教师可以让学生就其中的答对的一些题目进行解释，寻找他们答对题时所注意的事项。例如，以英国为例，英国的西海岸线很长，因此英国将来可以利用风能；再如，冰岛的地质结构是多温泉与间歇泉，这就是寻找答案的一个线索。在有些时候，没有明显的线索，这时，就需要学生自己动手查找工具书来寻找答案。在寻找过程中，也加深了学生对世界不同国家能源现状的认识。

第三节　英国能源教育课程内容

在英国主要有 CSE、CREATE 及 Enzone 三家机构提供能源教育课程，其中，CSE 只提供 KS1—KS3 阶段的能源教育课程，CREATE 只提供 KS4 阶段的教育课程，Enzone 则是提供 KS1—KS4 所有阶段的能源教育课程。三家机构提供的能源教育的侧重点有所不同，但总体上，英国的能源教育与世界各国提供的能源教育保持一致。英国能源教育课程内容分为五大部分，即能量概念、能源知识、能源技术、能源与人、环境的关系和节能行为。

一　能量概念

能量是物理学中最基本的科学概念之一。通过物理课的学习等，学生可以科学地理解和把握能量概念，认识能量的各种形态（机械能、热能、光能、化学能和电能）、能量的转换及守恒、能量与热的关系等基础知识，这为开展能源教育奠定了科学基础。

表 18　　　　　　　不同机构在能量概念方面的课程设置

机构 \ 知识	CSE	CREATE	Enzone
能量概念	KS1：引进能量储存概念；让学生对能量进行观察、比较；了解食物和电动器械中储存的能量 KS3：能量是什么；能量怎样测量	KS4：能量的用途；能量的来源	—
能量形态	KS1：了解电能	—	—
能量转换及守恒	KS1：电的来源 KS2：能量转化 KS3：通过实验思考热量从热源向周围环境传递的过程；能量传递	KS4：动能、电能与其他形式能量之间的转化	KS3：能量的传递；能量的保持；能源的保护；能量的耗散 KS4：功、动力与能量能量迁移
能量与热的关系	KS1：由水从热变凉来向学生说明热量从高温物体传向低温物体 KS2：思考热量耗散；测量有保温物质和无保温物质的表面温度有何不同；查阅关于保温物质资料	KS4：英国的供热主要依靠依靠天然气的燃烧，部分地区靠电力供热	KS3：温差与内能 KS4：热量对化学反应的作用

从表 18 中可以看出，CSE 的教育内容很丰富，与之相比，CREATE 与 Enzone 在能量概念方面的教育内容较少。从表中可知，三家机构在能量教育方面的重点相同，均是"能量转换及守恒"与"能量与热的关系"，在此方面，三家机构均设置了丰富的内容。在"能量转换及守恒"方面，三家机构大致相同，都是介绍了能量转换或能量传递方面的知识，并着重介绍了电能。其中，在 KS3 阶段，CSE 与 Enzone 均介绍了能量的传递、能量的耗散（热量从热源向周围环境传递的过程）。而在 KS4 阶段，CREATE 与 Enzone 均介绍了能量与动力（动能）方面的知识。在"能量与热的关系"方面，三家机构差异较大，其中，CSE 用较大力度用水从热变凉介绍了热量的耗散，再通过让学生通过测量有无保温物质的物体表面温度的不同，体验和理解热量的耗散，或者说，CSE 力图从热量的耗散这一具体实例来让学生掌握能量耗散的问题。在 CSE 看来，"能量与热"即用热量传递来解释能量传递的内容。而 CREATE 则讲述了英国的供热问题，因此，"能量与热"在此被解释成不同能量提供的热量问

题。Enzone 介绍了温差与内能、热量对化学反应的作用，其实，能量与热在此被分解成了温度与内能的问题。除此之外，CREATE 与 Enzone 均对"能量形态"方面的知识没有涉及，甚至在"能量概念"方面，Enzone 也没有涉及。但是，在"能量的转换与守恒"方面，CREATE 与 Enzone 对能量形态均有介绍。而 CSE 则是在 KS1 阶段就向学生提供有关"电能"的能量形态教育，让学生从小就开始正确认识电能。CREATE 在 KS4 阶段向学生传授"能量的用途"与"能量的来源"两方面的知识。而 CSE 则是在 KS1 阶段就通过食物中蕴含的能量向学生传授"能量储存概念"，在 KS3 阶段，CSE 进一步向学生提出了"能量是什么"与"能量的测量"的概念。

二　能源知识

通过列举具体生活实例和参观与调查当地能源设施等，认识能源分为一次能源（煤炭和石油等）和二次能源（电和汽油等）；认识各种主要能源的分布、埋藏量、生产量及消费量，以及各种能源（煤炭、石油、天然气、核能、水能、风能、太阳能、氢能源、潮汐能、金属能源等）的利与弊；知道什么是可再生能源和不可再生能源，认识能源的有限性；了解有关能源政策与法规等。

表 19　　　　　　　不同机构在能源知识方面的课程设置

机构 知识	CSE	CREATE	Enzone
能源分类	KS2：可再生能源与非可再生能源的区别 KS3：不同种类的天然能源；认识可再生能源与非可再生能源	KS4：将不同的能源进行分类	KS3：可再生与非可再生能源
能源生产与消耗	KS2：计算个人对能源的消耗；收集家庭能耗数据；理解基本的能源消耗问题	KS4：英国目前与未来的能源供应	KS3：收集能源消耗的数据；能够明确能耗的定义并能对其进行解释 KS4：计划并解释学校每月的能耗，并依此建立天气与能耗的函数图像

知识 \ 机构	CSE	CREATE	Enzone
各种能源的利与弊	KS1：了解电能的利与弊 KS3：研究能源，包括可再生能源与非可再生能源，并研究其对环境的影响	KS4：不同能源的优势与劣势及与可持续性相关的一些议题（例如，能源的清洁性、经济性、多样性及可依赖性等）	—
能源有限性	KS2：了解能源的可持续性 KS3：研究可持续发展的概念并将其融入个人生活方式之中	KS4：能源变化及与可持续性相关的一些议题	KS2：为保护将来的利益而努力 KS3：能源的保护
能源政策与法规	—	—	—

　　通过上表可以看出，三家机构对"能源政策与法规"方面的知识均无涉及。此外，Enzone 在"各种能源的利与弊"方面没有涉及；而在其他方面，三家机构均设置了较为丰富的内容，由此看来，三家能源教育机构均认为"能源知识"是能源教育的重点。其中，三家机构达成的共识是：在"能源分类"方面，三家机构均认为能源应分为可再生能源与非可再生能源两种；在"各种能源的利与弊"方面，CSE 与 CREATE 均以对环境的影响作为评判能源优劣的标准；而在"能源有限性"方面，三家机构均提到了可持续发展（为保护将来利用而努力）的理念。不同的是，在"能源生产与消耗"方面，CSE 将知识局限于个人与家庭，其教育内容是，让学生在经过"计算个人与家庭的能源消耗"之后来正确认识能源消耗问题；而 CREATE 则是在国家层面，从"英国目前与未来的能源供应"方面来让学生对能源消耗问题有所重视；Enzone 与 CSE 在知识引入方面相同，均是先从学生收集来的数据出发，再对学生进行"能源消耗"教育，这充分调动了学生的积极性，体现了学生的主体地位，不同的是，Enzone 是从学校的"能源消耗"出发（KS3），并依据"学校每月的能耗"，来建立天气变化与能耗的函数图像（KS4），如

此的课程设置较为系统。

三　能源技术

　　理解电能是如何从煤炭、太阳能和核能等其他能源转换而来的；了解由一次能源向二次能源转变的基本生产技术；了解提高能源转换效率和减少热能损失的方法以及减少环境污染的技术等；初步认识能源的开发、运输与储藏等实用技术。

表 20　　　　　　　　　　不同机构在能源技术方面的课程设置

知识＼机构	CSE	CREATE	Enzone
能源间的转化与转化技术	KS1：告知学生电的来源	—	KS4：调查生态系统中的能量循环
提高能源转换效率，减少能量损失	KS1：通过自身行为来减少热量耗散；提升学校所有房间的能源使用效率 KS2：查找热量的耗散之处，并进行思考；查阅关于保温材料的资料并了解其特点	—	KS1：调查保温材料并讨论其是否能保持温度 KS2：观察学校里用于控制保暖设施的仪器，采取措施以最大限度地降低能耗；在寒冷时紧闭门窗，知道学校保暖需要使用大量的资金 KS3：培养调查能源效率的态度；使用天气与能耗数据来评价能源控制系统的工作效率
减少环境污染的技术	KS1：了解省电可以保护环境的原因 KS3：在环境问题的背景下，意识到能源浪费问题；使学生将家庭使用的能源与使用这些能源的影响通过 CO_2 的消耗量联系起来，分析数据并计算 CO_2 消耗；审视环境防治，在目前环境问题日益严峻背景下，学生们应懂得：调查防治手段；考虑不同种类防治手段；为能源防治提供合理化建议	KS4：思考：究竟怎样才能减少二氧化碳等温室气体的排放？提醒学生关于全球变暖及能源供应的问题将会影响他们一生	KS4：调查大气与固体废弃物的污染以及气候改变、酸雨对人类健康的影响，并思考如何才能使其减弱

知识＼机构	CSE	CREATE	Enzone
能源的开发、运输与储藏	KS1：了解食物和电动器械中储存的能量；告知学生电的输出方式	KS4：思考：究竟怎样才能满足能源的需要（需要进口石油、天然气和煤）？使用学到的信息及所调查内容需要的信息，让学生陈述他们心中未来最适合和最不适合的可持续性的能源	KS4：调查食物中储存的能量；动手进行分馏实验研究石油类产品的用途；调查热量对化学反应的作用

　　从上表可以看出，CREATE 并没有涉及"能源间的转化与转化技术"及"提高能源转换效率减少能量损失"两方面内容的知识。而对"减少环境污染的技术"及"能源的开发、运输与储藏"这两部分，三家机构均设置了丰富的教学内容，由此可以看出，三家机构均认为"减少环境污染的技术"及"能源的开发、运输与储藏"是"能源技术"教育内容的重点。在"减少环境污染的技术"方面，三家机构达成的共识是将能源使用与环境污染联系起来，让学生明确使用能源会污染环境并会加剧温室气体排放；三家机构同时让学生对于能源与环境问题进行思考，以寻求降低污染、减少温室气体排放的方法；其中，CSE 的课程设置较为详细。而在"能源的开发、运输与储藏"方面，CSE 与 Enzone 均设置了"食物中储存的能量"的课程内容，其意图在于通过"食物中储存的能量"这一具体实例向学生传授能量的储藏问题，不同的是，CSE 在 KS1 阶段即向学生传授食物中储存的能量问题，而 Enzone 在 KS4 阶段才提出。在"能源的开发"方面，CREATE 与 Enzone 均提到了石油问题，不同的是，CREATE 认为石油能源的开发重点在如何进口，而 Enzone 则重视对石油产品本身进行研究，以达到更好的开发与利用。在"能源运输"方面，CSE 在 KS1 阶段设置了"电能的输出方式"这样课程内容，而其他两家机构没有涉及。在"能源间的转化与转化技术"方面，CSE 与 Enzone 差别较大，CSE 在 KS1 阶段就重点介绍了"电能的来源"，在 CSE 看来，用发电这一知识来解释"能源间的转化与转化技术"是一种比较好的方式；而 Enzone 则从"生态系统中的能量循环"

这一实例出发来解释"能源间的转化与转化技术",由于涉及"生态系统"这一较为抽象的问题,因此,Enzone 将这一知识点设置在了 KS4 阶段的能源教育课程中。在"提高能源转换效率减少能量损失"这一课程内容中,CSE 与 CREATE 均谈到了"保温材料"问题,认为保温材料是减少热量耗散并间接减少能源消耗的主要方法;此外,两家机构均谈到了通过自身的行为来减少热量损失这一问题。

四　能源与人、环境的关系

理解能源与人们生活和社会发展的密切联系,认识人口增长与能源有限性的矛盾关系,理解确保能源可持续供给的重要性。了解各类能源在产业、运输和民用等各部门的消费量等。认识能源消耗与环境问题的密切联系,思考改善和解决能源生产和消费过程中导致环境问题的有效措施等。

表 21　不同机构在能源与人、环境的关系方面的课程设置

机构＼知识	CSE	CREATE	Enzone
认识人口增长与能源的矛盾	—	—	—
理解能源可持续性的重要性	KS1:理解能源有限性的概念 KS2:能够区分行动、产品对环境可持续性是否有益 KS3:理解个人与国家层面的持续消耗概念	KS4:能源变化的信息,不同能源的优势与劣势及与可持续性相关的一些议题;提醒能源供应的问题将会影响他们一生	KS3:使用可再生与非可再生能源
了解能源在各部门的消耗	KS2:调查卧室及起居室的能源消耗量 KS3:收集家庭能源耗费的数据	KS4:供热——主要来自天然气,部分来自电力供热;运输——主要来自汽油与柴油机的驱动,飞机用高能汽油,这些油类均来自石油;电力——主要来自煤、石油、天然气、核能和其他可再生能源(主要是风能)	KS3:收集能源消耗的数据,能够明确能耗的定义并能对其进行解释

知识＼机构	CSE	CREATE	Enzone
认识能源消耗与环境问题的联系	KS1：了解省电可以保护环境的原因 KS2：环境变化与能源问题；明确当前环境问题背景下的能源耗费问题 KS3：环境与能源问题，研究其对环境的影响；在环境问题大背景下，认识到能源浪费问题；将使用能源的影响与 CO_2 释放量联系起来	KS4：能源的清洁性	KS2：判断空调的设计是否能满足环境友好的要求
思考改善和解决能源生产和消费过程中导致环境问题的有效措施	KS1：了解省电可以保护环境的原因 KS2：测量有保温物质和无保温物质的表面温度有何不同；查阅关于绝缘体的资料 KS3：鼓励学生对由自身造成的环境问题进行解决；调查节能材料并对之进行测量	KS4：考虑究竟怎样才能减少二氧化碳等温室气体的排放	KS1：调查材料并讨论其是否能保持温度 KS2：观察声控灯、光敏灯控制系统；观察学校里用于控制保暖设施仪器；采取措施以最大限度地降低能耗；判断空调的设计是否能满足环境友好的要求 KS3：通过自动开关来降低能源浪费

　　从上表可以看出，三家机构均没有涉及"认识人口增长与能源的矛盾"方面的内容，而在"理解确保能源可持续供给的重要性""了解各类能源在产业、运输和民用等各部门的消费量""认识能源消耗与环境问题的密切联系""思考改善和解决能源生产和消费过程中导致环境问题的有效措施"等方面，三家机构均设置了相当分量的课程内容；这是因为，英国没有诸如"计划生育"之类的控制人口的相关政策，因此，能源教育对"人口增长与环境的关系"也没有涉及。其中，在"理解确保能源可持续供给的重要性"方面，三家机构均介绍了可持续使用的能源的概念；其中，CSE 与 CREATE 还介绍了使用可持续性的能源对人类、对世界的影响；CSE 还特别介绍了使用可持续性的能源对英国国家利益的影响；CSE 从个人、

国家、全球角度对能源可持续性进行渗透，符合国际教育在个人、国家、全球三大角度进行教育的理念。在"了解各类能源在产业、运输和民用等各部门的消费量"方面，CREATE 介绍供热、运输与用电三大耗能方面的能源消耗量，课程设置得较为全面；而 CSE 只是介绍了家庭中起居室与卧室里的能源消耗；Enzone 仅要求学生对能源消耗进行解释；但是，CSE 与 Enzone 的特点是教给了学生收集能源消耗数据的方法，由此，学生自己就可以对想要测量的能源消耗的部门进行测量，即"授之以渔"，符合当前教育的理念。在"认识能源消耗与环境问题的密切联系"方面，CREATE 只是介绍了"能源清洁性"这一问题，内容较少，且不具体；而 Enzone 在此方面的课程设置则显得过为具体，仅仅介绍了"判断空调的设计是否能满足环境友好的要求"，Enzone 想通过空调的选择这一具体生活实例来向学生说明"认识能源消耗与环境问题的密切联系"，内容略显单薄；而 CSE 在 KS1 阶段即向学生传授"省电可以保护环境的原因"，在 KS2 阶段与 KS3 阶段分别设置"明确当前环境问题背景下的能源耗费问题"与"在环境问题的大背景下，认识到能源浪费问题，将使用能源的影响与二氧化碳的释放量联系起来；"课程内容较为详尽、具体。在"思考改善和解决能源生产和消费过程中导致环境问题的有效措施"方面，CREATE 课程内容较少，仅仅让学生去思考"考虑究竟怎样才能减少二氧化碳等温室气体的排放"，内容较为笼统；而 CSE 与 Enzone 从"省电（设置声控灯、光敏灯、自动开关）"和"保温"两方面来阐释"消费过程中降低对环境影响的措施"内容较为具体。此外，CSE 从 KS1 阶段即向学生介绍"省电可以保护环境的原因"，从而使 CSE 关于"思考改善和解决能源生产和消费过程中导致环境问题的有效措施"方面的课程变得很系统、连贯。

五　节能行为

在理解和掌握能量概念、能源知识、能源技术以及能源与人和环境的关系的过程中，树立节能生活消费方式，养成对复杂的能源问题拥有自我价值判断能力和意志决定能力，并能从具体生活实际出发，从自我做起，为保护生态环境以及人类社会可持续发展采取合理的行动。

表 22　　　　　　　不同机构在节能行为方面的课程设置

知识＼机构	CSE	CREATE	Enzone
树立节能生活消费方式，从具体生活实际出发从自我做起，为保护生态环境以及人类社会可持续发展采取合理的行动	KS1：与同学交流省电方法；通过自身行为来减少热量耗散 KS2：关注并计算个人对能源的消耗；通过角色扮演来交流节约能源方面的信息；设计减少能源耗散的装置；选择节能方式，并将其应用于家庭；通过计算来寻找减少能源消耗的方法	KS4：让学生提出一两种节约能源的方式，并将这些方式记在练习本上；在一个月的时间内，不断回顾节约能源的承诺，并让学生时刻反省自己是否恪守承诺。讨论他们遵守承诺与否的原因	KS2：通过自动开关来降低能源浪费；预算通过关掉不必要的灯所节省下来的能量 KS3：在家中使用光敏灯来减少家庭的能耗；在寒冷时紧闭门窗知道学校保暖需要使用大量的资金
养成对复杂的能源问题拥有自我价值判断能力和意志决定能力	KS2：加强节约能源的意识；对起居室展开调查；分析得到的数据；考虑是否应使用能源，思考能源消耗与能量耗散 KS3：思考家庭的能源使用情况并思考在家中安装合适的节能装置	KS4：让学生使用学到的信息及所调查的信息，来陈述他们心中未来最适合和最不适合的可持续性的能源；能源变化的信息，不同能源的优势与劣势及与可持续性相关的一些议题（例如，能源的清洁性、经济性、多样性及可依赖性等）	KS1：调查材料并讨论其是否能保持温度 KS2：在学校的建筑物里做温度调查并判断其是否可以满足日常生活学习所需；判断空调的设计是否能满足环境友好的要求 KS3：能够明确能耗的定义并能对其进行解释；培养调查能源效率的态度 KS4：计算并解释学校每月能耗，依此建立天气与能耗的函数图像

节约能源是英国能源教育的核心理念，因此，三家机构在节能方面均设置了极为丰富的内容。在"树立节能生活消费方式，从具体生活实际出发从自我做起，为保护生态环境以及人类社会可持续

发展采取合理的行动"方面，CSE 与 Enzone 均设置了"节约用电"
与"减少能量耗散方面的内容"；此外，CSE 与 CREATE 还设置了
"让学生提出自己的节能方式，并与他人交流，然后履行自己的节能
方式的内容"；由此可以看出，CSE 在"树立节能生活消费方式，从
具体生活实际出发从自我做起，为保护生态环境以及人类社会可持
续发展采取合理的行动"较为全面。在"养成对复杂的能源问题拥
有自我价值判断能力和意志决定能力"方面，CSE 与 Enzone 分别从
家庭和学校出发，分别设置了"起居室与学校里设施的耗能情况，
并要求学生对其进行思考，看其是否能满足环境友好的需求，在此
基础上，进一步来思考家与学校里使用的节能材料是否适当"方面
的内容；从具体的生活实际出发，从而使课程变得实用性很强。
CREATE 则致力于"让学生使用学到的信息及所调查的信息，来陈
述他们心中未来最适合和最不适合的可持续性的能源；能源变化的
信息，不同能源的优势与劣势及与可持续性相关的一些议题（例如，
能源的清洁性、经济性、多样性及可依赖性等）"，在 CSE 看来，向
学生灌输能源问题的价值观与意志决定能力较为重要；相比之下，
CREATE 的课程设置显得缺乏实用性，而所设置的课程与学生的生
活世界相差较远，会对学生的学习兴趣造成影响，因此，CREATE
的课程效果不会很明显。

第四节　英国能源教育的课程图和课程计划

一　Enzone 的能源教育课程图

能源地带（Energy Zone）为教师提供国家课程中与能源相关的
课题，并为教师提供能源教育资料，如下的能源课程图即是能源地
带提供。这些课程图可以帮助教师制订能源课程计划。这些课程图
为英国的课程所必需的，同时也可以为既定的能源课程主题提供课
程结构，它包含了我们在传统意义上的四大能源：声音、光能、热

能和燃烧。这些课程内容与国家常规学科课程的内容都有交叉。[①] 课程图是在"可持续发展教育"（ESD）的背景下产生的，学校能源教育计划及大众对能源教育的需求催生了 ESD，于是能源课程图应运而生。

1. 声音课程图

表23 声

教学目标	相关课程链接
KS1	
调查声音的产生；熟悉日常的各种声音，区别噪声与非噪声；证实可以吸收声音的材料；对听力进行探究；在家与在校均能安全地使用各种声源；讨论减轻噪声的办法	科学：各种类型的声音；声音的传播途径；耳朵与听力
KS2	
调查声音产生的各种渠道（人为的、机械的、电力驱动的）；调查声音的传递；区分音调与音量；声音是能量的一种形式；证实隔音材料中究竟是哪一部分吸收了声音；使用计算机来控制声音产生的流程	科学：声音源自物体的振动；振动需要借助媒介来传播；音调与音量的改变 D&T：隔音材料的原理及使用 信息技术：使用多媒体
KS3	
调查耳朵与听力、音调与音量的区别；调查声音如何从一处传到另一处；通过声音检测系统检测发声系统，并通过自动开关来降低能源浪费	科学：光的传播速度比声快；声音在真空中无法传播；音量与振幅；音调与频率；声音的反射；声音与耳朵；噪声对耳朵的影响
KS4	
比较已知的各种声音的大小、振幅；通过声音检测器来自己建立发声系统，并设置开关进行控制	D&T：控制系统 科学：声波；能量迁移

---

① Enzone. Frame Works for Energy Educaion in the 5—14 Curriculum. Enzone：Enzone，［2009 - 06 - 20］. www. enzone. ore. uk.

2. 光能课程图

表24　　　　　　　　　　　　　　**光能**

教学目标	相关课程链接
KS1	
调查声音如何使我们看见事物；观察白炽灯、火炬、指示器以及学校周围其他的光源，分析它们所发光的不同；调查不同的光对过去及现在的生活及建筑物的影响；画出阳光的不同样式；画出阳光穿越教室所留下的倒影；调查闪光与灰暗的物体；简单地调查光；讨论发光系统的工作方式，讨论发光系统的控制方法；在白天与黑夜中植物生长的不同	数学：分类与记录 科学：光明与黑暗；植物生长需要光 D&T：控制常用的发光装置 ICT：输入与存储信息 历史：过去的建筑 地理：制订计划，学会使用地图
KS2	
测量与测绘学校中的灯的度数，并分析这样的度数是否为日常生活学习所必需；计算灯的耗电量；观察声控灯的控制系统；预算通过关掉不必要的灯所节省下来的能量；观察光柱、影子与平面镜；观察眼睛、研究视力形成原因；调查光对绿色植物生长所起的作用；分析能量是如何从有机体传递给植物的；农民是如何提高光的利用率来提高农作物产量的	数学：收集并利用数据；测量与货币 科学：光与视力；影子的产生；光与植物的生长；食物链 D&T：控制系统 ICT：使用 excel 历史：耕作与食物 地理：观察、收集、记录信息
KS3	
测量光的入射角度，并会在教室里划分强光区与弱光区；调查自然光与人造光的不同作用；自然光与人造光对人类日常生活与工作的影响；看彩色的灯，思考物体色彩呈现多样性的原因；计算白炽灯与灯管一天的能耗；在家中使用光敏灯来减少家庭的能耗；调查由平面镜、棱镜与透镜产生的光线；调查叶子颜色与受光的光线；学习动植物冬眠与避寒	数学：收集并利用数据；学会看图、看比例尺 科学：太阳是地球的光源；光的性质；电磁光谱；光合作用与叶绿体 D&T：控制系统 历史：各个时代的特点
KS4	
调查光与视力；做关于平面镜与透镜的实验；调查光波；电磁光板的使用与危险；调查影响光合作用的因素；糖与淀粉中蕴含的能量及其使用；调查生态系统中的食物与能量循环；ESD（能源可持续性主题）成形区域的活动	科学：视力产生的原因；反射与折射；电磁光谱；光波的传递；光合作用；食物链

3. 热能和燃烧课程图

表 25   **热能和燃烧**

教学目标	阶段相关课程链接
KS1	
调查材料并讨论其是否能保持温度	数学：会看温度计的刻度 科学：食物、进食与练习；季节的温度变化；材料的性质；在加热与冷却时物体的变化 D&T：对日常生活中的器械的掌控 ICT：在校内与校外对软件的应用；输入与存储信息 历史：人们生活方式的改变 地理：天气；季节；对学校教学楼的研究；对变化发表自己的看法
KS2	
通过温度计来比较温度的不同；在学校的建筑物里做温度调查并判断其是否可以满足日常生活学习所需；用图表表示一段时间内温度的变化；对气候进行描述，并解释气候随地点而改变的规律	数学：收集、记录数据并再现所寻找到的答案；对数据进行交流；为自己的能耗与花销制定标准 科学：对材料进行分组与归类；温度；改变材料；蒸发；水循环；燃烧；可逆反应与不可逆反应；温度与植物生长
观察学校里用于控制保暖设施的仪器；采取措施以最大限度地降低能耗	D&T：对设计进行评价；食物中的热量；简单的编程
探究生活中热的良导体与不良导体；描述当材料受热或冷却时物体发生的变化；烹调食物；调查蒸发与浓缩；调查当材料燃烧时所发生的变化	ICT：储存、处理与应用信息；网络世界里的信息技术
调查温暖与寒冷对与植物的影响	历史：不同年代的运输方式
判断空调的设计是否能满足环境友好的要求，例如，能源效率问题；研究能源对运输的影响；探究物体在受热与冷却时的变化；做一些简单的饭菜，感受物理变化中能量的释放；记录日常生活中室内与室外的温度；讨论热力系统的工作原理与控制体系；讨论学校在炎热与寒冷的天气应怎样才能使居住条件变得更加舒适；咨询父母与祖父母，弄清楚他们当年怎样保暖；在寒冷时紧闭门窗；知道学校保暖需要使用大量的资金	地理：比较温度；收集温度数据；制作地图；为保护将来的利益而努力

续表

教学目标	阶段相关课程链接
KS3	
收集能源消耗的数据，能够明确能耗的定义并能对其进行解释，培养调查能源效率的态度；对一段日子的温度加以记录，并思索其是否合适；使用天气与能耗数据来评价能源控制系统的工作效率	数学：处理数据；排列组合；会看生活中的图表 科学：呼吸作用；季节变化的迹象；状态的改变；温度与溶解；能量的传递与保持；可再生与非可再生能源；燃烧的影响；温差与内能；热的良导体与不良导体；能量的传递；能量的保持；能源的保护；能量的耗散 D&T：循环性的控制系统；热量的处理 ICT：使用合适的控制仪器；使用合适的数据库 历史：回顾自 20 世纪以来人类在技术上、科学上与工业上所取得的成就 地理：天气与气候；环境问题
KS4	
计算并解释学校每月的能耗，并依此建立天气与能耗的函数图像；调查生物对热量的依赖以及生物对热量产生的反应；动手进行分馏实验，研究石油类产品的用途；调查热量对化学反应的作用；调查大气与固体废弃物的污染以及气候改变、酸雨对人类健康的影响；了解放射性物质	数学：处理与解释数据；排列组合 科学：呼吸作用；恒定的温度；燃料及其构成；原油；燃烧；酸雨、气候改变；反应速率；催化作用与酶；反应中的能量变化；能量传递；热的良导体与不良导体；能源使用效率；放射性；电解；功、动力与能量

二、CREATE 的能源教育课程计划

（一）CREATE 的 KS4 阶段能源教育计划

CREATE 针对 KS4 阶段的学生制订了三大能源教育计划，分别是：计划一是在科学课程中添加能源教育内容，其主题是能量变化、可再生能源及可持续发展思想。计划二是在地理教育中添加能源教育的内容，其主题是为未来提供可持续能源。计划三是在劳技课中添加能源教育内容，其主题是能量变化、可再生能源及可持续发展思想。[①] KS4 阶段课程计划如表 26 和表 27 所示。

---

① CREATE. Lesson Plan and Teacher Notes for KS4. ［2009 - 06 - 20］. www. actionforsustainability. org. uk.

表 26	课程计划案例

在线课程：通知学生本节课需要完成的任务；
课程建议学生以小组形式进行研究，并就其中一种能源制作海报或对该能源进行介绍，然后将制作后的内容发到 CREATE 的邮箱；
将不同的能源介绍进行分类，然后讨论能源的选择。

课时设置：规定每节课的时间是 60 分钟，课时设置又给每个教学环节规定了一定的时间。如果课上对某问题的讨论较长，或者需要给学生独立研究的时间的话，课时就可以延长。

资　　料：课程计划中所有的教学资料都可以在市面上找到，并且可以复制、下载。

表 27	具体的课程案例	

课时（分）	教师的教学活动	资料
开始前	开始前首先进行小测验1：能量可以用来做什么？ 在黑板左边记下答案，答案可以包括： 供热（住宅，办公楼及学校）、烹饪、运输（轿车，卡车，火车，飞机）、照明用的电力及机器发动需要的能量。 再进行小测验2：能量是怎样来的？ 在黑板右边记下可能的答案，答案可以包括： ＊供热—主要来自天然气，部分来自电力供热 ＊运输—主要来自汽油与柴油机的驱动。飞机用高能汽油。这些油类均来自石油。一些人可能知道如电力驱动、混合驱动及氢气燃烧电池之类的驱动方式。现在混合驱动是目前最经济、环保的驱动模式。 ＊电力—主要来自煤、石油、天然气、核能和其他可再生能源（主要是风能）	将答案记在黑板上
前5分钟	目前与未来的能源供应： 看英国目前能源供应圆形表，并且讨论能源供应升高的部分。 思考：究竟怎样才能满足能源的需要（需要进口石油、天然气和煤）？ 究竟怎样才能减少二氧化碳等温室气体的排放？	—
第5—10分钟	未来最好的能源是什么？使用能源信息卡片（见附录2） 学生分3到4组来讨论应怎样对待能源问题。 利用能源变化的信息，讨论不同能源的优势与劣势与及与可持续性相关的一些议题（例如，能源的清洁性、经济性、多样性及可依赖性等）。 如果班上每个人都参加讨论的话，上课时间可以延长2分钟。	能源信息卡片、陈述自身观点时需要准备的资料
第10—35分钟	对能源进行陈述，陈述可以适当延长或缩短。 陈述内容可以做成挂饰悬挂起来，以使学生时时都能看到陈述内容。口头陈述同时可以使用课件进行辅助。	—
第35—55分钟	摘要：寻找各个小组对能源的意见，并问他们什么样的能源最适合满足当前需要，并让学生对自己的答案进行解释。 提醒学生关于全球变暖及能源供应的问题将会影响他们一生。	—
最后5分钟	家庭活动：未来的能源。 使用学到的信息及所调查内容需要的信息，让学生陈述他们心中未来最适合和最不适合的可持续性的能源。 节约能源承诺：让学生提出一两种节约能源的方式，并将这些方式记在练习本上。在一个月的时间内，不断回顾节约能源的承诺，并让学生时刻反省自己是否恪守承诺。讨论他们遵守承诺与否的原因。	未来能源资料

（二）CREATE 的 KS4 阶段能源教育教学设计案例①

【案例 5】能源一：生物质能

生物质能是未来的合适能源吗？

生物质能能否成为未来的合适能源呢？

1. 看下面的信息

2. 做包括如下内容在内的陈述：

* 什么是生物质能

* 解释生物怎样才能成为能源

* 从生物中提取能源时涉及的变化

* 用生物质能的优点与缺点

* 为什么生物质能为未来提供清洁、经济的能源

表 28   **生物质能的利与弊**

生物质能：像甘蔗和麦秆等植物可以用作生物燃料，燃烧它们可以发电或向内燃机供热。
支持： * 生物质能是炭中性排放的。因生物质能燃烧产生的二氧化碳在植物生长时又可以被吸收 * 可以用在使用汽油及煤炭发电的发电厂，以减少发电时二氧化碳的排放 * 可以作为可持续能源使用
反对： * 需要大量的土地来耕种作物，而其中只有一小部分能作为能源使用

【案例 6】能源二：煤炭

煤炭是未来的合适能源吗？

煤炭能否成为未来的合适能源呢？

1. 看下面的信息

2. 做包括如下内容在内的陈述

* 什么是煤炭能源

* 解释煤炭怎样才能提供能量

* 从煤炭中获得能量时涉及的变化

---

① CREATE. Lesson Plan and Teacher Notes for KS4. ［2009 - 06 - 20］. www. actionforsustainability. org. uk.

* 用煤炭能源的优点与缺点

表 29　　　　　　　　　　　**煤炭资源的利与弊**

火力发电厂：
煤炭是可以用来燃烧并利用其产生的热能进行发电的一种能源；英国现在几乎不用煤炭供热。

支持：
* 火力发电可以提供持续、稳定的电力
* 可以控制供电与不供电，可以满足用电高峰时对电力的需求

反对：
* 产生二氧化碳导致全球变暖
* 英国一半以上的煤炭需进口于南非、波兰和澳大利亚
* 煤炭是不可再生能源

【案例 7】能源三：天然气

天然气是未来的合适能源吗？

天然气能否成为未来的合适能源呢？

1. 看下面的信息

2. 做包括如下内容在内的陈述

　* 什么是天然气能源

　* 解释天然气怎样才能提供能量

　* 从天然气中获得能量时涉及的变化

　* 用天然气能源的优点与缺电

　* 为什么天然气能为未来提供清洁、经济的能源

表 30　　　　　　　　　　　**天然气资源的利与弊**

天然气发电站及天然气供热：
天然气是一种化石燃料，天然气燃烧可以用来发电；
天然气同时也是向住宅及商业大厦供热的主要能源。

支持：
* 天然气发电很便宜
* 可以提供日常用电及高峰用电
* 供热和烹饪时的常用能源

反对：
* 燃烧时产生二氧化碳，加重温室效应
* 英国自己可以生产天然气，但是在将来英国需向挪威与俄罗斯进口天然气
* 天然气是不可再生能源

【案例8】能源四：水电

水电是未来的合适能源吗？

水电能否成为未来的合适能源呢？

1. 看下面的信息

2. 做包括如下内容在内的陈述

* 什么是水电

* 解释水怎样才能提供能量

* 从水中获得能量时涉及的变化

* 用水电的优点与缺点

* 为什么水电为未来提供清洁、经济的能源

表31　　　　　　　　　　**水电的利与弊**

水力发电厂：
水力发电是通过水库和水坝利用水流动产生的动能而发电的一种发电形式。

支持：
* 发电时没有二氧化碳排放，不会加重全球变暖
* 可以满足用电高峰时的用电需求
* 水是可再生能源

反对：
* 只有少数地方可以建设水力发电厂
* 仅能为将来提供所需的一小部分能源

【案例9】能源五：核能

核能能否成为未来的合适能源呢？

1. 看下面的信息

2. 做包括如下内容在内的陈述

* 什么是核能

* 解释核能怎样才能提供能量

* 从核能中获得能量时涉及的变化

* 用核能的优点与缺点

* 为什么核能能为未来提供清洁、经济的能源

表 32	核能的利与弊

核能：
核电厂使用具有放射性的铀来发电。

支持：
* 发电时无二氧化碳排放，不会使全球变暖
* 可以为日常生活提供稳定的电力供应
* 安全系数很高，几乎无任何事故发生

反对：
* 发电后的核废料的放射性可以持续几千年
* 放射性物质必须被严格保护以防止其落入恐怖分子手中
* 核电厂发生的任何事故都极具危险性

【案例 10】能源六：太阳能

太阳能能否成为未来的合适能源呢？

1. 看下面的信息

2. 做包括如下内容在内的陈述

* 什么是太阳能

* 解释太阳能怎样才能提供能量

* 从太阳能中获得能量时涉及的变化

* 用太阳能的优点与缺点

* 为什么太阳能能为未来提供清洁、经济的能源

表 33	太阳能的利与弊

太阳能：
太阳能来自阳光，太阳能光电板能将太阳能转化为电能，其他太阳能转化板能将太阳能转化为热能用于供热和洗涤。

支持：
* 不产生二氧化碳，不会加剧温室效应
* 阴天时依然可以使用
* 是可再生能源
* 适合当地发电

反对：
* 太阳能板目前的价格很昂贵
* 不能一直供电
* 能源需要储存以备夜晚使用

【案例 11】能源七：积聚能

积聚能能否成为未来的合适能源呢？

1. 看下面的信息

2. 做包括如下内容在内的陈述

* 什么是积聚能

* 解释积聚能怎样才能提供能量

* 从积聚能中获得能量时涉及的变化

* 用积聚能的优点与缺点

* 为什么积聚能能为未来提供清洁、经济的能源

表 34　　　　　　　　　　积聚能的利与弊

积聚能：
大的商业大厦及住宅楼自身可以产生热量与电力。使用太阳能板和风力涡轮机可以将细小的能量积聚在一起用来供热与发电

支持：
* 可以减少能源浪费
* 可以减少二氧化碳排放
* 可以向当地政府与国家"出售"能源

反对：
* 技术还需要进一步完善
* 依然需要大的发电厂在背后支持
* 如果涉及化石能源的使用，其释放的二氧化碳会排放到大气中会降低空气的质量

【案例 12】能源八：风能

风能能否成为未来的合适能源呢？

1. 看下面的信息

2. 做包括如下内容在内的陈述

* 什么是风能

* 解释风能怎样才能提供能量

* 从风能中获得能量时涉及的变化

* 用风能的优点与缺点

* 为什么风能能为未来提供清洁、经济的能源

表 35　　　　　　　　　　　　风能的利与弊

风能：
风能通过涡轮机将风能转化为电能

支持：
* 发电时几乎不产生二氧化碳，不会加剧温室效应
* 是可再生能源

反对：
* 只能在广阔及风大的地方建设风车，一些居民反对，因为风车会扰乱当地居民的生活
* 日常生活不能一直发电，当风速快时才能工作，因此不能一直提供电力

【案例 13】能源九：潮汐能

潮汐能能否成为未来的合适能源呢？

1. 看下面的信息

2. 做包括如下内容在内的陈述

* 什么是潮汐能

* 解释潮汐能怎样才能提供能量

* 从潮汐能中获得能量时涉及的变化

* 用潮汐能的优点与缺点

* 为什么潮汐能能为未来提供清洁、经济的能源

表 36　　　　　　　　　　　　潮汐能的利与弊

潮汐能：
利用海潮产生的能量来进行发电

支持：
* 发电时不产生二氧化碳
* 是可再生能源

反对：
* 技术还在实验阶段，还需要进一步发展
* 已经被证实该能源利用起来造价很高，难以利用且难以维持
* 不能提供稳定的、供日常生活所需的电力

【案例 14】结论：将来的能源

问题 1. 同学们已经看到：核能、风能、太阳能、水电、天然气、煤炭、积聚能、潮汐能及生物质能的一些信息。接下来同学们

要思考的问题是，哪种能源最具有可持续性。这意味着该种能源兼具清洁、可依赖性、大量存在及经济实惠的优点。

a. 未来何种能源是供能的最佳选择？请同学们在回答后对自己的回答进行解释。

b. 未来何种能源是供能的最差选择？请同学们在回答后对自己的回答进行解释。

问题 2. 仅有一种能源是不能供给我们的日常需要的，将来的生活需要多种能源才能维持。说出未来能够可持续供能的几种能源。对你的答案做出解释。

第五节　英国能源教育特点与启示[①]

一　课程理念的特点

（一）意在纠正公民对能源的错误认识

英国居民一直对能源存在误解，例如，英国居民错误地认为可再生能源比常规能源经济、廉价。其实，使用可再生能源与常规能源的标准并不是价格问题，问题在于，可再生能源可持续被利用，并且可再生能源对环境的损坏较小。对类似这样的错误认识很可能导致英国公民在节约能源与能源利用方面的行为出现偏差，甚至可能会影响政府能源政策的实行。因此，英国政府决定设定能源教育来纠正公民对能源的错误认识。据统计，现在英国公民存在的主要误解有三大方面，即"可再生能源廉价""用电不关乎环境"及"100℃是50℃热度的 2 倍"。与之相对应，政府规定能源教育中必须含有"能源概念""能源使用与环境"及"温度与热量"三方面内容，以纠正公民的错误认识，从而使英国的能源政策贯彻下去。

---

① 宋仰泰、刘继和：《英国能源教育课程特点评析》，《沈阳师范大学学报》（自然科学版）2010 年第 1 期。

（二）秉承英国的能源政策

英国的能源政策催生了英国的能源教育。因此，在理念上，英国能源课程教育以"节约能源，减少温室气体排放"为核心，围绕节约能源设置了相应的能源课程。英国的能源政策具体上涵盖了"提高能源效率""可持续发展""厉行节约"和"使用可再生能源"四大方面。因此，英国不同机构提供能源教育都包含了"能源使用与效率""可持续发展概念""节约能源的方法"和"可再生能源的概念、意义与使用"四大方面的内容。其中，CSE 提供的能源教育对以上四大方面介绍得都比较详细；CREATE 重点介绍了"能源使用与效率""可持续发展概念"两方面内容；而 Enzone 则重点介绍了"能源使用与效率"的书面所需知识。

二　课程结构的特点

（一）注重综合多学科知识

英国能源教育课程融入了多学科的内容，并且标准刻意强调了数学、科学与地理知识的工具作用。其中，数学课程强调用数学知识处理采集的数据；科学课程强调思索能量转化与能量传递的物理过程；环境课程强调将能源问题与资源环境问题结合起来；地理课程依据地理学的方法进行探究，依据地理学所持的价值观看待环境问题。这种采取多学科的综合方式开展的能源教育可使能源教育渗透到学校教育的各个层面。通过学校教育总体配合，进而有效地推进能源教育，以全面普及和提高青少年的能源素质。此外，能源教育必须与环境教育与伦理学等密切结合起来，实施能源、环境和伦理等多层次教育，如此才能为可持续发展培养有用人才。

英国能源教育课程中的相关知识链接，主要是联系一些与数学、科学与地理相关的知识。除此之外，能源教育还融入了信息技术、公民权利与伦理学的一些内容。如此设置使得能源教育自然展开且易于被大众接受，并在一定程度上使大众明确能源教育的组成要素与学习方法。例如，若想对学生进行能源保护教育，则首先应联系科学学科中关于能源概念的定义，回顾能源的定义；之后，若想对能源保护进行进一步展开，则应联系地理中能源与环境间的关系，讲述过度开采能源对环境带来的负面影响；在此基础上，进而对能源与环境问题进行思索，而这又要联系"公民与社会"学科中的内容。在关于对能源与环境问题的价值尺度上，还要联系伦理学中的内容。这一系列相关内容、相关知识的联系使得学生自然而然地在回忆其他学科知识的过程中接受了能源教育，同时也更加清楚能源课程是一门综合性的课程的理念。

（二）对不同类型知识进行分组

在呈现形势上，英国能源教育课程将自身的知识单元进行了分组。以 CSE 制定的英国 KS3 阶段能源教育课程为例，它将自身的 13 个知识单元分为了四大组：简介、调查与分析、回顾与交流、知识扩展。如此设置使学生明确课程的目标与各阶段的学习任务、学习核心思想，从而使学习能源教育变得易于进行。例如，第 2 组的名称为"调查与分析"，下属两部分内容：第一部分为"能源调查"，主要在第 2 单元内进行；而第二部分内容为"分析数据"，主要在第 3—7 单元内进行。由于对某一阶段的课程有了明确的要求，因此学生在"能源调查"阶段的主要任务是：观察家庭的能源使用情况、收集家庭能源耗费的数据，而在"分析数据"阶段的任务则是分析可能的节能方法，找出合适的节能方法以达到提升家庭能源节约的目的，与家庭成员进行交流，以促成节能计划。责任落实清晰明确，使得学生的学习目标清晰，学习动力也就增强了。

三　课程内容的特点

教育是为学生的未来生活做准备。英国能源教育课程内容考虑了现实社会与未来社会的需求，以使学生在未来的公民生活中能有所作为，因此课程内容的实用性较强。从上述中不难看出，英国能源课程始终秉承从社会的能源与环境的现状出发，而它的目标则始终在于通过当前课程的学习以使未来的能源与环境问题得到改善。例如，在 CSE 制定的英国 KS3 阶段能源教育课程第 13 单元"防治周围环境"中，课程从"环境问题日益严峻"的背景出发，根据改善未来能源与环境所需的能力制定了该单元的课程内容，认为学生们应懂得"调查防治手段""考虑不同种类的防治手段""为能源防治提供合理化建议"三方面内容。例如，CSE 制定的英国 KS3 阶段能源教育课程的主题即是"能源与家"，从此足以看出能源课程与日常生活的紧密相连。课程内容在多处呈现与家庭和生活相关的学习条款，如"让学生学会用千瓦时来计量家庭的能源消耗量，使用计算器来测量能源消耗"，与"解释通过实验获得的信息，并与家里的能源使用建立起联系"等内容。"课程内容紧密联系日常生活"可使能源教育真正落到实处，此外，将学校、家庭和社会协调起来还能向学习者提供与能源教育相关的自然体验、社会体验和生活体验的场所、机会和条件，使他们走出教室，拓展视野，丰富实践知识和经验，克服知识中心主义的错误观念。

四 学习方式的特点

（一）强调实践

英国能源教育课程特别强调实践环节，在具体的课程设置中，多于一半的课程是活动课。此外，在学习目标方面，课程也极其强调学生的实践能力，如"收集家里所使用的所有能源数据""调查家里使用能源的种类与使用方法""解释通过实验获得的信息，并与家里的能源使用建立起联系""为实验制订计划"和"测量温度"等内容。总的来说，英国 KS3 阶段的能源课程的实践环节的着眼点主要在节能行为这一方面。课程要求学生在理解和掌握能量概念、关于家庭和学校使用的能源的知识以及能源与家庭消费和环境污染关系的过程中，掌握节约能源的生活消费方式，养成对复杂的能源问题拥有自我价值判断的能力和自我意志决定的能力，并能从具体的生活实际出发，从自我做起，为保护生态环境以及人类社会可持续发展而采取合理的行动。

（二）强调探究

英国能源教育课程在学生活动方面只是大致提出了一些要求——让学生去做（enable pupils to），而无详细的规定，但这并不表明标准不在乎学生活动。相反，课程将对活动细节的处理交给了学生自己，以促进学生的兴趣，从而达到充分调动探究主体的主观能动性的目的。例如，在 CSE 制定的英国 KS3 阶段能源教育课程第 2 单元"能源调查"中，课程提出了一个问题："思考家庭的能源使用情况并思考在家中安装合适的节能装置"。课程仅仅提出了解决该问题的两条路径："观察家庭的能源使用情况"和"收集家庭能源耗费的数据"，而对活动的要求也仅仅是"根据数据解决问题"。观察家庭能源使用情况究竟应注意哪些方面，收集家庭能源耗费的数据究竟又将如何入手，对于这些问题，课程并未做具体的要求。这一点能充分调动学生学习的积极性，学生可以选择不同的角度、设计不同的实验来进行探究。此外，探究内容并不难，都是生活中常见的事物，而学生在探索问题的观察中也同时体验到了生活，增长了适应未来生活所需要的能力。

五　指导原则的特点

（一）终身化

英国能源教育课程有着浓烈的教育终身化色彩，从 KS1 阶段（小学 1—2 年级）至 KS4（高中）阶段，能源教育课程一直伴随学生左右，并且能源教育课程的难度也随着学生年级的增长而增长。英国能源教育课程的组织者及相关机构均认为，关心能源问题，提高节能意识，增长能源知识，形成科学的生活方式，应成为素质教育的重要内容之一。无论是幼儿还是高龄者都应接受能源教育。换而言之，能源教育是终身教育，具有终身性。能源教育应从基础教育抓起，并贯穿于整个基础教育过程的始终，更要不断地增大其在基础教育中的比重。在英国，学校是落实基本素质教育的重要场所。英国能源教育课程的组织者充分利用了这一重要阵地。因此，英国能源教育取得了良好的成果。

（二）多元化及民主化

英国能源教育课程有着明显的多元化及民主化特点。仅从能源教育课程的制定机构出发，英国就有三大主要的能源教育机构：CSE、CREATE 与 Enzone；三家机构制定的能源课程各有特色，且在英国各有市场。由此可以看出，能源教育的多元化与民主化理念在英国已深入人心。其实，能源教育与纯自然科学教育有着明显区别，它并非要求对每个能源问题必须给出统一的答案，而是应依据学习者已有的学科知识结构与经验、看问题的思想方法和价值标准等不同，从不同的视角、观点或立场去阐述同一个问题。因此，即使同一个能源问题，因社会、集团或个人不同其看法和主张各不相同。不同的能源教育课程正好为学生提供了一个多元化与民主化的学习氛围，学生在其中可以深受民主化与多元化思想的熏陶，从而根据自己已有的学科知识结构与经验、看问题的思想方法和价值标准，从不同的视角、观点或立场去选择自己需要的能源教育课程。

六　对我国的启示

1. 进行普查工作明确公民能源素养现状

中国欲在初中阶段开展能源教育，首先需要对全国公民进行普查工作，以明确公民的能源素养。英国得出的公民关于能源的错误认识，便是通过普查，再经过有关部门进行统计才得到的。与英国相比，中国的普查工作操作起来比较复杂，因为，英国的城市化达到97％，是世界上城市化最高的国家，其面对的普查对象也全是城市居民，因此普查工作便于进行。而我国地大物博，且城市人口仅占总人口数的 1/3，绝大多数人口为农村人口，加之我国地区的行政机构分为省、自治区、直辖市等，情况较为复杂。但我国在进行普查时，不妨效仿英国的普查方法，英国的英伦四岛是先各自进行普查，然后再将情况汇总；对于特别的地区，如威尔士，其能源教育也是根据其实际情况而确定；中国也可先将普查工作分为城市、农村两大块来进行；对于民族区域自治及发达的直辖市地区，能源教育可根据其实际情况而确定。

2. 依据政府政策及公民能源素养现状确立课程标准及课程内容

中国开展能源教育在确定课程内容时需要依据政府的政策。政府的政策主要分为两大部分，政府的能源政策及教育部的课程制定政策。其中，政府的能源政策是根本，而具体制定则需要参考教育部的能源制定的相关法规、法则。参照政府的能源政策，主要是为了提取能源教育的核心理念与确立能源课程的具体内容。例如，英国的能源政策核心理念是"节约能源，减少温室气体排放"；而在具体内容方面，英国提出了"提高能源效率""可持续发展""厉行节约"和"使用可再生能源"四个方面的要求，因而其能源教育课程标准与课程内容中也包含了不可缺少的四个方面："能源概念""能源使用与环境"与及"温度与热量"四个方面内容。这种课程标准及课程内容确立方式值得中国参照与思考。

3. 在各学科学习中渗透能源教育课程内容

目前，基础教育中开展能源教育的主导方式是通过课堂渗透教学。课堂讲授是学生获取知识的主要途径。传授能源知识，必须充分发挥课堂教学的主渠道作用，而课堂教学的方法又有很多，目前最广泛、最有效、最可行的主要方法是渗透法。在不同的课程与教学中进行能源教育，要以教材为基础，以教育目标为准则，以学科知识与能源教育的结合点为核心，准确把握渗透的内容。例如，英国的课程设置是，在讲到化石燃料的综合利用时，不单讲如何利用化石燃料提取工业原料，还要讲到利用化石燃料对环境的危害，如大气污染、温室效应、酸雨等，同时，还要讲到化石燃料是不可再生的、有限的一次能源，必须节约利用并开发新型的清洁能源等。

4. 学习方式上，鼓励学生实践与探究

国家新一轮基础教育课程改革从小学到高中设置了综合实践活动课并将其作为必修课，这将成为课堂之外能源教育的重要平台。综合实践活动课是基于学生的直接经验，密切联系学生自身生活和社会生活，体现对知识的综合运用的课程形态。如利用综合实践活动课开展环境与能源知识问答比赛，利用综合实践活动课针对如何节约能源展开讨论等。因此，利用化学综合实践活动课进行能源教育，弥补了因化学课时限制而缺少的能源教育部分。在探究方面，英国的做法是让学生调查学校与家里的能源使用情况（包括能源的种类、不同的耗能设备等），在调查了使用情况后，自己对学校或家庭的耗能量进行计算，再得出计算结果后，查阅资料，向学校提出用能计划与节约方法，由老师统计后交给校方。这一点中国可以效仿。

5. 指导原则上，奉行终身性、民主化与多元化原则

能源是国家经济和社会发展的血脉，是关系到人类可持续发展的重大课题，因此，无论是幼儿还是高龄者都应接受能源教育，换言之，能源教育是终身教育，具有终身性。目前，在我国学校是落实基本素质教育的重要场所，普及和推进能源教育也应充分利用这一重要阵地，这是有效实施能源教育的基本前提。许多能源问题与纯科学问题不同，即使同一个能源问题，因社会、集团或个人不同其看法和主张各不相同，能源教育与纯自然科学教育有着明显区别，它并非要求对每个能源问题必须给出统一的答案，应依据学习者已有的学科知识结构与经验、看问题的思想方法和价值标准等不同，从不同的视角、观点或立场去阐述同一个问题。这就是说，能源教育具有鲜明的多元性和民主性。因此，教育者必须转变一元化权威主义（绝对主义）的传统教育观念的束缚，树立多元化民主式（相对主义）的教学理念；对待答案多歧的能源问题应持中立的立场，

尽可能向学习者提供充实可靠的客观素材；通过课题对话和讨论等方式，唤起学习者的能源意识，促使他们对问题形成独特见解和价值判断，并为解决问题采取积极行动。

第六节　英国可持续学校计划

为应对联合国可持续发展教育 10 年计划（2005—2014）的实施，作为国家教育政策一环，英国政府于 2006 年在整个公共教育体系中开始推进"可持续学校计划"。为推进此计划，继而又提出了由八个论题和三个领域性指标构成的可持续学校国家框架，并建立了切实可行的实施战略。"联合国可持续发展教育 10 年计划（DESD）（2005—2014）"出台后，UNESCO 作为推进 DESD 主要机构，于2005 年发表了"国际实施计划（DESD—ⅡS）"。依据该计划重点领域"面向可持续性重新定位既有教育计划"和"提高市民的理解和意识"，作为国家教育政策一环，英国政府于 2006 年在整个公共教育开始推进"可持续学校（Sustainable School）计划"。为推进此计划，英国政府提出了由八个论题和三个领域性指标构成的可持续发展教育（ESD）国家框架。[1]

一　英国可持续学校计划推出的社会背景

在过去 20 年，可持续发展成为世界主流，英国也不例外。2005年英国环境粮食农村地区部（Defra）颁布的"英国政府可持续发展战略——未来的保障（Defra，2005）"报告书提出了可持续发展七个主要概念（表 37）及长期战略方案。[2]

---

① 刘继和、张倩倩：《英国可持续学校计划的国家框架与实施战略》，《沈阳师范大学学报》（社会科学版）2012 年第 3 期。

② 三宅征夫：《学校における持続可能な開発のための教育に関する研究》，日本国立教育政策研究所 2009 年版。

表37　　英国政府关于可持续发展的七个主要概念

1. 相互依存	人类生活各方面存在关系和联系。人类和其他生物之间也存在着关系和联系。
2. 市民性和积极参与	可持续发展致力于个人和集体的权利、责任、参与与协作，与个人的价值和信念、学校和地区可持续性都有关联。
3. 未来人类的需求和权利	理解考虑他人的权利和需求是必要的。认识从未来生活视角看待当前人们行动的意义。
4. 多样性	理解人类生活多样性的重要性和价值。生活多样性就是文化、社会、经济、生态学上的多样性。认识到没有多样性我们所有生活都将变得贫穷。
5. 生活的质量、平等、公正	认识生活质量和生活水平之间存在差异。要保障所有人的良好生活质量。不平等潜藏隐性原因，要加深理解平等和正义对可持续社会的价值。
6. 环境容量	对影响可持续发展的决策、行动和过程抱有疑问。可持续发展方法是有限的。
7. 行动的不确定性与预防措施	学校共同体要批判的、系统的、创造性地思考可持续发展相关问题及其解决对策，认识到人类拥有的知识是有限的。

　　报告书指出，英国必须迅速应对三个重要课题：可持续消费和生产——以最少资源获得最大利益；保护自然资源，改善环境——保护我们依存的资源；气候变动和能源——面对威胁。同时强调，可持续发展目标是指"在能够满足世界所有人的基本需要而不影响未来子孙后代生活质量的前提下，提高现在人们的生活质量"。由此可见英国政府致力于可持续发展的态度、决策与行动。

　　可持续学校计划是英国政府在致力于可持续发展政策中诞生的，受到多方瞩目，尤其是媒体和家庭。2006年英国教育技术部（DFES）颁布的《为了儿童社区环境的可持续学校及英国可持续发展战略》报告书强调：①加强行动和学习以及学校和社区的联系；②学校要积极应对可持续性发展。在报告书反馈意见的人群中竟然有四成是儿童，甚至许多是11岁以下的儿童。社会反响与意见集中在四个方面：对地球环境不满（交通不安全性、污染、治安恶化、城建导致自然破坏等）；对反社会性行动不安（人种差别、破坏公共设施、缺乏尊重意识等）；世界贫困、不公平及对战争的不安；蔑视未来人类肆意挥霍自然资源、无视生活质量污染环境、大人对环境问题的漠视。① 显然，社会反响彰显着可持续学校的战略思想。以此为契机，DFES 把 2006—2007 年定为"可持续学校活动年"，并设定了三项活动目标：所有学校接受可持续学校相关信息；至少 60％的学校能以独自方法致力于可持续学校计划；90％致力于可持续学校计划的学校能够增进学生对可持续发展的知识和理解，提高学校环境效率。

事实上，早在 2002 年，鉴于教育和培训对实现可持续发展的重要性，国际社会对 DESD 已达成共识。UNESCO 为 DESD 设定了四个重要领域：促进向优质基础教育转型；面向可持续性重新调整原有教育计划；提高市民的理解和意识；向市民及社会所有部门提供计划。英国"可持续学校"计划兼顾了第二和第三这两个重点领域，重视学校和社区的关系以及学校教育和社会教育的协作融合。

二　英国可持续学校计划的国家框架：论题、领域性指标及其关系

为推进实施可持续学校计划，作为可持续学校的理性指标，2007 年 DFES 发表了可持续学校计划的国家框架。该框架由旨在促进可持续发展的 8 个论题和课程、校园、社区 3 个领域性指标构成。

（一）可持续学校的 8 个论题

为发展可持续学校，DFES 于 2007 年设立了 ESD 国家框架，制定了可持续学校的长期目标，即 2020 年达成的目标。这个国家框架是义务性的，而非强制性的。它是作为达成长期目标的基准而发挥辅助性作用。因此，框架内容的表述采取一种较为缓和的、建设性的措辞。这 8 个论题是饮食、能源和水、移动和交通、消费和垃圾、校舍和校园、共生和参与、社区福利、国际视野。每个论题分别阐述了"机会

---

① DFES. Sustainable Schools for Pupils, Communities and the Environment. http：// publications. teachernet. gov. uk/. 2011 - 10 - 1.

和建议"。"机会"中设想了通过各论题的组织活动可带来哪些机遇和利益,"建议"中阐述了到 2020 年为止渴望达成的目标。① 这 8 个论题是可持续学校的重要题目,也是各学校设立计划的重要参考。

表 38　　　　　　　　　　可持续学校的 8 个论题

	机会	建议（至 2020 年止）
饮食	不健康饮食将导致肥胖和注意力下降。合理搭配健康食物不仅给身体带来许多营养,还可以支持本地区生产者和供给者的工作,保护环境。	所有学校都能成为本地可持续性食物健康消费者的榜样。对环境、社会及动物负责,最大限度地利用地区供给者的服务。
能源和水	能源和水需求的增长给未来人们增加问题。保护能源和水既可缓解问题,又能削减学校资金。	所有学校都能成为有效利用能源和保护水资源的榜样。要向学生和社区推广这些经验。
移动和交通	增加乘车人次将增加交通拥挤、事故、污染等社会问题。利用拼车和公交能缓解问题。步行和利用自行车既可提高自身能力,也有益健康。	所有学校都能成为可持续移动的榜样。自行车不仅使用便利,而且是健康、低碳、低危险的交通手段之一。
购物和垃圾	垃圾及其增加这种废弃文化可通过可持续性消费来解决。学校可以借助支持环境友好的人性化商品与服务来削减费用。	所有学校都成为可持续性购物的榜样,尽可能利用当地生产、对环境友好、拥有高质量的商品和服务,通过再利用及循环使用增加商品价值。
校舍和校园	学校建筑的设计与管理影响环境性能及学生对可持续生活的理解。环境友好的学校建筑既有益于环境,也是学生学习和娱乐的丰富资源。	所有学校建筑都能采用带有可持续性特征的设计,选择环境友好建筑技术、建材和设备。通过校园让学生认识自然和可持续生活。
共生和参与	学校鼓励人人参与和贡献,创造人人分享的快乐氛围,促进学校与地区的联系,积极面对各种先入观念与不公正。	所有学校都应教授对人权、自由、文化、创造性表达的永恒尊敬,并成为使所有学生充分参与学校生活的社会共生典范。
社区的福利	作为社区学习基地,学校可在场所、设备、人脉等发挥作用。与学生相关身边问题是其主动学习的良机,并能加深学校和社区的联系。	所有学校能成为社区中团结市民的模范。通过改善社区人们生活质量和环境的活动以进一步丰富学校的教育活动。
国际视野	各国间相互依存关系改变着人们对世界和文化的看法。要认识个人价值观和行动对国际课题的影响。发展学生负责任的国际性见解。	所有学校能成为良好国际市民的模范,提高世界各地区人们的生活质量,以此丰富教育活动。

---

① DCSF. National Framework for Sustainable Schools [R], DESF. 2006.

（二）可持续学校的三个领域性指标

DFES 认为国家课程是最低标准，面对可持续发展，各学校可采取进一步的活动。它倡议，学校可在课程、校园、社区三个领域致力于可持续学校计划。[①]

1. 课程——教育方针和学习

国家课程设定的是学校的课程内容，至于如何教授，学校可以自由筹划设计，以促进学习。可持续学校是以学生为中心的，与学校的建筑、校园及社区活动相关联。可持续性发展是激活课程和教学开发的重要因素。学习教室内外发生的问题，可激发学生的动机，发展其交流、解决问题、合作及设计能力。DFES 确信，这种方式可以促进学生学习，改善学生的行动和自尊心，提高其成就感。

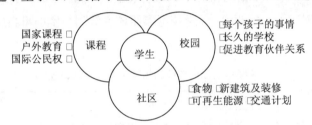

图 1　可持续性学校的三个领域性指标

2. 校园——活动的价值和方法

倘若施行可持续管理，学校就会成为教职员工及学生的良好表率。劝导所有人参与可持续管理，学校就会成为掌握可持续性习惯的媒介。因此，这对学校是有益的。关注校园管理可以提高学生的健康、注意力和成绩。选择环境友好的移动手段，既安全又能提高学生的运动能力和注意力。有效管理校园还可以削减用电和用水费用。培训学校教职工、任用社区人员参与管理也有益于社区发展。再利用、循环利用不仅影响着购物，又可以降低费用和削减垃圾。

① DFES. Sustainable Schools for Pupils, Communities and the Environment; delivering UK Sustainable Development Strategy. http://www.dfes.gov.uk/. 2011-10-3.

在学校培育蔬菜和保护自然为学生学习提供了良好机会。

　　3. 社区——影响力和伙伴

　　学校是影响社区的理想场所。与家长和社区接触，可提高学校对地区福祉与福利课题的关心。一年中学生仅有15％的时间在校度过，因而学生校外体验对其自尊心、成就感和行动的影响很大。推进社区的安全、环境友好、可持续发展与改善学校本身相关联。学校拥有接受社区服务的良好设备，而且有益于社区的资源丰富。建设可持续性社区是广大家长颇感兴趣的构想，也是促进家长投身其中的好手段。

　　（三）8个论题和3个领域性指标的相互关系

　　DFES将8个论题和3个领域性指标组合为表39，并对每个论题分别阐述了实施建议。① 学校可参照该表筹划与实施可持续性学校计划。

表 39　　　　　　　　论题和领域性指标的相互关系及实施建议

项目	学校课程	校园	社区
饮食	教授健康和可持续性相关饮食及其知识、价值观和技能。	反思食物对人的健康、环境、社区、经济及动物的影响，并要求供给者提供更高标准饮食。	通过服务等手段，影响饮食的选择，并将其扩展至利害关系者之间。
能源和水	教授能源和水管理知识、价值观和技能。	反思能源和水的使用，借助管理和新技术削减用量，制订检测计划。	通过服务等手段，向利害关系者普及能源和水的使用知识。
移动和交通	教授移动和交通相关知识、价值观和技能。	反思交通手段对健康生活的影响，鼓励步行、自行车及公路交通等。	通过服务等手段在地区向利害关系者推广交通知识。
购物和垃圾	教授可持续消费和垃圾问题的相关知识、价值观和技能。	为削减生活费用，支持地区经济，反思学校购物方式和垃圾处理方法。建立削减垃圾等环保方针。	通过服务等手段在社区在向利害关系者普及可持续消费与削减垃圾的意识。

---

　　① DFES. Sustainable Schools for Pupils, Communities and the Environment; delivering UK Sustainable Development Strategy. http://www.dfes.gov.uk/. 2011-10-3.

续表

项目	学校课程	校园	社区
校舍和校园	教授认识学校环境、人与自然关系的知识、价值观和技能。	反思校舍与师生教学之间的关系。为健康、学习和娱乐完善学校空间,关注地区自然环境。	通过服务等手段在地区向利害关系者普及可持续性设计与建筑的意识。
共生和参与	教授共生和参与的相关知识、价值观和技能。	反思促进共生和参与的方式,为使学生校园生活愉快,制定培育相互尊重、相互体谅的教育对策。	通过服务等手段在地区向利害关系者普及共生与参与的价值。
社区福利	教授社区问题及其知识、价值观和技能。	思考社区的问题和困难,调查学校决策、实践及服务对社区的贡献。	通过服务等手段向利害关系者普及环保意识。
国际视野	教授拥有国际视野的市民进行活动的知识、价值观和技能。	在国际视野下反思学校管理和购物活动对其他国家人们的影响,建立培养国际市民责任的方针。	通过服务等手段向利害关系者普及关注其他国家及其文化、环境的意识。

三　英国可持续学校计划的实施战略

（一）可持续学校计划与国家课程的整合

可持续学校不仅是改善学科教学的教育实践,也是学校从整体上向可持续方向转型的教育政策。因此,可持续学校政策并非简单的课程改革,而是面向课程、校园和社区系统的整体改革。

英国国家课程是依据 1998 年英国教育改革法所制定的。它把学前至义务教育过程分为六个阶段,实施系统化指导和评价,并将可持续发展理念全面融入国家课程的价值观、目的及目标之中,强调教育对机会均等、健康、民主主义、经济及可持续发展的重要作用。

英国国家课程各阶段各学科指导内容与可持续学校活动息息相关。[①] 例如,阶段 1（1—2 年级）科学、地理、历史、艺术和设计、宗教等科目中特定项目要求必须教授可持续发展内容。阶段 2（3—6 年级）科学、设计和技术、地理科目,阶级 3（7—9 年级）科学、设计和技术、地理、公民权利科目,阶段 4（10—11 年级）科学、

---

① Teacher. Sustainable Schools Nationals Framework. http：//www. teachernet. gov. uk/. 2011 - 9 - 26.

公民权利科目，要求分别教授可持续发展内容。而且，阶段 3 和阶段 4 的国家课程不仅要求各学科分别教授可持续发展内容，还要在交叉课程中教授可持续发展内容。国家课程规定的七个交叉课程议题是：国际视野与可持续发展、个性和文化多样性、健康生活方式、社区参与、企业活动、技术和媒体、创作和批判性思维。这些议题相互关联，既可整合学习也可分别学习。总之，英国国家学科课程和交叉课程与可持续学校计划密切相关。可持续学校本无固定教材，但为促进学校独自开展活动，政府分别出版了面向中、小学使用的系列教材。

（二）可持续学校计划与环保学校奖励制度的整合

为有效展开可持续学校，英国儿童学校家庭部（DCSF）制定了生态学校、食品生命、伙伴标记、健康学校、国际学校奖、运动学校园艺、尊重权利学校奖、野生活动奖、Ashden 可持续能源奖、绿色学校奖九类环保学校奖励制度，并将其与可持续学校的八个论题紧密整合起来。① 前七种制度属于资格授予奖励制度，后两种属于比赛奖励制度。评选基准有三项：在全国开展的组织；活动计划有经验、有业绩；与学校教育关系密切。可持续学校计划并非属于有中央集权控制能力的活动，但英国政府能够把有信誉的九类奖励制度纳入全国范围内开展的可持续学校活动之中，不失为一种有效实施的可持续学校战略。

（三）可持续学校计划的自我评价和政府评价相结合

20 世纪 90 年代，为整体提高学校水平，政府设立了独立的教育机构——教育质量局，每年对各学校进行考评。2003 年该评估体制改为由各学校管理者独自对本校进行评价。然后，在此基础上教育质量局每三年一次对学校进行评估。② 学校自我评价的项目主要是：领导与管理、课程、学习与指导、考试、教师专业发展、学习资源

---

① DCSF. Sustainable Schools Self-evaluation for Local Authorities who Support Sustainable Schools. http：//publications. teachernet. gov. uk/. 2011 - 9 - 27.

② Ibid. .

和学生学习成绩，自我评价成绩分为优、良、可以、不可以四个水平，其主要目的是发现学校长处，改善不足。可持续学校的评价方式与此相类似，分别对八个论题进行自我评价，评估结果也分为四个水平。为促进地方政府参与可持续学校发展，2009 年地方政府也进行了自我评价。和学校自我评价一样，地方政府的自我评价也划分为四个水平。

五　英国可持续学校计划的特点

（一）可持续学校的内涵和外延：不同于绿色学校

英国政府实施的"可持续学校"与欧洲其他地区开展的"绿色学校"不同。可持续学校作为英国教育政策是在英国国内展开的，绿色学校是由欧洲 NGO 组织在各国自由实施的；可持续学校是英国可持续发展活动的一环，秉承着 DESD 精神，旨在促进可持续发展，而绿色学校更强调环保；可持续学校覆盖英国所有学校，绿色学校并非推广到所有学校。

（二）可持续学校的实施：无强制性和义务性

英国教育属于地方分权主义教育制度体系。可持续学校是国家教育行为，但没有强制性及义务性。这一点和基于 1988 年教育改革法而出台的国家课程政策是一致的。可持续学校计划是一个灵活性的指南，各学校是在参考政府出台的可持续学校计划下开展工作的，也没有共通的课程、教材及教法等。

（三）可持续学校的推进：政府多个部门相互支持配合

作为英国公共教育而开展的可持续学校，得到英国政府多个部门的支持与配合，特别是英国环境粮食农村地区部（DEFRA）、英国教育技术部（DFES）和英国儿童学校家庭部（DCSF）等政府部门积极参与推进可持续学校计划。例如，为围绕 8 个论题有效落实可持续学校计划，DCSF 提出积极建议：可持续学校不仅要在学科教育中进行教育实践，而且还要融于学校各项活动加以实施；各校要明确拟出致力于可持续发展的论题及主题；整个学校管理实践中积极致力于可持续发展；各论题与其分别开展工作不如作为学校整体实施计划的一部分开展工作；实施的前提不能脱离学校课程、校园和社区这三个领域，并为可持续发展提供机会。

（四）可持续学校的开展方式：凸显学校教育和社会教育的整合

英国环境教育始于 20 世纪 60 年代。在 60 年代后期至 80 年代中后期，英国环境教育运动并非是以学校教育为中心开展的，而是以非正式教育为中心开展的。1998 年教育改革法开始强化公共教育和社会教育的联系。因此，可持续学校兼顾"重新定位以往的教育计划"和"提高市民的理解和意识"这两个领域，并试图联系起来以有效开展工作。可以说，可持续学校正是学校教育和社会教育相辅相成的结果。同时，可持续学校强调奖励制度和可持续学校论题的整合性以及课程、校园与社区的关联性等。这都显示出，可持续学校秉持学校教育和社会教育的融合理念，以此服务于可持续社会。

第三章　日本的能源教育

面对严峻的能源问题，日本政府实施了一系列能源政策，其中之一就是大力推进能源教育事业。从能源教育在国家能源政策法规中的定位、资源能源厅推进的能源教育事业、文部科学省推进的能源教育事业、民间非营利组织援助的能源教育事业和能源相关企业支援的能源教育事业五个层面，全面深入地分析日本能源教育事业及其政策措施，这对发展我国能源教育事业大有裨益。

第一节　日本能源教育政策

一　日本能源教育的宏观政策

众所周知，自明治维新以来日本经济取得了迅速发展，成为世界最发达的工业化国家之一。作为国土面积狭小、自然资源十分贫乏的岛国日本，之所以取得经济与社会的持续发展，最重要的原因之一就是拥有多元化的海外能源安全供给体制、合理的能源结构和健全的能源政策。这是日本在 1973 年和 1983 年两次世界"石油危机"中吸取的深刻教训与智慧。日本政府深知，只有解决能源稳定供给问题，社会发展才能拥有坚实的物质基础。倘若依然过分依赖国际石油市场，就难以保障国家经济与社会的可持续发展。面对严峻的能源问题，日本政府实施了一系列能源政策，其中之一就是大力推进能源教育事业。本文从能源教育在国家能源政策法规中的定位、资源能源厅推进的能源教育事业、文部科学省推进的能源教育举措、民间非营利组织（NPO）支援的能源教育事业和能源相关企业支援的能源教育事业五个层面，全面深入地分析日本能源教育事业及其政策措施，无疑，这对发展我国能源教育事业大有裨益。[1]

（一）能源教育在国家能源政策法规中的定位

日本素有一流的节能意识和节能技术著称于世，这得益于日本拥有完整而健全的能源政策法律与法规体系。这其中不仅明确规定了能源战略目标、内容与措施，同时对能源宣传与能源教育也给予高度重视，并给予清晰而准确的定位。这就是，充实与推进能源教育是加深国民正确理解能源的重要举措，只有国民对能源拥有了正确的知识和理解，才能积极支持政府推进的各项能源政策。这表明，能源教育是日本政府推进能源政策的前提和基础。例如，2002 年《能源政策基本法》第 14 条"普及能源知识等"规定："为借助所有机会广泛加深国民对能源的理解和关心，国家要采取必要措施，努力积极公开能源信息，并考虑到充分利用非营利团体，同时启发人们切实利用能源和普及能源知识。"[2] 2006 年《新国家能源战略》提出了节能领先计划、新能源技术计划、核能立国计划等八项计划，而能源教育被定性为实现上述计划的重要举措之一。该战略指出："在推进能源政策时，要积极评价国民的广泛支持。在推进核能开发等完善能源供应设施与设备上，促进全民理解以及争取当地社区的积极支持是不可欠缺的。为此，要充实能源宣传和能源教育，以广泛听取民意为基础，扎根于国民之间的相互理解，从而进一步获得国民的广泛而深刻的认同。"[3] 同样，2007 年《能源基本计划》也肯

---

① 刘继和：《日本能源教育事业解析》，《全球教育展望》2009 年第 9 期。
② エネルギー政策基本法（平成十四年六月十四日法律第七十一号）。http: / law. e-gov. go. jp/htmldata/H14/H14HO071. html，2009 - 08 - 06。
③ 日本经济产业省：《新国家エネルギー戦略》，2006 年版，第 65 页。

定了能源教育在推进能源政策中的重要地位和作用。计划指出："能源教育是开展长期、综合、有计划的推进能源供给措施的必要事项之一。""能源政策是国民生活和经济活动的基础，与国际问题关系密切，其推进的前提是争取各阶层国民之间的相互理解。因此，国家要努力广泛听取民意、广泛宣传及信息公开，同时还要普及能源知识，让国民就能源问题进行积极思考。"不仅如此，该计划对青少年能源教育给予了高度重视，做了特别详细的规定与要求。计划强调："尤其是担当下个世代的孩子们，要铸造将来就能源进行切实的判断与行动之基础，培养未来能源技术开发的接班人，那么，从儿童开始就要关心能源，基于正确知识加深对能源的理解，这是很重要的。为此，要试图充实能源教育。""这时，相关行政机构、教育机构、企业界要相互协作，筹划能源教育教材、充实参观能源设施等体验学习，并充实学校教学中的能源教育。还要借助提供信息与机会等，推进作为终身学习一环的能源教育。""在普及能源知识和充实能源教育时，不要灌输单一的价值观，应充分注意加深围绕能源各种情形的正确知识和科学见解，广泛提供能源各种相关信息。同时还要考虑到非营利组织的面向国民普及正确知识的自立活动。"①

（二）资源能源厅推进的能源教育事业

日本政府特别注重相关政府机构在推进与管理能源教育事业中的重要作用。日本经济产业省资源能源厅能源信息企划室在能源教育管理方面承担着重要职责。该机构主张，为使担当国家未来的下一代对能源问题采取切实的判断与行动之基础能力，有必要从儿童开始，使之关心能源，掌握正确能源知识，深刻理解能源问题。并强调，能源是国民生活和经济活动的基石，能源问题与每个国民都有着密切关系，因此，能源教育作为终身学习的课题之一，有必要动员整个社会的全体国民共同推进能源教育事业发展。鉴于此，资

---

① 日本経済産業省資源エネルギー庁：《エネルギー基本計画》，2007年版，第62—63页。

源能源厅组织推进与实施了如下系列能源教育事业，详见表1。

表 1　　　　　　　资源能源厅推进的能源教育事业^①

事业内容	事业概要	主要对象
提供辅助读本与小册子等	编制学校各学科教学与综合性学习时间可灵活使用的教材。	小学、初中、高中等学校
实施体验学习	以核能基地以及核能计划地区的孩子们为对象，实施能源体验学习、能源人型剧表演、体验型能源展示，以及在全国实行能源相关设施参观会筹备工作等。	小学、初中、高中、大学及一般市民
提供自主思考与发表的机会	组织召开"我的生活与能源"为主题的作文比赛、以节能为主题的宣传画比赛、募集实践论文、"核能日"宣传画比赛等。	小学、初中、高中、大学及一般市民
研究能源教育指导方法	提供各项支援（提供教材与资料、对实践给予专业指导或建议等），以培养地区推进能源教育事业的人才和致力于实践研究的人才，完善地区能源教育基地（开展实践研究的大学）。	大学
组织召开面向教师的研修会	以中小学教师及未来志愿从事教师事业的大学生为对象，组织召开研修会、以能源问题最新信息和世界能源动向等为题的讲演、参观能源相关设施等活动。	小学、初中和高中教师
发行信息志	发行登载能源与环境教育最新动向、教学中可以使用的数据等信息的、面向教师的信息杂志，和以核能发电站设置地区的中学生为对象的能源信息杂志等。	小学、初中、高中等学校的师生
对学校实施支援	募集有意继续致力于实施能源教育事业的学校，实施各种支援活动。例如，提供教材与资料、派遣专家与讲师、对实践活动给予专业指导或建议、提供资金援助。	小学、初中、高中等学校
派遣专家	应来自全国的某些学校、公民馆、NPO等的要求，派遣能源专家实施上门教学。	小学、初中、高中、大学等

①　日本经济产业省：《资源エネルギー庁のエネルギー教育事业について》。[2009-08-10]．http：//www.meti.go.jp/press/20070620001/03-sankou.pdf。

（三）文部科学省推进的能源教育事业

学校教育对于肩负社会未来的孩子们深刻理解核能及能源，就核能及能源问题养成自主思考与判断的能力，发挥着极其重要的作用。鉴于此，文部科学省一贯重视中小学能源教育，在充实与推进能源教育事业上采取了多种举措，尤其是在增进学生及国民对核能的理解和认识方面做了许多努力。① 概括地说有如下三点：一是充实能源教育内容。在新课程标准及教科书中，以社会科和理科为中心，进一步充实能源教育内容及其指导，强调学生自己带着问题意识进行调查、思考与学习。特别是在"综合学习时间"中，通过体验性学习与问题解决性学习等活动，以加深学生对能源的理解，培养他们从多学科视角综合地思考能源问题的能力和态度。二是增进核能理解。例如，开展核能体验专题研究；向中小学借贷简易放射线测定器以及简单测试放射线特性的实习工具；向中小学派遣讲师提供能源、核能、放射线等方面信息以及讲解疑难问题；以高中为对象组织参观核能设施；参观展览馆和体验能源问题相关展示与活动；利用因特网提供能源信息，完善"核能电子图书馆"等。三是创设"核能、能源教育支援事业辅助金"制度。加深每个国民对核能及能源问题的理解，养成自主思考与判断的能力，充实与完善外部环境也是很重要的。鉴于此，2002 年文部科学省创设了"核能、能源教育支援事业辅助金"制度，作为支持全国各都道府县根据课程标准的旨趣以主体实施核能及能源教育事业的一种机制，以支援各都道府县开展编制辅助教材、研究指导方法、教育研修、设施参观等各种能源教育事项与活动。

（四）民间非营利组织援助的能源教育事业

能源环境教育信息中心（ICEE）、科学技术振兴机构（JST）、

① 《文部科学省における原子力の理解増進、原子力・エネルギー教育に関する活動について》，http：//www.rada.or.jp/taiken/tuusin/no 28/28 _ 01.html，2009 - 08 - 14。

能源节约中心（ECCJ）等民间非营利组织（NPO）在援助与推进能源教育事业上做出了重要贡献，国家能源政策法规对此也给予积极评价和充分肯定。日本 NPO 在推进能源教育事业上所开展的援助活动主要有如下三种方式：[①] 一是联系社会各类团体，构建能源教育事业支援网络，支援学校能源教育。例如，ICEE 主要支援活动是向一线教师发行能源信息志、召开能源问题研讨会等。JST 每年组织召开青少年科学节，研讨节能等能源问题。二是致力于开发系统的能源教材与课程。例如，ICEE 组织开发面向中小学生的教材、编制日文版 NEED（全美能源教育开发项目）、制定能源教育指南等。JST 主要支援项目是开发面向教师的数字信息网络，发行节能小册子等。三是支援教师研修以及学校能源教学。通过系统支援教员研修，编制教师用能源教育资料和开发研修计划与项目等支援学校能源教育。ICEE 在这方面做了大量工作：组织召开面向教师的研讨会、实施上门教学、发行教师用解说书或指导事例集、编制设施见习指南等。JST 有计划地向学校组织派遣能源专业方面专家实施上门教学等。

（五）能源相关企业支援的能源教育事业

在日本，能源供给单位、能源机械制造业、能源消费企业等能源相关企业也十分重视对能源教育事业的支援，充分理解能源教育事业的重要性，特别是对节能教育、核能教育的意义给予了很高评价。这些企业一致认为，提高国民对能源的关心与理解，促进节能，支援能源教育事业，这是企业社会责任的重要一环。企业支援能源教育事业主要有如下三种方式：[②] 一是提供能源教育素材。例如，发放小册子等能源资料、借助因特网提供能源信息、组织参观能源设施、展示能源相关信息与活动等。二是提供专业人才。例如，派遣

---

① 社団法人科学技術と経済の会、エネルギー環境教育研究会：《持続可能な社会のためのエネルギー環境教育～欧米の先進事例に学ぶ～》，国土社 2008 年版，第53—54 页。

② 同上书，第 51—52 页。

能源专家走进学校教室上门实施能源教学、向研讨会与讲习会等派遣能源专业方面讲师、参加企划与组织能源环境教育研究会等。三是提供资金。对支援上述活动提供资金支持；对学校能源教育项目与活动提供资金援助，如负担学校师生参观能源设施接待费等。

不仅如此，在日本，正在实施的能源教育事业及相关活动还有许多。例如，1997 年起普及与推进的绿色学校事业；2003 年创建的能源环境教育基地事业；2005 年成立的能源环境教育学会；创设"节能日"（每月第一天）、"节能月"（每年 2 月）、"节能检查日"（每年 8 月 1 日和 12 月 1 日）；以"能源教育实践校"项目为载体，加强学校能源教育，并对实践校给予教材、资料、专家、设计、资金等援助；开展民间"节能共和国"活动，加强社会能源教育；组织思考能能源问题的作文比赛、广告画设计比赛；出版能源教育专著等。毫无疑问，丰富多彩的能源教育事业及相关活动对于提高国民的节能意识、丰富能源知识、养成自主思考与处理能源问题的能力与态度，发挥着重要作用。同时，青少年及广大国民能源素质的提高也成为支持政府推进各项能源政策的重要基础。

二　日本学校能源环境教育的理念和举措

作为应对能源危机和环境问题重要举措之一，学校能源环境教育已成为日本教育事业和能源环境事业的重要内容，并在国家相关政策法律中拥有重要地位。文部科学省与环境省等政府机构及其他组织积极致力于学校能源环境教育事业发展，颁布能源教育指南，明确基本理念，出台切实举措，体现多元化特点。[①]

（一）推进学校能源环境教育事业的社会背景

经历 20 世纪两次石油危机冲击后，日本政府始终把能源供给安全视为国家的重要课题，制定以开发代替能源以及节能为宗旨的新

---

① 刘继和、张玉娇：《日本学校能源环境教育的地位、理念、举措与特点》，《沈阳师范大学学报》（自然科学版）2012 年第 4 期。

能源政策，推进水电、煤炭、天然气、核能等能源结构的多样化。同时，为应对温室效应、大气污染等环境问题，日本政府还致力于研究抑制污染气体排放技术，大力开发太阳光、风电、生物质能等新能源技术与节能技术。2004年日本实施了"环境教育推进法"，继而积极推进"联合国可持续发展教育"，并制定日本国内行动实施计划。事实上，应对各类能源环境问题的解决，实现废弃物循环再利用，最终实现循环型可持续社会，这已成为国际社会及日本政府的紧要课题。鉴于此，日本政府主张，让每一个国民加深对包括核能在内的能源问题的理解，对贯彻能源与环境政策是极其重要的。特别是，根据中小学生认知发展阶段，加深其对核能及其他能源的理解，养成自主思考与判断能力以及环保态度，这应成为学校教育的新课题。鉴于能源环境教育的重要性，每次理科与社会科等课程标准的改订，文部科学省都重视充实能源环境教育内容，例如，初中理科强调核能等能源有效利用的重要性，高中理科强调包含核能在内的能源特性和利用、放射线性质等内容。①

（二）学校能源环境教育在国家政策法律中的地位

1. 教育基本法

2006年日本临时国会通过了"改订教育基本法"，其"教育目标"规定五项内容。鉴于能源教育的重要性，其中一项目标规定为："培养学生尊重生命、珍爱自然、致力于环保的态度"。像这样，在规定教育的根本理念和原则的法律中，将"环保态度"重新明文规定为教育目标，足以显示出政府对进一步推进学校能源环境教育的决心。

2. 学校教育法

根据教育基本法的改订，2007年日本国会就学校教育法的改订进行了审议。审议通过的学校教育法第21条"义务教育的目标"做

① 刘继和：《日本理科教科书研究》，东北大学出版社2008年版，第134、145页。

了重新规定，即"推进校内外自然体验活动，培养尊重生命及自然的精神，以及致力于参与环保的态度"。在教育基本法和学校教育法这种极其重要的教育法律中，把养成尊重生命的精神和参与环保态度明确规定为教育目标，彰显出学校能源环境教育的重要性。

3. 21 世纪环境立国战略

中央环境审议会 21 世纪环境立国战略特别委员会对日本环境政策提出战略性建议。根据该建议，日本政府于 2007 年制定了"21 世纪环境立国战略"，着重把能源环境教育作为未来战略之一，提出"要培养善于感受、自主思考及具备道德环境行为的人才"。根据教育基本法的改订、环境教育推进法以及文部科学省与相关政府机构的紧密联系，制定并推行了作为环境教育与环境学习机会多样化政策"21 世纪环境教育计划——任何时刻、任何地点、任何人的环境教育 AAA 计划"。通过充实和推进学校与社会教育中的环境教育，力图实现学校、家庭、社会、企业等高质量、终身化的环境教育，促进环境学习机会的多样化。

4. 能源基本计划

能源基本计划是根据能源政策基本法，遵循"确保安定共济""环境友好""灵活运用市场原理"原则而制定的，借以指明环境政策基本方向的能源计划。2007 年日本政府就 2003 年制定的能源基本计划进行了改订。其中指出，要培养国家未来的建设者，使他们就未来能源问题的是非能够做出切实判断和拥有积极环保行为能力。同时，要使他们从小关心能源，加深对能源的正确理解。并强调，相关行政机构、教育机构及产业界，应加强联系与合作，制定筹划能源教材、充实参观能源设施的体验学习等措施，进一步推进学校能源环境教育。能源教育是终身教育，政府要试图通过提供各种信息和机会推进能源教育发展。

5. 环境基本计划

2006 年日本政府在第三次环境基本计划中多处阐述了推进学校

能源环境教育的重要性。例如，学校要力争制定环境教育综合计划，全方位加以推进与实施；要重视体验性学习和问题解决学习，加深对环境的正确认识，并能够为保护环境而采取责任性的有效行为。环境基本计划不仅明示了政府的工作方向，同时呼吁地方政府、企业、国民等所有主体，要积极参与能源环境教育，有效发挥其应有的主体作用。

（三）学校能源环境教育的基本理念

2006 年日本能源环境教育信息中心颁布的《能源教育指南》，对学校能源环境教育的性质、目标及内容等做了具体规定与说明。①

1. 学校能源环境教育的性质

（1）学校能源教育要树立终身学习的理念。建构可持续社会并非一朝一夕，需要几代人长期共同努力。为此，学校教育应面向构筑可持续社会，加强能源环境教育，养成新的生活方式，同时还要树立终身学习观念，将其贯穿于从幼儿到老年人的所有年龄层。

（2）学校能源教育要"着眼全球、立足身边"。学校能源教育不仅要让学生认识能源与环境问题，还要探寻问题的根源，重要的是要认识到究竟哪些身边事情（我们每个人的行为）引起了全球问题，进而考察具体方法与策略，以身作则，掌握可行的方法和实践能力。

（3）学校能源教育要与家庭教育、社会教育相结合。为有效推进能源教育，学校、家庭和社会要相互协作。学校能源教育成果可向家庭和社区普及，成为社会能源教育的核心。

2. 学校能源环境教育的目标

为摆脱大量生产、大量消费、大量废弃的传统社会体系，构建可持续发展的和谐社会体系，每个国民有必要采取减少环境负荷的全新生活方式。培养能够把资源、能源与环境作为整体加以综合考

---

① 财团法人社会经济生产性本部、エネルギー環境教育情報センター：《エネルギー教育ガイドライン》，平成 18 年版，第 9—23 页。

虑与把握，主动思考与日常生产生活密切相关的资源与能源问题，并为守护我们的生活环境而能够采取负责任行为的人才，这是 21 世纪学校教育的基本任务。鉴于此，构建如下三级学校能源环境教育目标体系（详见表 2）。

表 2　　　　　　　　　学校能源环境教育的目标体系

一级指标	二级指标	三级指标
认识能量概念	自然科学侧面	认识各种能源形态，领会能量守恒定律，理解自然事物的变化伴随着能量变换。认识熵（entropy）的基本含义，了解有效使用能量以减少熵的生成的重要性。
	社会科学侧面	在社会科学意义上学习各种能源的性质、特征以及能量的生成方法，领会人们所利用的能量是从何而来的。
认识能源与人类进步的关系		通过学习能源利用的变迁以理解社会发展与能源消费的关系。理解产业发展和生活水平的提高导致能源消费的增加。理解现代世界和我国正在消费着大量能源，并思考其对策。
认识能源问题	生活、产业和能源	学习日常生活、交通、运输等所有领域和生产、运输和服务等产业都利用能源。理解现代社会与生活是依靠消费大量能源而成立的。
	资源有限性和地球环境问题	学习和理解世界约九成以上所使用的能源是有限的化石燃料，而化石能源的使用所排放的污染物质又导致全球性环境问题。
	我国能源状况	认识我国是世界能源消费大国，能源结构不合理，清洁能源短缺，且又是石油进口大国，能源安全与国际社会关系十分密切。
应对能源问题	全球社会和能源	面对有限的能源，能在全球视野下研讨发展中国家与发达国家在能源上的公平分配方式，以及围绕能源的国际纷争等能源问题。
	可持续社会和能源	学习和理解为构建可持续社会人们必须改变过去的生活方式和社会体制，推进节约能源、开发新能源等事业。
	社区（学校）和能源	通过有效利用社区（学校）各种设施的体验学习，把社区（学校）能源问题作为自己的问题，探究其与能源的关系。
解决能源问题的行动		通过参与学校和家庭节能活动及社区环保活动等各种体验，学习自身生活与能源环境问题密切相关，借此形成积极主动参加构筑可持续社会的态度和习惯。

3. 学校能源环境教育的内容

第一是社会科学学科能源环境教育内容。一是地理部分。运用网络等方法理解自然资源和能源的性质和特征。理解世界能源分布以及本国能源现状，了解能源与国际社会的关系。理解生活以及交通、运输、通信的发展与能源消费之间的关系。二是历史部分。通过视听教材及自主学习活动等理解能源利用的历史，思考能源与社会发展的关系，认识能源对人类的作用等。三是政治经济部分。理解日常生活离不开能源，生产物品、提供服务也使用能源。理解化石燃料使用导致地球环境问题，了解地区性与国际性解决环境问题条约。理解世界能源消费的地域差异与南北问题有关系，思考发达国家和发展中国家共同发展的课题。关注资源能源的有效开发和利用，理解提倡节能、节约资源以及废物回收利用的必要性。

第二是自然科学学科能源环境教育内容。一是理科部分。通过实验和观察理解能源的基础概念、各种发电方法、能量的形态变化以及关注电能的便利性。学习能源有效利用，掌握科学思考能源的能力。理解地球系统的成立得益于太阳能的恩惠。理解人类利用适宜地球环境得以诞生、繁衍生息，这也是科学思考环境能源问题的出发点。二是技术部分。通过利用能量变换设计作品，以养成对身边能源的关心，思考能量转换及其利用。理解技术的作用以及技术发展对能源有效利用和环保的贡献，思考周围各项课题的技术性解决方法。

（四）学校能源环境教育的推进举措

1. 推进21世纪环境教育计划

为进一步推进学校能源环境教育，文部科学省与环境省等机构协同实施了"21世纪环境教育计划"。其中，"推进环境教育绿色计划"包括五个方面内容：指定试验地区，就可持续发展教育等创新环境教育进行调查研究；指定美国所倡导的地球观测学习计划

（GLOBE）协作校；召开全国环境教育实践发表大会；对 NPO 等有效教育活动进行研究；实施环境教育教师培训，努力普及环境教育成果，提高教师指导能力。

2. 实施绿色学校示范事业

为降低环境负荷，实现人与自然的共生，作为环境教育教材，应充分发挥学校设施的教育作用。为此，文部科学省与相关机构协同实施了绿色学校示范事业，推进太阳能发电、太阳热利用等新能源开发利用以及建筑物绿化、中水利用、校园绿化、学校生态园等各种绿色学校计划。①

3. 推进增进国民理解核能的教育活动

为加深国民对核能及其他能源的理解，掌握自主思考与判断能力，文部科学省等努力推进有利于理解核能及其他能源的各类教育活动。诸如：政府对都道府县遵循课标理念而开展的各类能源教育支援事业提供援助资金；举办以中小学教师为对象的核能体验研修班；向中小学校等无偿借贷简易放射线测定仪；制作以中小学教师为对象的能源环境教育支援信息网站；推进以中小学为对象的课后各类能源环境教育推进事业，如对体验性核能相关实验室实施开放等。②

4. 学校课程全方位充实渗透能源环境问题

鉴于能源环境教育的重要性，每次课程标准改订都格外注重充实能源环境教育内容。日本学校能源环境教育主要是通过理科、社会科、生活科、技术家庭科、保健体育科等学科课程以及综合性学习时间等贯彻实施，尤其是理科课程，是贯彻能源环境教育的重要课程之一。

---

① 文部科学省、環境省、農林水産省：《21 世紀環境教育プラン》，http：//www.env.go.jp/policy/edu/21c＿plan/pamph/full.pdf.2008：7。

② 刘继和：《日本绿色学校的基本理念和推进策略》，《沈阳师范大学学报》（自然科学版）2003 年第 3 期。

（五）学校能源环境教育的特点

日本文部科学省及相关机构在推进学校能源环境教育过程中体现出如下多元化特点：[1] 第一，能源环境教育宗旨定位于构建可持续社会。能源环境教育宗旨不只是获得知识，更重视让学生关心能源环境问题，理解人对环境的责任和作用，培养自主参与环保态度以及解决能源环境问题的能力，进而期待达成可持续社会这一根本目标。第二，能源环境教育理念贯穿于学校整体教育活动，并兼顾学科课程和综合性学习时间。各学校能够将能源环境教育内容有效整合在学年与年终教学计划之中，通过学校整体教育教学活动贯彻能源环境教育。同时，不仅注重与各学科教学的融合，还把综合性学习时间作为综合运用各学科基础知识解决能源环境问题的场所。第三，能源环境教育学习方式强调顺应学生认知发展阶段的体验性、问题解决性学习，以增进对人与能源、环境关系的理解。第四，能源环境教育教材迎合学生和社区能源环境问题的实际状况，以促进学生形成解决能源环境问题的态度与能力。第五，能源环境教育管理机制上校长注重完善校内管理机制，加强教师研修，以提高全体教师能源环境问题意识，进而达成共识。第六，能源环境教育视野覆盖学校、家庭和社区。注重学校、家庭和社区相互协作以及相关行政机构、教育机构、企业等的鼎力支持，协同开展能源环境教育实践活动，这有助于培养学生对能源环境问题的丰富感性，养成积极参与环保态度。

学校能源环境教育是应对能源危机和环境问题重要举措之一，应成为国家教育事业和能源环境事业的重要内容，并在国家相关政策法律中获得应有位置。在阐明能源环境教育基本理念的基础上，教育机构、能源机构、环境机构等政府各部门及社团组织协

---

[1] 文部科学省：《原子力・エネルギーに関する教育支援事業交付金交付規則》，http://www.mext.go.jp/b _ menu/hakusho/nc/k20020808001/k20020808001.html. 平成14年版。

同出台相应举措，这是有效推进学校能源环境教育事业发展的基本前提。

第二节　日本能源教育指南

日本是一个资源、能源严重匮乏的国家，而且石油等化学燃料的大量使用又给日本乃至世界带来诸多环境问题。因此，政府极其看重能源安全及环境问题。为应对与解决这些问题，日本积极开展了能源教育，并把它纳入学校教育中。

我们的日常生活和产业活动，直接或间接需要大量的能源。人类为了追求丰富而便利的生活，不断提高自己的生活品质，这些是以大量消耗能源为前提的，同时其结果还给环境造成重大负荷，引发局部乃至全球性环境问题。特别是日本，能源自给率仅有 4%，九成以上都要依靠进口，显然，这种能源结构是极其脆弱的。为了更好地把握能源安全问题和地球环境问题，构筑可持续社会，这就要求每一个国民都能把上述问题当作自己的问题来对待和思考。为此，充实与推进学校教育和社会教育中能源教育就显得非常重要了。鉴于此，2006 年 5 月，日本社会经济生产性本部（财团法人）和能源环境教育信息中心联合制定与颁布了《能源教育指南》。以下试图从日本能源教育的基本理念、推进能源教育的基本想法、学校能源教育的目标和内容三个视角，就日本《能源教育指南》加以解读，以明确日本学校教育中能源教育设计的基本思路。①

一　日本能源教育的基本理念

为了把大量生产、大量消费、大量废弃的传统社会系统向可持

---

① 财团法人社会经济生产性本部、エネルギー環境教育情报センター：《エネルギー教育ガイドライン》，平成 18 年版，第 9—23 页。

续社会系统变革，每个国民都能创造减少环境负荷的全新生活方式，是极为必要的。为此，国家必须培养能够把资源问题、能源问题、环境问题结合为一体来加以考虑与把握，倾听各方面的立场与意见，主动思考，确保日常生活活动所必需的资源、能源，同时为守护我们的生存环境而能够采取负责任行为的人才。

作为能源教育的基本理念，不仅要获得关于能源的正确知识和确切信息，同时还要求人们能把能源和环境问题当作自己自身的问题来考虑，并养成对未来负责任的认识和态度。

（一）认识能量概念

1. 自然科学侧面的认识

能量（Energie）是从有"工作能力"意思的希腊语派生而来的。今天，能量有"完成事情的气力、活力、精力""物体从事物理性工作的能力""能源资源的简称"等各种含义。

在物理学上，能量有"能够工作的能力"这个含义，并要求学生学习和理解机械能、热能、化学能、光能、电能等能源形态，知道这些形态能够互相转化而总的能量不变，理解自然现象和事物的变化是能量的变换。另外，即使能量形态发生变化，总量也不发生变化，但能量的品质将不断降低。人们把不能做功的品质低下的能量称为熵（entropy）。为有效地使用能量，应学习和理解减少熵的生成的重要性。

2. 社会科学侧面的认识

关于日常使用的"动力"和"燃料"等社会科学意义上的能量，不仅要学习各种能量资源的性质和特征以及能量的生成方法，还要学习和理解人们所利用的能源是从何而来的。

（二）认识能源和人类的进程

学习人类从火的发现开始了文明的发展、从对家畜的利用以及风车、水车等自然能源的活用开始了农业的发展、由于发明了利用煤炭的蒸汽机开始了产业革命、从煤炭到石油的流体革命等能源利用的变迁伴随着社会的发展和能源消费扩大的关系，理解产业发展和生活水平的提高导致能源消费的增加，理解现代世界以及日本正在消费前所未有的大量能源，并考察应对这些问题的对策。

（三）认识能源问题

1. 生活、产业和能源

学习日常生活中不可欠缺的水、电、天然气，以及成为现代社会基础的交通、运输、通信等所有领域都在利用能源，学习自身周围制品的生产、运输和服务等产业的所有工程也都在利用能源，考察和理解现代社会和生活是依靠大量消费能源而成立的。

2. 资源的有限性和地球环境问题

现在，世界上所使用的能源约九成以上是石油、煤炭、天然气这些化石燃料，然而，各种资源可采用的埋藏量是有限的，而且化石能源的使用又伴随二氧化碳、二氧化硫、二氧化氮等污染物质的排放，并进一步导致全球变暖、酸雨等全球环境问题。人们生活伴随的能源的利用与地球环境问题是相关联的。这些道理都要学习和理解。

3. 日本的能源状况

人们的生活是靠消耗石油等能源资源而支撑着的。日本的能源资源匮乏，九成以上的能源依存于海外供给，而且占日本一次能源供给约五成的石油输入地集中在政治不安定的中东地区，因此，日本的能源状况有不安定的因素，与国际社会之间保持密切关系很重要。这些能源现状都要学习和理解。

（四）对应能源问题

1. 地球社会和能源

现在，世界人口的20％在利用世界所使用的能源的50％。发达国家能源消费庞大。可以认为，今后发达国家人口增长和能源消耗量的增加不会太大，但是可以预见，发展中国家因人口增加与经济发展，能源消费将增加。也就是说，世界能源消费量将继续增加。因此，就有限的能源，要探究和理解追求与发达国家一样富裕生活水平的发展中国家与发达国家之间能源的公平分配方式，以及围绕能源的国际纷争等地球规模视野下的能源问题。

2. 可持续社会和能源

为了在我们的时代不把有限的能源用尽，同时利用环境负荷少的能源，就要求人们转换生活方式和社会系统。推进节约能源、开发新能源、利用二氧化碳排放少的能源、研讨核燃料的循环利用等。要学习和理解这些事业与活动。

3. 区域社会和能源

在日本，根据各个地区的特性进行经济活动，开展各种生产活动和消费活动。能源的结构与生产方式、能源的消费形态等也是因地而异。因此，就自己生活的社区能源状况，要有效利用社区的各种设施及派遣专家等进行体验性学习，并把这些问题作为自己的问题，来探究地区与能源的关系。

（五）解决能源问题的行动

为了创造面向构筑可持续社会的新生活方式，有必要主动致力于能源的有效利用和建设美好环境。要理解国家及地方政府的环境行政制度，同时，通过学校、家庭节能活动、参与社区环保活动等各种体验，学习能源与环境问题与自身的生活是密切联系的。通过这些实践，形成积极主动参加面向构筑可持续社会所必需的工作态度和谨慎浪费的习惯等。

二 学校教育中能源教育实践的基本想法

（一）能源教育的地位

1. "终身学习"的基础

人类文明的发展以及伴随能源利用变迁的社会发展（产业发展和生活水平的提高）和不断扩大的能源消费有着密切的关系。可以说，能源与环境问题和我们的生活之间关系深厚，是关系"人类生存方式"的问题。

为在应对能源与环境问题的同时构筑可持续社会，每一个人都要加深对能源、环境与我们的生活之间关系的理解和认识，采用对能源、环境负责任的生活方式，认识引起这些问题的社会经济体系之背景和机制，并努力朝着考虑能源与环境的方向变革这种社会结构。

能源、环境问题是各种因素复杂交织在一起的问题，而围绕这些因素的形势时刻都在发生着变化，这就要灵活地应对这些问题。为此，不仅需要学校教育，其他教育也要经常积累有关能源、环境的知识，为构筑可持续社会而创造新生活方式，并开展实践和行动。能源、环境的学习和行为要以"终身学习"为出发点，贯穿于从幼儿到老年人的所有年龄层，根据各个阶段的实际情况展开能源教育，这是很重要的。

特别是，以人格形成为核心的学校教育阶段，是学生掌握自我学习与思考、进行判断与行动这种"生活能力"时期，对此后的想法和生活方式都有很大影响。因此，这是学习能源、环境知识的重要时机。在学校中开展能源教育时，作为终身学习的基础，要求学生能对能源、环境感兴趣，学到有关的基础知识，理解问题的背景，养成主动做事的态度，以及掌握率先从身边事情出发进行实践和行动的能力。

2. 立足地球社会和地区社会的认识和行动

能源、环境问题不是一个人或一个国家就能解决的问题。在日本，各地区根据自己的地域特征进行经济活动。由于地区不同，能源的构成与保障以及消费动向也不尽相同。在各地区，自治体、企业等关于能源的安全供给和环境问题的对应正在有计划、有组织地开展。为此，在能源教育中，作为地球的一员，作为区域社会的一员，既要培养社会性、连带性、协调性，又要掌握贡献社会以及参与社会的能力和态度，这是十分重要的。

在学校能源教育实践中，学习能源、环境问题现状是十分必要的。如果要寻找这些问题的根源，就要理解与我们每个人的日常生活密切相连的事情，认识到究竟哪些身边事情（我们每个人的行为）引起了全球问题，这也是很重要的。在此之上，对于能源、环境问题，要考察具体的方法策略，以身作则，掌握可行的方法和实践能力。也就是所谓的"Think Globally，Act Locally"（从全球规模来思考，从身边小事做起）。

3. 学校、家庭、社区等的作用和联系

在学校教育阶段，在思考学习能源、环境的重要性时，为更有效地推进能源教育，学校、家庭、社会不仅要认识各自的作用，同时还期待着相互联合与协作。

家庭作为将学校所学得以体现的场所，作用是极其之大的。基本的关心能源、环境的行为，到目前为止，当作"家教"在各家庭中进行的，除了"爱惜物品""节约""和自然一起生活"之外，就是"有效利用能源"等日常的行为。因此，为了孩子们在日常生活中有所行动和实践，在家庭生活中积累一些经验是必要的。在孩子们经验较少的情况下，即使在学校进行学习，也不能很好地掌握兴趣、关心、想法、思考能力、判断能力、行为和实践能力等。正因为如此，希望家庭中的每一个成员要一起为了实现关心能源、环境的生活而努力，创造和环境相协调的生活方式。

另外，应对能源、环境问题，社会这个组分是必要的一环，在推进能源教育方面，地区社会的作用也很大。自治体、企业、社会教育机关等，在各种场合围绕能源、环境问题认真地开展相关的活动。按照前面所说的，为了让孩子们在日常生活中主动实践，积累一些经验是必要的。在地区社会的活动中，积累在学校和家庭中所不能得到的经验，正因为设定这样的活动是可能的，所以，地区社会的教育机能是有效的，是重要的一环。

这么一考虑，便可以把学校中能源教育的成果，向家庭和地区社会普及，并成为社会能源教育的核心。一方面连接家庭和社会，另一方面在学校实践能源教育，这样相辅相成，通过孩子，拓宽家庭和地区社会的做法，是把能源教育作为"终身学习"而展开的，这是有必要，同时也是很有意义的。能源教育，不仅是在学校教育中展开，应该抓住各种机会进行，以在学校中实践能源教育为契机，期待着社会全体都能向着构筑可持续社会迈出坚实的步伐。

（二）能源教育的推进方法

1. 重视综合性、多方面看法与想法

因为各国、各地区的实际情况不同，个人的价值观也呈多样化，所以，能源、环境问题的解决不是靠一个唯一的、绝对的方法就能实现的。为此，要求应对能源、环境问题，思考解决问题的各种对策，以综合的判断为基础来决定。在能源教育中，比起学习一个结论，更希望通过这个得出结论的过程，掌握多方面的见解和多角度的思考、判断能力。

2. 重视解决问题学习与体验学习

在能源教育中，放眼全球的能源、环境问题，把它当作身边的问题进行追究，同时，针对解决问题给出具体的意见，为了养成持续的行为、实践的能力和态度，开展和引导问题解决式、体验式的学习是十分必要的。

3. 重视进行式的认识和对策

能源、环境问题是各种因素复杂相结合，根据经济形势、科学技术的发展以及人们意识的改变等原因，不断地改变着它的形式。正因如此，在能源教育中，进行应对变化的学习的同时，认识我们自己的生活方式对环境造成影响，理解我们选择的措施改变环境当事者的意识，能够选择负责任的行为，都是很重要的。

4. 多样性学习机会

在能源教育中，要求不只是学到单一的能源以及关于能源、环境问题的知识，针对解决问题，掌握综合的、多角度的思考、判断能力和自己主动采取行动、实践的能力。为此，通过社会科以及理科，技术、家庭科等科目，学习基本的事项的同时，学习将这些学习成果联系到生活和实际的社会问题中，并把它们当作生存和工作能力来加以掌握是很重要的。具体的想法就是，争取活用"综合的学习时间"等跨学科的学习方式，与系统地学习各种学习成果相联结，综合地、多角度地进行学习。

另外，也可以通过组织针对与身边的生活相关联的某些能源、环境问题的活动，培养行为、实践能力，在此基础之上，开展年级会活动以及各种委员会、学生会活动、班级活动、学校例会等特别活动，从而得到重要的学习机会。

三 学校能源教育的目标（以初中为例）

日本学校能源教育的总目标在于以构筑可持续社会为宗旨，培养面对能源与环境问题的解决能够给出恰当的判断与行动的人才。

1. 学校教育中能源教育的整体目标

以构筑可持续社会为目标，通过与能源，以及能源、环境问题相关的各种活动，在加深理解能源以及能源、环境问题的同时，培养学生形成课题意识、面对某些问题进行适当的判断并能有所行动的资质和能力。

2. 初中能源教育的目标

加深对能源、环境的理解，通过节能、节约资源等各种活动，多方位地考察和了解能源、环境问题的背景以及解决的方案，培养学生对能源、环境问题形成课题意识的同时，在解决问题时能够做出适当的判断并有所行动的资质和能力。

3. 初中能源教育的分类目标（见表3）

表3　　　　　　　　　　初中能源教育的分类目标

兴趣 想法 态度	抱着对日本和全世界的能源和环境的关心，用能源教育的见解、思考方法来加以理解。 ①关心能源、环境的动向以及现状的不足，并进一步了解。 ②关心能源资源，并进一步了解。
知识 理解	理解能源的概念和作为资源的能源，并了解能源利用与环境之间的关系。 ①了解人类能源利用的历史。 ②了解日本和世界能源的工序现状和未来趋势。 ③理解能源概念和基本的法则，同时，理解节能、节约资源习惯的意义和内容，并掌握相关的知识。 ④理解各种能源的特点，能源利用与环境之间的关系，并掌握相关的知识。
思考 判断	综合地、多角度地考察日本和世界的能源利用、环境保护状况。另外，能够从身边的生活中发现有关能源和环境的课题，并与我们自身的行动联结起来进行考察。
技能 表现	能够从身边的区域、互联网、社会教育设施等地方收集有关能源、环境的资料和信息，并有目的地进行选择处理，另外，能够掌握一些有关能源、环境的实验、观察和调查的技能。 ①知道多种收集资料、信息的方法，还要能够找到合适的考察能源、环境的资料和信息。 ②知道如何应用收集到的资料和信息，能将节能、节约资源的方法应用于生活当中。 ③继续对能源、环境进行实验和观察，并能将那些结论反映于日常生活中。另外，能够进行简单的能源仪器的制作。 ④能够对学校、家庭以及周边区域的能源、环境进行基础的定量调查和持续的调查。
行动 实践	根据对能源、环境的理解，应用那些知识，将它们实践于日常生活之中。另外，要考虑保护到周边区域的环境，将这些联结起来进行实践活动。

四　学校能源教育的内容（以初中为例）

（一）社会科能源教育的内容

1. 地理部分

①运用影像教材、书籍、网络等方法来理解自然资源，理解化石燃料、核能、新能源等各种能源资源的性质和特征。另外，在理解世界能源资源的分布有地域性差异以及有关日本能源的事情时，除了运用统计资料以及影像材料之外，还要注意到这些课题与国际

社会的关系之间的重要性。(最好通过聘请讲师来授课,学生以真实的感受去理解这些知识。)

②在学校和家庭的调查学习中,可以确认,我们的生活离不开含有能源的这条生活线,同时,对于交通、运输、通信的发展与能源消费之间的关系,可以通过讨论学习加以理解。

③对于支撑地域社会的能源的作用,可以通过在政府机关和自治组织进行调查学习来加以理解。另外,关于身边能源的制成方法,可以通过影像教材和外聘讲师授课等方式,知道其中的概要,提高对能源资源的关心。(在这里要重视理科和技术科学之间的连接,在重复的地方或省略或重新考虑。)

2. 历史部分

关于能源利用的历史,通过视听教材以及主体的学习活动等方式加以理解,在思考能源与社会发展的关系的同时,注意到能源对人类所起的作用。

3. 公民部分

①根据在家庭和学校中的调查学习,可以确认我们的日常生活不可能脱离能源,同时,注意到因为生产物品、提供服务而使用的能源的存在,在家庭收支的学习中加入能源消费和环境的观点。

②确认由于不断加重化石燃料的使用而导致出现地球环境问题,同时,要理解为解决环境问题而出台的国际性条约(相关条约、京都议定书等)和国际性条约(国家、自治体和产业界等)。另外,关于解决环境问题的课题,要通过主体的学习,从可持续的视点思考。再进一步就是,能与环境共存是今后能源利用的理想状态,并根据具体的问题来表达自己的见解。

③运用统计资料、互联网等学习方式,理解世界能源消费的地域性差异和南北问题有关,通过主体的学习,思考发达国家和发展中国家如何共同发展的课题。

④通过在家庭和学校里的调查学习,关注资源、能源的有效开

发和利用，同时，也要知道为谋求向循环型社会转变，而提倡节能、节约资源以及废物回收利用的必要性。另外，为了人与自然能够和谐发展，关于推进可持续发展的重要性，可以通过产业界以及联合国的条款等加以理解。并且，面对需要解决的各种能源、环境的问题，在家庭和地区推进可以自己做到的事情并把它转移到行动上，养成构筑可持续性社会的习惯。

（二）理科中能源教育的内容

1. 第一领域（物理和化学）

能源是一个大众使用的词语，在日常生活中被赋予多种含义。因此，在学习理科基础知识阶段，通过试验和观察理解能源（主要以力学和电学为主）的基础概念（能量转换、有保存性）。

另外，关于生活用电的各种发电方法（火力发电和核能发电），在学习能的形态变化（热能→动能→电能）的同时，关注电能的便利性。再进一步，要和技术、家庭科相联系，学习能源的有效利用，掌握科学的认识、思考能源的能力。

2. 第二领域（生物和地学）

理解地球是一个拥有适宜生物生存环境的天体，以水、大气、二氧化碳为例，学习正是因为太阳能的恩惠，才会有地球系统的成立。在其中理解，人类正是利用了适宜的地球环境才得以诞生并繁衍生息，并将此作为科学的思考环境问题和能源问题的出发点（光合作用、分解者、气象、地壳、食物链）。

（三）技术、家庭科中能源教育的内容

1. 技术部分

①通过利用能量变换而设计、制作作品，关心身边的能源的同时，思考能量如何转换及其利用。特别是在审计、制作物品时，要和理科学习挂钩，掌握电路配线以及用线路计检查的技术，同时要理解能量的转换方法和力量传达体系。

②在生产生活中，关于技术所达成的作用，一边和社会科的学

习（大量生产、大量消费、大量废弃的生活方式、资源的有限性、能源消费和地球环境问题等）相关联，一边在技术和环境、能源、资源之间的关系中理解。进一步，要理解技术进步对能源及资源的有效利用，对保护自然环境所做的贡献，思考周围各项课题的技术解决方法。

2. 家庭部分

理解在家庭生活中所使用的能源种类和特征，思考生活和能源的关系，通过衣食住的实践学习到利用能源的方法。另外，把解决能源问题的工作，落实到家庭生活的具体行动中。（在小学，把学习的基础知识作为具体行动实践于家庭生活之中；在高中家庭科中学习，能致力于把握课题的意识。）

第三节　日本小学能源教育[①]

众所周知，由于受地理位置的影响，日本是一个能源较为匮乏的国家，而日本自第二次世界大战后经济快速发展，很大程度上依靠了电力能源。在《日本能源状况》研究指出：日本自战后，能源进口率从20%逐渐上升到80%左右，自战后复苏的层面上看，能源起到了非常重要的作用。[②] 日本现阶段的常用能源主要有电能、石油、核能、天然气及新兴能源。其中，天然气及新兴能源的使用率要大大低于前三者。在前三者中，石油大部分依靠进口，大多数来自中东地区，而随之而来20世纪世界两次石油危机的出现，全球不可避免地面对能源枯竭所带来的压力，致使能源问题上升为造成国家不稳定的因素之一，因此，日本要寻求战后的全面复苏必须建立

---

① 张倩倩：《日本小学能源教育的基本理念和实践研究》，硕士学位论文，沈阳师范大学，2012年。

② 《日本能源状况》，http://news.163.com/40714/8/0R85DK1100011211.html. 网易新闻中心，2004年7月。

在充足能源供给的环境下才能进行展开的，否则一切都将是空谈。

纵观历史，人类可利用的能源种类在不断的增多，并且绿色、无污染的可持续新能源是未来能源的一个发展趋势。传统能源之所以会逐渐转型为新能源，主要有两点原因：一是全球不可再生能源的枯竭，由于传统能源的有限性，传统能源消耗的速度要超过人类活动的速度，全球面临着能源枯竭的巨大问题。二是传统能源造成环境污染、地球变暖等一系列严重的环境问题。所以，除了要迫切提倡节约能源及开发新能源来取代传统能源、采取提高能源利用率与节约能源的措施以外，日本实施能源教育的最重要目的就是从根本上唤醒国民对能源问题的认识，旨在培养在构建可持续社会的过程中，能够对能源环境问题进行切实的判断、解决和实施活动的人才。

一 小学能源教育的基本理念

关于能源教育的含义，目前没有一个准确的定义，通过文献分析，笔者选取了以下日本能源教育相关的含义来进行参照。"为了可持续开发的教育"（Education for Sustainable Development，EDS）包含了比能源教育教育更广泛的定义：在全球环境破坏；能源、水等资源日益恶化的现代社会，人类要维持现在生活水平的同时，也包含了下一代人在内的所有人能够过上高水平的生活。这种开发是非常主要的课题，是主要培养认识到地球资源的有限性；同时也能够以自己的思考和思想来创建新的社会秩序；并拥有全球视野的市民的教育。这种可持续发展培养全球视野教育的范围非常广，包括环境；能源、福利、和平、开发、人权、性别、国际理解、贫困、艾滋病、防止地区纷争上等。① 在"能源环境教育中心能源教育指南"中，对能源教育描述为：能源教育是一种要求习得关于能源的正确知识和确切信息，同时把能源环境问题作为自身的问题加以思

---

① 文部科学省：《文部科学省における「持続可能な開発のための教育の10年」に向けた取組》，http://www.mext.go.jp/a_menu/kokusai/jizoku/index.htm.2012.02。

考，在将来能够有责任的、拥有正确的认识和积极的态度来应对能源环境问题。在论文"学校的能源教育"[1] 中，对能源教育描述为：能源教育是指与我们生活息息相关的，并将与环境问题直接密切相连的能源问题作为焦点的教育活动。在论文"所谓的能源教育"[2] 中将能源教育活动的目的详细列出：①物理学意义上的能量概念的理解；②认识能源问题；③能源的运输与储藏；④能量技术的开发；⑤与能源问题相关的环境问题。通过对日本文献的分析，我们可以看到能源教育大体涉及了以下内容：使学生加深对能源及能源与环境问题的理解，掌握相关的基础知识，提高对能源的认识，认识到节能节资的必要性；培养对有关能源环境的问题进行切实的判断、解决和有效行动的素质和能力；培养为构建可持续社会所具备的能源意识。

（一）小学能源教育的目标

日本对小学能源教育的目标有详尽的记录，本书选取日本两个版本的能源教育目标相关研究报告，即能源环境教育中心发布的《能源教育指南》[3] 和北海道大学能源教育研究会发布的《能源环境教育指南（小学版）》[4]，根据对这两个版本的小学能源教育目标的分析说明，来纵观日本小学能源教育的目标。

1.《能源教育指南》中的能源教育目标

（1）能源教育的总目标：旨在培养在构建可持续社会的过程中，能够对能源环境问题进行切实判断、解决和实施活动的人才。

（2）学校能源教育的总目标：旨在培养在构建可持续社会的过程中，通过能源及能源环境问题的各种相关活动，加深对能源及能

---

① 恩藤知典：《学校におけるエネルギー教育》，《理科の教育》1995 年第 11 期。
② 広瀬正美：《エネルギー教育とは》，《理科の教育》1995 年第 11 期。
③ 財団法人社会経済生産性本部、エネルギー環境教育情報センター：《エネルギー教育ガイドライン》，平成 18 年版，第 15—16 页。
④ 北海道大学エネルギー教育研究会：《教育課程に位置付けられたエネルギー環境教育～パッケージプログラムの開発～》，平成 18 年版。

源与环境问题的理解，同时养成课题意识、培养对上述有关能源环境的问题进行切实的判断、解决和有效行动的素质和能力。

（3）小学能源教育的总目标：让学生回顾身边的生活，积极参与节能节资相关的各种活动，根据需要来反思参加节能节资活动的意义，同时增加对能源与环境以及节能节资问题的关心，进一步掌握其基础知识和实践能力。

（4）小学能源教育的具体目标：

1）关心·热情·态度：从身边的生活中来关心能源与环境的相关事物和现象，并能够主动致力于学习能源环境的相关知识问题。

2）知识·理解：从身边的生活中，关注节能节资的必要性，进而掌握必要的能源环境的基础知识。①理解日常生活中所常见的电、煤气、石油等能源的种类及其功能，进而掌握能源相关知识。②理解节能节资的含义，掌握节能节资的相关知识及日常生活中节能节资的方法，以及思考如何更好地进行节能节资。③掌握能源消费与环境问题关系的初步知识。

3）思考·判断：了解日常生活中，电、煤气、石油的使用方法以及节能节资的必要性。

4）技能·表现：在学生自己生活的范围内，能够就能源与环境问题来收集资料、信息，并进行简单的整理和总结，另外，能够就能源与环境问题进行简单的实验和调查，并能发表相关成果，它包括：①了解资料和信息的各种收集方法，在家庭生活中能够收集能源与环境相关的、有用的信息。②了解收集得到的资料和信息的有效利用方法，并能将其有效地传递给他人。③能够就能源与环境问题进行简单的实验和调查。④参观能源与环境的相关设施，并收集资料与信息，能够在学校、家庭及周边地区对能源环境进行简单的调查和研究。

5）行动·实践：培养日常生活中有助于节能节资的生活习惯，能够参加身边地区的有关环境保护的相关活动。

2.《能源环境教育指南（小学版）》中的能源教育目标

（1）学校能源环境教育的总目标：旨在培养学生在构建可持续社会过程中，通过对能源利用及参与解决能源与环境问题的各种相关活动，来理解能源的有效利用和能源及环境存在的问题，同时，养成就该问题的解决做出切实的判断及行动的素养和能力。

（2）小学能源环境教育的总目标：体验性地理解能源的有效利用，通过参加节能节资的各种相关活动来提高对能源环境问题的关心，同时掌握相关的基础知识和实践能力。

3. 能源教育的目标分析

根据对两个版本的小学能源教育目标相关报告进行了阐述说明，不难看出日本小学能源教育目标设定的非常详尽细致，无论是能源教育的总体目标还是具体目标，都涉猎了能源的具体相关内容，为了纵观了解日本小学能源教育目标的设定，以下对两个版本报告所涉及的能源目标的共性进行如下分析。

（1）能源教育目标成体系

能源教育目标都具有鲜明的层次体系，体现在目标分级的结构上。由能源教育目标到学校能源教育目标，再到小学能源教育目标，层级体系清晰、明了，以及能源目标具体内容的细目化，既让学校从国家层次了解了能源教育的目标，又有助于学校从总的方面把握对能源教育内容进行质的、量的规定，以及对能源课程实施的规划与方案的执行和修改提供了详细的依据。

（2）能源教育目标设定明确

无论是在《能源教育指南》还是在北海道大学的《能源环境教育指南（小学版）》中，都对学校能源教育目标有一个明确的界定，即"旨在培养在构建可持续社会的过程中，通过能源及能源环境问题的各种相关活动，加深对能源及能源与环境问题的理解，同时养成课题意识、培养对上述有关能源环境的问题进行切实的判断、解决和有效行动的素质和能力。"《能源教育指南》还专门对小学能源教育的具体目标进行阐述，五个分目标内容清晰，能源教育方向明朗，有利于能源教育在学校及教学层面的实施。

（3）注重实践活动场所的选择

无论是能源教育的总目标还是下一级的小学能源教育目标，活动实施的研究范围都是在"学校、家庭、周边的生活区域"等这样的家庭生活，这符合了"小学能源教育"的范畴，小学生是六七岁到十一二岁的儿童，小学阶段正处在"童年期"还不断完善的阶段，将小学能源教育的实施范围设置在日常的家庭生活，是符合小学生身心发展规律的，是十分科学的。

（4）能源与环境紧密联系

在能源教育目标中，能源问题都并没有被孤立起来，而是常常和环境或环境问题相联系的，现实生活中能源和环境就是紧密联系起来的，学习能源知识或问题的同时，也关注了环境问题，增加了知识的联系程度，扩充了知识面。

（5）重视情感目标培养

能源教育目标中，注重学生收集的方法、应用以及成果展示，相对于知识目标来说，更强调了情感目标，目标的设计也不仅仅将目光聚集在目标本身的抽象阐述上，还提及了达成目标的途径——手段、方式，把目标很好地应用落实到了实践中去。

（二）小学能源教育的内容

第一，《能源教育指南》中小学能源教育内容

【内容呈现】

教育目标是一切教育活动的基础及依据，教育内容则是教育目标内容衍生的细化，根据日本能源环境教育中心发布的《能源教育指南》报告可以看出，能源教育内容是分别体现在各个学科中的，下面分别从小学社会科、小学理科及小学家庭科来了解一下日本小学能源教育内容的设定。[1]

---

① 财团法人社会经济生产性本部、エネルギー環境教育情报センター：《エネルギー教育ガイドライン》，平成18年版，第15—16页。

1. 小学社会科中的能源教育内容

（1）中年级（3、4年级）

①在以社区为主构成的学习环境中，有效的利用参观设施以及社会人员上门教学的方式来具体学习支撑日常生活的能源（如电、煤气）和水（饮用水）的主要功能，以及供给能源和水的设施的相关概要，使学生拥有要珍惜的使用能源和水的意识。

②通过对垃圾的分类和处理方法的学习以及参观垃圾处理工厂的活动，来关注学校和家庭生活中垃圾的分类、减量以及循环利用等事宜，注意学校和家庭协作的重要性。

③通过学校与家庭的协作，使学生能够参与身边的一些相关事务和活动。

（2）高年级（5、6年级）

①在对农业和工业等生产活动及运输的学习中，加深对能源消费及其作用理解。同时以石油为中心，来学习本国能源的供给现状（包括能源的海外依存度和本国资源的有限性），以及因资源消费而导致的环境问题。

②通过学习政府的行政工作来思考我们的生活应如何注意能源环境问题，在学校与家庭生活中注意推进节能节资的重要性，并进一步将其转化成行动。

2. 小学理科中的能源教育内容

（1）中年级（3、4年级）

①通过利用太阳能热水器以及使用光电池的观察实验等，以太阳的光和热为中心，体验性的理解对自然界中能源的利用，思考节能与节资，并从身边的点点滴滴开始逐渐将意识转化为节能节资的行为。

②着眼因温度变化而导致的水的状态变化，学习自然界水的循环，关注水资源的重要性，并能在日常生活中采取保护水资源的行动。

（2）高年级（5、6年级）

①以"生物和环境"的学习为中心，理解环保的重要性。同时

与"物质的燃烧、方法"相互关联，学习日常生活中化石燃料燃烧后产生的二氧化碳是使地球温暖化的原因之一，以及"与水溶液的性质"相关联，学习酸雨产生的机制和危害。

②通过这些学习来思考新能源的利用及节能节资的必要性，并从身边的点点滴滴做起，进一步采取行动。

③在"电流和磁场"中要了解日常生活中对相关磁场的利用。通过观察实验，切身感受和理解作为日常生活中的能源——电能，它的产生、储存以及有效利用的过程。另外，通过这些学习来思考电能的重要性以及节能节资的必要性，并能从身边的小事做起付诸行动。

3. 小学家庭科中的能源教育内容

在小学家庭科中主要从日常生活中的"食、住、衣"等方面来规定能源教育内容。

（1）在"饮食和生活"的学习中，来学习节能节资的必要性。通过体验具体的购物、烹饪、消耗、处理等各个活动，来学习在各种情况下如何节能节资。

（2）在"舒适的居住"的学习中，以家庭中的能源的大量消费为线索，来学习节能的必要性及其方法，进而体验性的学习改善符合地区自然特点的、适合地区的状况的、有效利用自然能源的居住条件并付诸行动。

（3）在"衣服和消费生活"的学习中，实际学习无浪费的购物方法，以及衣服的使用方法等，进而领会这些是与生产和流通中所看不见的隐藏能量相关联的。

（4）通过家庭科整体的学习，让学生认识到人们生活的根基是依存于能源的支撑，养成在日常生活中，切实地来解决上述问题的实践能力。

【内容分析】

根据以上对日本小学能源教育内容的分析，来看一下《能源环境教育指南》中关于能源内容的特点。

1. 分阶段、分学科设置能源教育内容

日本小学能源教育内容特点之一就是分学科、分年级进行。以上能源教育内容分别从小学社会科、小学理科和小学家庭科的纵向角度进行分别阐述，同时在小学社会科和小学理科又是从横向从中年级和高年级分别说明。根据内容涉及在各个学科章节中，不同的科目、不同的章节、不同的年级所涉及的能源教育内容不尽相同，知识由浅入深，层层递进，各个学科的能源内容相互联系、相互补充、相互融合，有助于学生全面理解能源教育。

2. 学校、家庭、社区相结合

由以上能源内容的分析，日本能源教育主张"在以社区为主构成的学习环境中，有效地利用参观设施以及社会人员上门教学的方式来具体学习支撑日常生活的能源知识"，注重学校、家庭、社区三者之间的关系，对能源教育投入量较大。比起能源知识的传授，日本将能源教育渗透在更深层次的体验活动中，让学生在参与学校、家庭、社区的活动中更好地培养能源意识。

3. 知识内容的现实意义

从日本在高年级中涉及的能源教育"在对农业和工业等生产活动及运输的学习"可以看出，日本对高年级设置了具体的实际情境，包括"运输""生物与环境""能源的依赖性"等内容，主要是为了日本小学生从小培养能源危机意识和节能节资的意识。

4. 知识内容的系统化和连续性

在社会科中可以看出，低年级学生主要学习范围是"社区周边地区"，而高年级学生在"学习政府的行政工作"；低年级学习内容是"观察太阳能"，而高年级学习内容是"电流和磁场"等，体现了涉及的知识由简到繁、由易到难，使学生先了解简单的能源知识，在身边的活动中逐渐将能源意识转化为节能节资的行为，符合小学生的认知发展规律，便于小学生很好地把握和理解。

5. 能源与环境的紧密联系

能源与人类生活和环境的关系是联系在一起的，上述能源教育目标的特点之一便是能源与环境的关系问题，纵观能源目标及能源内容的阐述，同样也强调了能源问题和环境问题相互挂钩。学习能源问题的同时也关注了环境问题，学习能源教育的同时也引出了环境教育，能源教育和环境教育是作为统一体出现的，并没有单独孤立能源知识，而是提倡了能源与环境两种知识的相互联系性。

6. 注重"体验性"教学

在能源教育内容中还强调了"体验性"这一概念，通过接触进而进行感受也是日本小学能源教育内容的一个特点，先让学生在情感上有所感悟，然后再通过知识的学习进一步丰富能源知识及能源问题，更加强烈地、深刻地理解节能节资的必要性。

7. 立足于"节能节资"

众所周知，日本资源匮乏，所以更注重培养学生节能环保的危机意识，在以上内容中我们可以看到"注重垃圾的分类"，不仅如此，各个年级、科目之间尽管涉及的能源知识内容不尽相同，但通过对两个版本的能源教育报告的研究，不难发现，它们的立足点有共同的一项，那就是"节能节资"，通过对不同能源知识内容的掌握、参与各式实践活动，都落实在"节能节资"这四个字上，既体现了内容设置的贯通性，也体现了教学设置的一致性。教学的根本目的，就是让学生将良好的能源意识转化到有效的"节能节资"的行动上。

第二，《能源环境教育指南（小学版）》中小学能源教育内容

【内容呈现】

上述提及的《能源教育指南》分别以社会科、小学理科和家庭科的角度对能源教育内容进行剖析。此外，在日本北海道大学能源教育研究会颁布的《能源环境教育指南（小学版）》报告也对能源内

容有着较为深入的研究，它把能源教育分为四个领域："对能源的基本理解与技能"；"对环境的基本理解与技能"；"应对环境能源问题"和"面向解决能源环境问题的行动"，可以简单称为"两个基本理解、一应对、一行动"，设定前三项的最终目的就是为了落实能源相关的"行动"并为其服务。[①]四个领域的关系如图1所示：

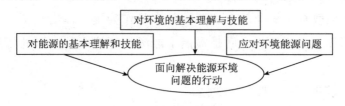

图 1　四个领域的关系

以下对每个领域所设定的相应能源教育内容进行分析。

1. 对能源的基本理解与技能

（1）认识能量概念

①作为能做功的能量，有力、热、化学、光、电等能量。

②能量的形态可以相互转换，但总量不变，即自然界的事物、现象总量是不变的。

③自然界的事物变化伴随着能量转化。

④即使能量形态发生变化，总量却是不变的，但品质和质量有所下降。

⑤为了有效地利用能量减少熵的生成（"熵"表示的时物质的混乱程度，熵越大，物质的混乱程度越大）。

⑥根据日常所需要的动力和燃料，要理解各种能量的性质、特征、能量的产生方法，以及我们所使用的能量的来源。

（2）认识能源问题

①要了解自然资源的利用和农业发展的关系；蒸汽机的发明和

---

① 北海道大学エネルギー教育研究会：《教育課程に位置付けられたエネルギー環境教育～パッケージプログラムの開発～》，平成18年版。

产业革命的关系；以及从煤炭到石油的能源利用的变迁。

②产业发展和生活水平的提高，代价是都要增加能源消费。

③现代社会和生活，是依存于能源的大量消费，如电、煤气、水的供给、交通运输、通信等各种产业。

2. 对环境的基本理解与认识

（1）新兴产业及经济活动伴随着新的环境问题。

（2）理解削减二氧化碳的意义和方法，其中包括资源的再利用、垃圾的削减和分类、努力减少汽车的使用、积极利用公共交通工具等。

3. 应对环境能源问题

（1）要了解作为能源的化石能源与资源的有限性。

（2）化石能源的使用伴随着二氧化碳、硫的氧化物、氮的氧化物的产生，以及地球温暖化和酸雨问题。

（3）要了解本国能源匮乏的现状，而且能源几乎依赖于政治不稳定的中东。

（4）应对能源供给来源的多样化及经济问题，以及石油替代能源的开发和使用问题。

（5）发展中国家的人口增加和经济发展伴随着能源消耗量的增加，应对其进行技术援助。

（6）能源的公平分配和国际纷争。

（7）使用绿色能源以转变我们的生活观念和社会体制（可持续社会）。

（8）理解北海道的能源状况。

4. 面向解决能源环境问题的行动

（1）积极主动地面向构建可持续社会，参与必要行动、培养谨慎的消费习惯及态度。

（2）能够意识到采取有意识地削减二氧化碳的主体行动。

（3）采取零垃圾、垃圾分类和减少垃圾焚烧数量的主体活动。

（4）参加学校和家庭的节能活动，以及身边周围的环保活动。

（5）理解各地方政府及国家关于环境的行政政策。

根据以上能源环境教育的学习领域以及学习内容，北海道大学能源教育研究会又把上述学习内容与各学年、学科及学习单元整合在一起，形成了一个能源环境学习内容的分析表（小学），下面以六年级为例来了解这个分析表的部分内容（见表4）。

表4　　　　能源环境学习内容分析表（小学六年级）

学科	单元	能源的基本理解与技能	环境的基本理解与技能	应对环境能源问题	面向解决能源环境问题行动
社会科	历史上关系较深的国家——中国			了解中国能源环境问题的现状，同时关注中日关系及联系。	关注以全球视角来思考世界各国的和谐相处，进而解决问题的重要性。
	支持日本战后复兴的电力	在相关联的时代背景下，来理解电的普及与国民生活的变化。		理解和平和富足的社会是和物质的丰富相结合的，且必然带来大量生产、消费、废弃这样一个生活状况。并能够意识到过去与现在的种种差异。	
理科	氧气和二氧化碳		植物燃烧使用氧气，产生二氧化碳，又把产生的二氧化碳转变成氧气，了解该机能并思考二氧化碳增加的问题。	关注周围产生的许多二氧化碳，进而思考削减二氧化碳的生活，保护产生制造氧气的绿色植物。	
	电	用手摇发电机发电、电容器蓄电，并将之用作产生声音、热量及其他动力的使用，由此理解能量转变。	从手摇发电机产生电能并进而可以转化成热能，由此来思考能量的来源。	使用电使导体发热，由此来理解产生热需要消耗大量的电能，进而思考节约电能。	
家庭科	创造温暖的生活——挑战		为了通过削减室内必要的能源使用量、削减二氧化碳的排放，来思考自己可以做到可行的环保方法。	了解衣服的功能、思考衣服的穿法，来切实感受身体温度的升高，而不是依赖于取暖器之类的电器，进而掌握提高温暖生活的实践能力。	

续表

学科	单元	能源的基本理解与技能	环境的基本理解与技能	应对环境能源问题	面向解决能源环境问题行动
道德	向制造森林挑战				提高探究人与自然的关系以及人与自然的共存方式以及关注全球规模环境问题的价值意识。
	在不丹如何发展日本农业				培养立足全球视野，以共同目的，相互协作解决问题的态度。

【内容分析】

北海道大学能源教育研究会关于小学能源教育的报告对能源教育内容进行了详细阐述，通过对四个领域和四个科目的分析，使我们了解到能源教育在小学阶段清晰的内容和系统的结构，为了更清楚日本小学能源教育理念，因此对以上内容进行简要分析。

1. 能源教育总方向的确定

根据对《能源环境教育指南（小学版）》中的能源教育内容陈述，不难发现：能源环境教育的总体方向都是为了人类的可持续发展来构建可持续社会，这是能源意识发展的总趋势。为了实现构建可持续社会，将必要的态度、习惯和意识落实在自主性活动上。

2. 把能源环境教育定位于学校课程

把能源环境教育定位于学校课程是便于学校实施能源教育的重要途径。另外报告显示，在日本综合性学习时间还没有完全推广。因此，以各学科的学习为基础，将变更一部分内容，以能源环境教育的视角去展开，或附加新的能源环境教育视角，两种方式都是为了更好地展开能源环境教育。

3. 注重能源知识的深度和广度

在能源教育内容中，注重了能源涉及范围的深度和广度，不仅要求学生学习必备的能源知识，类似于"历史""能源问题的产生"等这类问题也要求小学生了解。使教师的教学有一个丰富的支撑，使学生全面地把握学习知识的脉络。这样会带来理想的能源教育教学。

4. 注重学生的认知发展以及能源环境教育的系统性

根据能源环境教育分析表显示，环境能源四个领域及其内容，分别和不同的学年、学科的相关单元内容整合起来，确保了能源学习内容的系统性和完整性，同时也保证了能源知识的系统性，构建了一个小学能源环境内容的整体框架，目的就是为了更好地培养学生总体的能源素质和能力。

5. 资源、环境、能源问题一体化

如今，为了实现可持续社会，必须平衡处理经济活动、社会发展、环境保护三者的关系。特别是在能源环境视野下，自然、能源、环境问题是日益相关联的，不能分离进行指导。因此，进行指导教学时，要使这些问题一体化，才能进而培养学生思考创造新生活方式的素养。

6. 能源教育与道德学科相关联

在能源环境教育分析表中，包含了道德学习领域，目的是培养学生思考能源环境问题的价值观。儿童未来如何利用能源，来实现怎么样的一个环境，这时左右他判断的依据就是价值观。让学生在学习新知识和技能的同时，有必要学会如何使用学到的东西，进而培养价值判断的素养，这样的方法是十分有效的。所谓创造型的生活方式，就是要创造自己本身的生活方式，在这个指南中，在道德科中贯穿能源环境教育，能为学生提供一个发现价值判断依据的机会，这种反复进行的学习，可以使学生的价值意识形成和巩固。

7. 扎根于学生的生活

通过"日常生活中所需的燃料""了解衣服的功能、来切实感受身体温度的升高，而不是依赖于取暖器之类的电器"等内容看出，能源教育是扎根于学生的生活的，这样可以使学生获得自身和社会是相关联的，培养学生的共性与社会性。通过灵活运用实践所获得的知识技能这种成就感，切身感受现实社会的活动，培养作为一种社会的一员来服务于社会的责任，这样做有理于激发学生的积极性。另外，这种实感同时又是与学生拥有积极向上的志向是相关联的，也就是学习的意义与现在生存的自我、有意义他人的自我、能够展望未来的自我之间的关系。所以，以能源环境分析表中呈现内容为基础实施，能够更好地培养学生的社会性。

二　小学能源教育的教学案例与分析

前面我们着重介绍了日本小学能源教育的目标和内容，教育目标和内容是教学的理论基础，日本较好地将能源教育目标与内容渗透在教学之中，下面以取得能源教育小学部最优秀奖的案例为基础，来详细了解在能源教育目标和内容规定下的课程实施。[①]

（一）案例选择的缘由

日本小学能源教育教学案例选取自取得能源教育小学部最优秀奖的案例之一，下面来简单了解一下为什么选择的案例是在"能源教育优秀奖"的视角下进行的。

能源教育奖是为了纪念电力报创刊一百周年而创建的。重点在于推进以下一代人为对象的多样化的能源教育事业，是旨在进一步扩展和深化能源教育、普及和启发电力知识，从而进一步养成很好的"科学之心"的活动。能源教育奖的表彰对象是小学、中学、高

---

① 日本電気新聞：《エネルギー教育賞》，http：//www. shimbun. denki. or. jp/。

等教育以及高等专科学校等，这些学校不仅要致力于与能源或与能源相关的环境等课题的"能源活动"（包括课堂教学、课外活动等）和"学科教学活动"，而且这些活动要持续开展一年以上。但也存在特例：如果地方政府、事业团体、组织或个人所实施的活动在能源教育上有显著效果和业绩的，通过报名和推荐也可以给予特别的表彰。能源教育奖每年表彰一次，具有丰富的目标及能源教育实际事例。通过公布这些优秀的事例，对学校的表彰，来进一步提高学校从事能源教育的热情。另外，也能够培养就能源环境问题"自我思考，自我行动"的人才。

能源教育奖分为三类：一是能源教育最优秀奖，小学部、中学部、高中部各一件，给予奖状和奖金（50万日元）；二是能源教育优秀奖，小学部十件，中学部、高中部合计十件，给予奖状和奖金（10万日元）；三是鼓励奖，除最优秀奖、优秀奖以外其他的参评者，给予活动案例辑和纪念奖。

能源教育奖是由日本电力协会主持召开的。日本电力协会把能源教育奖作为 CSR（Corporate Social Responsibility）①（CSR 是指企业在提高利润的同时，还要有责任的考量企业自身活动是否给地球、环境和社会带来负荷，为了对社会负责任，企业要对自身的活动进行调查，并试图努力加以改善，将内容公开的一种活动。另外，CSR 并不是慈善事业，而是企业应尽的本分。企业的经济活动对消费者、投资家以及全体社会等利害关系者拥有说明的责任，如果不能够清晰说明，社会则不能容忍，则这样的企业属于不可信赖的企业，这样的企业就不能够持续下去。）中的一环来开展的。日本电力协会长期关注并致力于青少年的科学教育普及事业，其中包括：东芝科技馆的技术展览、实验教室和 NPO 法人协同开展体验性科学教育支援活动、北美科技竞赛、中国理科和数学支援教育等内容。能

---

① CSR 是指企业的社会责任。

源教育奖这项活动，与该社推进的"科学教育的普及支援"的宗旨是一致的。

选评的标准参照标准为：①能源教育活动的目的、内容，以及在教育中的地位。②策划与创意。③活动的连续性。④内容的正确性。⑤学生的变化和程度。⑥社区关联性。能源教育奖根据以上六个角度来对参评者进行评价。

以上简单了解了能源教育奖的内容，由此可知获得最优奖的案例非常具有代表性，是反映日本能源教育实践的最佳版本，因此以2011年小学部能源教育最优奖的事例为基础来研究日本小学能源教育教学，具有很高的价值意义。

（二）理科中能源教育的教学案例与分析

下面通过小学六年级的理科和社会科中的能源教学案例来分析，更好地了解日本小学能源教育教学的实施。①

1. 案例设计理念的呈现

对理科能源教育教学案例选择的是《发电和蓄电》这个单元，之前学生们已经学习了电的基本性质和定律，在此基础上，让学生学习发电、蓄电及电的利用相关知识。培养学生能量转变和守恒的看法和想法。以能源环境的视角来对本章内容进行具体呈现。

（1）单元目标

切实地感受作为能源的电。本单元通过学生自己在发电、蓄电和电的使用活动中，进一步与日常生活中电所发生的作用相结合，以此来感受电的有用性及其重要性，进而把电当成自己的财产加以理解。儿童身边有许多电器及电子产品，人们是在享受这些电器便利过程的同时来进行生活的。而电器和电子产品的根本来源是发电和蓄电所带来的电。让学生在事实中，观察电的发生和储

---

① 北海道大学エネルギー教育研究会：《教育課程に位置付けられたエネルギー環境教育～パッケージプログラムの開発～》，平成18年版，第108—110页。

藏的过程，同时用自己的手切身感受发电。通过这样的学习来理解动能和光能可以转变成电能，电能把这些能量储藏起来。让学生了解到我们的生活是在认识到思考电的使用方法后进行的。

（2）发电和蓄电在教材呈现的手段

①电的产生

学生们已经学过了电路、串联并联的不同电流也不同、电流的方向、磁场等电的相关基础内容、性质及功能。这里进一步用"手摇发电机""光电池发电"来进行呈现。通过电容蓄电来切实感受电可以作为声音、光、动力和热源发挥作用。对学生而言，电、磁场在以往都学过相关的储存概念，可是在这一章要学习使用磁和线圈的运动可以产生电流、流动的磁切割产生电的内容并让学生了解这两者关系的不可思议性。

②光电池

光电池是把光能转化为电能，所产生的电又可以使小灯泡再次发光或可以使电机发生运动转化成动能等，培养学生关于能量循环的一种看法。

③产生惊讶和疑问的教学

在单元的导入部分，利用发电机来研究或调查发电机的结构，从而引起学生的注意。让学生发现线圈和磁铁的存在以及旋转线圈可以产生电流的现象。以往分别学习了磁铁和电的内容，这一章讲述的是把两者结合起来发生新现象的内容。学生会对新奇的现象感到不可思议，这就是学生产生探究的原动力。

在探究的过程中，磁和电的现象的发生，让学生会确认自己知道什么，对什么还存有疑惑，从而进一步明确将要探索的问题，这样学生的学习意识就会持续下去，对进行深入的探究是有益的。

2. 案例内容

在整个教和学的过程中，《发电和蓄电》占有 12 学时，表 5 中为各学时的详细内容：

表5　　　　　　　　社会科中《发电和蓄电》各学时的呈现

学生的学习活动	教师的指导要点
1. 发电（4学时） 除了以往所学到的干电池、交流电外，调查其他用电的力量进行工作的事物。 生活： 提示灾害用的半导体、公园的时钟、充电电池、水力发电、计算器、电池、车灯等。 手摇发电机是一个什么结构？ 认识： ·旋转越多，电流越多。 ·调查看一看其中的结构。 ·发电机中因为安装了像电机一样的东西所以才会旋转。 ·其中也安装了线圈和磁铁所以才会旋转。 发电机能够创造电流。 认识： ·此发电机旋转中电流表指针就会移动。 ·发电机是靠电流来工作的。但也可以发电。 ·车灯跟水里发电也是用这种方式发电的。 ·要一直不停地旋转，所以很不方便。 ·灾害半导体、公园的时钟应该是储存了电能才能使用的。 线圈和磁铁可以发电，并可以把这种电储藏起来，能够方便使用。	1. 让学生意识到发电、蓄电所产生的电可以在日常生活中发挥作用的。 2. 学生可能关注的静电、交流电、蓄电池等知识在此不作处理，不涉及此类知识。 3. 要提示灾害用的半导体的实物。 4. 由此可以预见使用手摇发电机发电，并调查其中的基底、奥秘、结构，学生会认识到此线圈跟此磁铁产生电流。 5. 想方设法使发电机旋转起来，由此让学生感受到其中的困难之处。使学生注意到手摇发电机的便利好处，进而让学生学到蓄电的必要性。 6. 也可以向学生展示和提示市场所卖的灾害用的手电筒。
2. 蓄电（4学时） 导入：听说公园中的电容使用了电容。 怎么把电储存在电容中，储存的电是如何进行工作的？ 实施： 展示了两个事物：光电池和手摇发电机。 虽然电能被储藏起来，但很快就消失了。 如何才能更多地储藏电能？ 设想： （1）光电池 ·强光照射在光电池上。 ·把光电池串联起来，获得更多的能量。 ·长时间照射光电池。 （2）手摇发电机 ·快速旋转手摇发电机。 ·多次数地旋转手摇发电机。	1. 展示电容器。 2. 在电容器中储藏电，使灯泡发光；使发电机旋转，改变条件进行调查。 3. 用电流表测验电容器中流动的电流和电容器放出的电流。 4. 以学生"能够使用更多的电能"这种愿望为基础，就使用电容器、光电池等进行各种各样的尝试，进而让学生掌握发电量与放电量之间的关系。 5. 使用电流表来改变条件来对发电的电量和放点的电量进行定量的调查。 6. 进行比较各种条件下，光电池和手摇发动机发电的结果，并发现其中的关系，然后得出结论。

学生的学习活动	教师的指导要点
实施方法不同，所产生的电量不同。 我们可以把发的大量电能储藏起来，但储藏却是有限的。 3. 电能消费（4学时） 使用我们储藏的电能看看。 认识： ·可以长期使用电子音乐盒和真空二极管，但发电机和电灯短时间内就会很快的消耗掉电。 ·使用发光二极管（LED）可以节能。 ·使用的物体不同，消耗的电能是不同的。 ·听说在家里，取暖用的电路和空调能消耗掉很多电能。 温度越高的物体，所消耗的电能越多，我们想珍惜的使用来之不易的电能。 实施： 展示了两个物体：非常热的物体和凉的物体。 发热和什么相关联呢？ 认识： ·电流的强度，电流越强，物体就会很快变热。 ·导线的粗细，磁力达到极限的情况。 ·时间的长短，及时延长时间，如果电流很弱的话也不行。 磁铁中没有变成磁力的部分电流，变成了热量，电流越强，发热量越多。 调查一下看看，利用发热功能的物体——电炉子等。	1. 使灯泡、发电机、发光二极管（LED）、电子音乐盒、携带式的半导体等这些物体通电，看看其功能。

3. 案例分析

能源教育在小学理科版的内容，我们选取了六年级《电的利用》这一章进行了解，通过对这一章的 12 个学时进行细致的分析，特点如下：

（1）学生学习与教师指导的分类

忽略表 5 中呈现的内容，单就表的结构来说，将整个教学活动分成"学生的学习活动"和"教师的指导要点"两个部分，分类明确。在"学生的学习活动"中，通过不同图形的方式来展现学生的疑问及应习得的内容，且对应的学生活动都会有一定的教师指导，体现了在学生的学习过程中，教师辅助引导的作用。

（2）能源知识内容丰富、细致

日本小学能源教育在实际教学实践中，所涉及的知识是非常多的，它把知识内容分得很细致，可以有利于学校清楚地把握这部分涉及的知识、实践活动及学生的培养目标，能源教育内容的丰富，同时也为教师教学提供了一个很好的依据。在本案例中，日本主要注重"电是如何产生的""它如何发电、蓄电、利用电""电不是用之不竭的"能更好地使学生理解到电作为能源的产生、消耗、利用，也可以培养学生的相关兴趣。

（3）知识内容的顺序性

通过表格我们可以看到，学生活动的实施步骤是按照问题的提出、活动的探索到最后的总结结论这样一个顺序进行的，科学地呈现给学生一个由浅入深、由易到难、层次分明的系统的知识体系。

（4）主张体验式的学习

"让学生在事实中，观察电的发生和储藏的过程，同时用自己的手切身感受发电""让学生会确认自己知道什么"等内容看出：在教学过程中，不是通过教师的"教"，而是通过学生的"学"来探索和掌握知识的。通过不断的探索，掌握的不仅仅是知识本身的意义，更注重知识所带来的内在价值，使学生在不断的探索中习得知识、培养情感。这与我国设置的小学三维目标——知识与技能、过程与方法、情感态度和价值观是相类似的，而日本的能源教育，以知识与技能目标为基础，对其他目标也有一个明确的贯彻，即通过体验实物来将学习变成一个动态的过程。

（5）能源教育授课时间长

日本在这一章设定了三个部分，每部分为 4 学时，共 12 学时的教学过程，这也在侧面反映了日本小学能源教育主张的探究式学习，探究的过程是按照发现、探索、推倒和得出结论的顺序进行的，这也遵循了小学生思维发展的特点，给了小学生足够的思维发展的空间。

（三）社会科能源教育教学案例与分析

社会科能源教学案例选择的是《支持日本战后复兴的电力》这一

章，从"冰箱的普及"来把握战后完成"奇迹的复兴"的日本人生活的变化，并与国民生活的丰富性相关联，加以思考生活的变化。[①]

1. 案例设计的理念呈现

（1）单元目标：将视角转向和平而富饶的社会，本单元的目标是理解和把握战后从零出发的日本，作为民主主义国家开始起步，经过制定日本国家宪法、召开奥运会等活动使国民的生活水平逐步提高、在国际社会中发挥重要作用、国家面貌发生了重大改变的事实。本单元是历史学习的最终单元，这个单元给学生留下了如下疑问："战后从零起步的日本是如何自立并使国民生活水平逐步丰富起来的？"教师利用照片和影像来描述战后日本的状态。同时通过对长辈的访谈来更加实感的学习和思考上述问题，进一步来理解完成战后奇迹复兴和富饶的日本形象。并与自己的生活状态进行比较，更深刻地了解从"什么都没有的日本"到"物质丰富的日本"的转变，另外思考富饶的日本今后在国际社会中所起的作用和担负的使命。

（2）通过"当时的'国民的不懈努力'和'电器'"这部分内容，陈述了本单元的另一个宗旨，即从电的消耗量来理解提高国民生活是"依靠国民的不懈努力"的结果。

以 1964 年亚洲首次召开东京奥运会为契机，日本取得了很大的发展。为了适应当时参加东京奥运会的 94 个国家、超过五千选手和议员，以工业为中心的日本产业和交通相应地得到迅速的发展。举个例子来说，东海道新干线的开通、首都高速公路的开通以及汽车、彩电、空调成为新的"三种神秘的电器"的普及等都说明了国民生活取得了很大的提高。而支持这种生活的无外乎是电、电力、电的普及以及电器的普及，在这种情况下大大改善了人们的生活。当今看来，理所当然的便利和富饶的生活是依赖于那个时代人们的"不懈努力"的结果。

---

① 北海道大学エネルギー教育研究会：《教育課程に位置付けられたエネルギー環境教育～パッケージプログラムの開発～》，平成 18 年版，第 93—95 页。

（3）通过列举"冰箱的普及"来把握国民生活的变化，从东京奥运会前后了解到电能的消费量、电器的普及率以及急剧增加的工业生产总值。在这一章不仅要求学生理解单纯的数字及其变化，还要理解电的消耗量与国民生活之间的联系。冰箱的普及率在20世纪60年代仅为9％，到了70年代则达到了91％，可以这么说，冰箱的普及改变了国民的饮食生活。另外，彩色电视机的普及，使国民在家里就能看到各种各样的信息。时间充足的时候，人们也会享受娱乐生活。汽车、空调等各种电器的上市，使得国民生活更加便利更加丰富。因此，在推进实际教学时，要充分利用访问来了解因电器普及所带来的生活变化的活动，以及通过当时的照片、影像，来调查当时生活状况，让学生有实感的推进学习。

2. 案例内容

在整个的教和学的过程，《支持日本战后复兴的电力》占有8学时，表6中为各学时的详细内容：

表6　　社会科中《支持日本战后复兴的电力》各学时的呈现

学生的学习活动	教师的指导要点
1. 战后日本的状况 照片呈现： ・并排简陋的房子 ・正在食用联合国儿童基金会提供的食物的孩子 （社会不稳定）（不能自立）（粮食不足） 被世界援助的日本： 好不容易战争结束了，但要从零起步的日本，是如何变成今天这样发达的呢？ 日本经过战后的11年，改变了什么呢？ 2. 1956年对世界的宣言"已经不是战后了" （政治安定）（变化的日本）（生活的改变）	1. 展示能够反映日本战后状况的照片： ・被联合国占领 ・失去母亲的孤儿 ・无家可归在简陋小屋里的生活 ・政治经济不稳定、因为无校舍而在外边学习的学生 2. 关注图片中的人物，让学生换位思考当时人物的心情。 3. 与自己现在的生活进行比较，让学生思考从战后到现在，日本是如何变化的。 1. 把时间比作年龄，即11年等于11岁，让学生拥有"仅仅过了11年"这样一个意识，来认识日本变化之快。

学生的学习活动	教师的指导要点
3. 利用资料的调查活动 · 1946 年日本制定了国家宪法 · 1951 年日本独立 · 1956 年日本加入联合国 日本战后 11 年，终于获得自立加入到世界行列之中，其中政治安定、国民生活不断改善。 4. 战后 19 年，自立后日本的光明舞台 · 1964 年亚洲首次召开东京奥运会 · 1964 年国家预算为 3 兆 4 个亿日元，而奥运会 15 天的费用共花费了 1 兆 800 亿日元。 为什么日本仅仅为了 15 天要花掉 1 兆 800 亿日元呢？ 日本战后的复兴姿态　被世界认可的日本　国际上的作用 日本通过奥运会向世界展示战后的复兴和对和平的渴望。 5. 参考跟电冰箱普及率的图表： 产业的兴旺　国民的不懈努力　生活的丰富性 正因为在和平的环境下，国民的不懈努力才达成了生活的富足。 为什么冰箱会这么迅速地普及开来？ · 1972 年札幌奥运会 · 1998 年长野奥运会 自立富饶的日本在今后要发挥怎样的作用呢？ · 提供资金援助 · 对国际社会做贡献 · 提供技术援助	1. 提供新的"三种神秘电器"的相关资料 · 彩色电视机 · 汽车 · 空调 1. 提供参考资料： · 日本奥运组委会网站 · 让学生理解以奥运会的召开为契机，日本的产业和交通迅速发展，国民生活有很大改善。 · 提供 1964 年东海道新干线开通仪式的照片 · 提供 1964 年东京高速公路开通仪式的照片 · 对奥运会相关设施进行展示 · 让学生观看东京奥运会录像 1. 提供工业生产总值的变化图 2. 让学生理解日本在国际视角下对整个人类所能够做出的贡献。 · 体育和文化的交流活动 · 海外青年协作队的活动

3. 案例分析

关于能源教育在小学社会科版本的内容，本案例选取了六年级

《支持日本战后复兴的电力》这一章进行了解，通过对这一章的 8 个学时进行细致的分析，特点如下：

（1）能源内容贯穿于历史发展之中

社会科属于文科范畴，相对于第一部分对理科版本的分析，表面上看能源知识内容在这一章涉及的并不是很多，但它的背后却体现着"电在我们生活发展中起到了很大的作用"这样一个信息，以能源对社会发展的角度来理解电的重要性和对生活的意义。生活、社会发展都是依赖于能源的，社会科并没有将能源的内容独立成章，而是将能源的内容融入历史中，以历史发展的角度来理解能源给生活带来的变化，进而让学生了解能源在生活中的重要地位、培养学生生活、社会发展都是依赖于能源的意识。

（2）重视能源教育实施的过程

在每个学时的学习中，大体上都是经历着从问题出发、整理资料、再到分析、得出结论这样一个动态的认识过程。注重学生对知识内容的自我体验，而教师的作用只是提供一些与内容相关的事实、数据、资料、网络等素材和手段，教学的过程主要还是靠学生自我分析思考进而达成所设定的目标。这样符合学生的认知发展规律，在不断的探索中完成对知识内部价值的升华。

（3）通过具体事例说明能源教育的重要性

从分析表 6 中我们可以看到，在这一章提供了很多清楚的历史数据，如"日本经过战后的 11 年，改变了什么呢?""1956 年日本加入联合国、1964 年亚洲首次召开东京奥运会"等，以年份为线索，形象地使学生认识到日本发展快的原因是依靠了能源消费。比起直观地说出能源在哪一阶段的重要性，本案例将能源知识引入国家发展中，让学生有一个思考、得出结论的过程，使能源教育具有更高的实际效用的性质。

第四节　日本初中理科能源教育①

本节从初中理科课程标准的视角回顾了日本能源教育的历史，归纳与总结了新订初中理科课程标准以及理科教科书中能源教育设计的现状，并从能源教育项目的设置、能源教育内容的选定与编排、能源教育的基本立场四个视角，解析了初中理科教科书中能源教育设计的特点。

一　初中理科课程标准视角下日本能源教育的历史

日本初中理科课程有意识地重视与实施能源教育，这要追溯到第二次世界大战后的生活单元理科时代。虽说当时国家理科课程标准并没有对能源教育提出要求，但是民间编制的理科教科书却对能源问题给予了高度重视。例如，《中学生的科学Ⅲ-3》最后单元设置了"自然界的能源是如何利用的？"，教科书就"应当怎样更好地利用自然？"这个问题指出："如果我们今后像现在这样继续消费能源的话，那么就必须思考和发现与以往不同的能源，或者更加有效地利用以往利用能源的方法。我们利用的火力发电机已经达到能够利用燃料能源的40％以上，即使再提高效率也不能安心面对能源不足的问题。""将来会大大地推进直接利用太阳给予地球的光能的方法吧。然而，人类的知识在意外的方向上开始探索新能源，这就是核能。""铀这种能源不仅作为炸弹用于战争，而且利用于和平产业的日子也不会太遥远吧。"② 该教科书起草于1948年，比美国前总统艾森豪威尔在联合国大会上提倡和平利用核能（1953年）要早5年。教科书编制者能够如此远见卓识地认识到能源教育的意义，纳入能

---

① 刘继和：《日本新订理科课程中能源教育设计解析》，《外国中小学教育》2007年第4期。

② 恩藤知典：《学校におけるエネルギー教育》，《理科の教育》1995年第11期。

源消费、太阳能利用以及核能和平利用等内容，这与第二次世界大战期间广岛和长崎原子弹受害不无关系。

此后，因生活单元理科导致学生学力低下而遭到严厉批判，自1958年生活单元理科转向系统学习理科，以往与生活相关内容被大幅度削减。进入20世纪60年代即以科学方法和基本科学概念为支柱的探究理科时代，能量概念得到前所未有的高度重视。例如，1969年理科课程标准第一领域目标规定："理解自然现象中的能量变化以及能量守恒，养成对自然现象的能量看法与想法。"

相应地，课程内容中许多大项目都纳入了能量概念。如"力和能量"（功和能量、热和能量）、"光和透镜"（光能）、"物质和原子"（化学变化和能量）、"电流"和"物质和电"（电能）、"电流和磁场"（机械能和电能的转化）、"运动和能量"（能量形态的转变）。同时，第二领域个别大项目也纳入了能量知识，如"生活活动的能量和光合作用"（生活活动的能量与能源、光能）、"大气与水的循环"（太阳放射的能量）、"地壳的变化和地表的历史"（地球内部的能量）等。可见，此时理科课程是以纯粹的能量概念为中心展开的，根本没有涉及能源问题，能源教育还没有获得应有位置。

进入20世纪70年代后，两次石油危机（1973年和1978年）对几乎完全依赖于外国石油供应的日本产生了强烈冲击，以此为契机，理科课程开始重视能源问题，能源教育逐步成为理科课程的重要课题。例如，1977年初中理科课程标准第一领域目标规定："理解身边物质和能源的作用，养成在与人类生活的关联中有效利用物质和能源的态度。"作为能源教育内容，除能量概念外，能源与人类生活的关系以及能源的有效利用得到高度重视。大项目"运动和能量"下属的中项目"能量"纳入了"在日常生活中有效利用资源和能源"这个小项目。教科书将其设置在最后，旨在作为物质和能量学习的总结，认识资源和能源在人类生活中的重要性。特别是，第二领域还单独设置了大项目"人类和自然"，旨在"在基本理解自然环境和自然事物与现象的基础上，认识支持人类生存的条件以及在开发与利用自然时既要考虑自然界的平衡，又要有计划实施的重要性"。其中，中项目"支持人类生存的物质和能源"正是能源教育内容，它包括"地球表面有空气、水、土、太阳光等，它们构成生物的生活环境""人类利用的物质有从植物等产生的和像地下资源一样开采的""在人类利用的能源中，除了过去及现在由太阳光得来的以外，还有核能等"。显然，此时的理科对资源与能源问题给予了空前关注。

1989 年初中理科课程标准中能源教育呈现萎缩迹象，即以往能源教育独立条款（大项目和中项目）被取消，相关内容仅作为小项目被调整到相应的中项目之中。例如，小项目"知道日常生活中要利用作为科学技术成果的各种素材和能源"被整合在"运动和能量"下属的中项目"科学技术的进步和人类生活"之中。小项目"通过与其他行星的比较认识地球具备生活生存的各种环境要素"和"要对人类利用的资源和能源中有天然资源、水力、火力、核能等加深认识"被整合在"大地的变化和地球"下属的中项目"地球和人类"之中。

二 新订初中理科课程中能源教育的设计现状

1. 新订理科课程标准中能源教育设计

1998 年，新订初中理科课程标准中能源教育内容依然集中在第一领域。表 7 对第一领域中能源教育的相关记述与配置进行了归纳整理。其中最引人注目的是设置了独立的中项目"能源"，这显示新课程对能源教育重新给予了特别重视。广义的能源教育包括理解能量概念（能量教育）和认识能源利用（狭义的能源教育），而后者又是基于前者展开的。从总体上看，新课程虽说设置了中项目"能源"，但能源教育的重心显然是侧重于理解能量概念，地道的能源教育只是在"科学技术和人类"中"能源"部分才涉及认识能源形态和能源的有效利用。

另外，在内容编排上，理解能量概念在先，而认识能源利用在后。理解能量概念的视角包括物理学（电、热、光、能量形态、能量转化与守恒等）、化学（化学反应与光、热等）、生物学（绿色植物依靠光合作用合成有机物与光能）和地学（火山喷发、地震、大气与水的循环等与能量流动），即能量概念贯穿整个理科之中。认识能源的形态及其有效利用设置在理解能量概念之后，这在认识论上具有一定的合理性。

表7　　　　　　　　第一领域中能源教育设计

	大项目/宗旨	中项目/小项目	关键词
理解能量概念	·身边的物理现象/通过对身边的事物与现象的观察与实验，理解光、声音的规则性和力的性质。	·光和声/发现反射、折射的规律性；知道声音是物体震动产生的。 ·力和压力/发现物体在力的作用下变形、开始运动及运动状态的改变。	光和声音 力
	·电流及其作用/通过对电流电路的观察与实验，理解电流的作用。	·电流的作用/进行实验，发现电流与磁场的关系；进行由电流产生热和光等实验，发现电流可以发光发热、电功率不同产生热和光的数量不同。	电 电与磁 电与光和热 电功率
	·运动的规律性/通过对物质和能量的观察与实验，理解物质运动的规律性和能量基础知识，养成与日常生活相关联的对运动和能量的初步看法和想法。	·运动的规律性/通过关于能量的实验与体验，知道能量有动能、势能、电、热、光等，同时知道能量的相互转化和能量守恒。	能量形态与种类 能量转化与守恒
	·物质和化学反应/理解物质和化学反应的利用。	·物质和化学反应的利用/进行化学反应的发热、发电实验，发现化学反应伴随着能量的出入。	化学反应与热和电
认识能源利用	·科学技术和人类/加深认识能源利用与环境保护之间的关联和科学技术的利用与人类生活的关系，同时养成与日常生活相关联进行科学思考的态度。	·能源/知道人类利用的能源有水力、火力、核能等各种形式，同时认识能源有效利用的重要性。 ·科学技术和人类/知道利用作为科学技术进步成果的新材料等，人们日常生活才变得丰富和便利，同时认识与环境相协调来发展科学技术的必要性。	能源形态 能源有效利用 新材料 科技发展与环境相协调

2. 新订初中理科教科书中能源教育设计

以《新科学》（东京书籍）为例，就教科书中能源教育相关项目内容的记述与配置加以抽出、归纳与整理，见表8。

表8 《新科学》中能源教育的设计现状

	大项目/中项目/小项目（具体内容）	关键词
能量概念	·身边的现象/光的世界	光
	·身边的现象/声的世界	声
	·身边的现象/各种各样力的世界	力
	·电流/电流的作用/电功率、热量；电动机、发电机	电与热磁
	·能量/各种各样能量/能量定义、势能、动能、机械能、动能与势能的转化与机械能守恒；能量形态（电能、热能、光能、声能、能量单位）、能量转化与能量守恒 ·能量/化学变化和能量/化学变化和热能；化学能；化学变化和电能	能量
	·植物的世界/植物的生活和身体结构/光合作用 ·地球和宇宙/太阳系的天体/太阳光 附录：可视性资料/太阳能的转化	光能
	·动物的世界/动物身体的功能/食物的消化吸收与能量的获得·自然和人类/自然中的生物/分解者、自然界的物质循环	生物能
资源与能源的利用	·科学技术和人类/物质资源/金属资源；资源再利用 ·（选学）科学技术进步和人类生活/新材料 附录：可视性资料/各种新材料和信息通信技术；资源再利用的研究	资源 新材料
	·科学技术和人类/能源的利用/水力发电、火力发电和核能发电；能源有效利用；资源、能源的大量消费与人口增长、新能源的开发（太阳光发电、风力发电、地热发电、波力发电、燃料电池） ·能量/化学变化和能量/有机物燃烧（石油、天然气、煤炭、甲烷）；燃料电池 ·（选学）科学技术进步和人类生活/能源问题（有限性、环境污染）；新能源的开发和垃圾回收与再利用 附录：可视性资料/太阳能的转化	能源

三 初中理科教科书中能源教育设计的特点解析

1. 能源教育项目的设置

能源教育项目设置有两个特点：一是将"能源"或"能源利用"设置为独立单元（中项目）。或将"能量"和"能源利用"先后设置在一个大项目（章）之中，如《中学理科》（教育出版）大项目"物质和能量"中先后设置了中项目"能量""化学变化和能量""能源"。或者将"能量"和"能源"先后设置在两个或三个章节中，如《新科学》（东京书籍）先后设置了大项目"能量"和"科学技术和人类"，而"科学技术和人类"依次设置了中项目"物质资源的利用"和"能源的利用"。《初中理科》（大日本图书）依次设置了大项目"运动和能量""物质和化学反应的利用""科学技术和人类生活"（其中设有中项目"能源"）。显然，这有利于系统实施能源教育。二是将能量概念和能源利用的相关内容设置在教科书最后学习。因为能源问题具有很强的社会性、生活性，与价值观念与意志选择关系密切，最后认识能源利用是旨在有效发挥前面学过的知识概念综合地思考能源问题，以形成合理的能源利用观念。

2. 能源教育内容的选定

日本理科课程中能源教育内容包括能量概念和资源与能源的利用两部分。能量概念又分为两个层面：与能量相关的物理学概念（光、声、力、电与热、电与磁等）和能量概念本身（能量的存在方式、能量定义、机械能的转化与守恒、能量形态、能量转化与能量守恒、化学变化和能量）。资源与能源利用可划分为资源利用和能源利用两部分。资源利用主要从科学技术进步与人类生活之间关系的角度阐述新材料的发展与利用，以及从资源的有限性和环境保护的视角说明资源再利用和有效利用资源的重要意义。能源利用可以归纳为能源形态及电能的产生（水力发电、火力发电和核能发电）、能源问题（能源消费量的增加、能源的有限性、能源消费以及核能利用与环境污染）、资源有效利用（技术）、新能源（绿色能源）的开发（太阳光发电、风力发电、地热发电、波力发电、燃料电池）等四个层面，这是与能源教育关系最直接、最密切的内容。课程标准对中项目"能源"只规定了水利、火力和核能等能源形态和能源有效利用的重要性两个层面内容，但各版本教科书中能源教育内容却大大超出了这一规定范围与要求。

3. 能源教育内容的编排顺序

如上所述，能源教育内容的编排顺序是理解能量概念在先，而认识资源与能源的利用在后，即学生对资源与能源问题的认识是以理解能量概念为基础和前提的。而资源与能源利用的学习顺序大体上是：①能源形态（水力发电、火力发电和核能发电）；②能源问题（能源消费量的增加、能源的有限性、能源消费及核能利用与环境污染）；③资源与能源的有效利用（技术）；④太阳光发电、风力发电、燃料电池等绿色能源的开发。即首先了解电能（能源）利用的现状，然后发现能源利用存在的问题，最后依靠科学技术解决问题。这种组织与编排顺序充分考虑了学生的认识顺序。

4. 能源教育的基本立场

在能源教育的基本立场上，理科教科书立足于科学技术主义，不是民主的、多元化的人文社会主义。这表现在，在面对能源问题的解决策略上，教科书突出强调了资源与能源的有效利用和绿色能源的开发，而它们的基石正是科技的进步。例如，在对待今后能源利用的问题上，《中学理科》明确提出，由于现在利用的化石燃料等能源的有限性以及大量消费所造成的地球环境恶化，所以有必要改变能源。为此，"要开发新能源以及有效利用贵重资源的技术，这其中一部分技术已经实用化。科学的进步揭开了物质、生物、地球环境等诸多未解之谜。借助科学知识，人类将进一步发展。今后，为有效利用能源，达成保全地球环境的社会，我们应如何做出选择？要做出这个选择还得依赖科学知识。今后要以以往学习的知识为基础，广泛关心科学吧"。[1]《新科学》同样指出，为有效使用能源还要"期待今后的技术开发"。[2]

在学校教育中，能源问题与纯粹的科学问题不同。因社会、集团或个人不同，对同一个能源问题的看法和主张也各不相同，所以

---

[1] 細矢治夫他：《中学校理科（第一分野下）》，教育出版社 2003 年版，第 72—73 页。
[2] 三浦登他：《新しい科学（第一分野下）》，東京書籍出版社 2003 年版，第 85 页。

能源教育与纯粹的理科教育最明显区别是它并非强调对每个能源问题必须给出一致的最终答案，而是依据学习者自己的知识结构、经验、思想方法和价值标准等做出意志判断。鉴于此，教科书应对此持中立立场，力争向学生提供全面、客观的信息，以养成他们对能源问题形成自我认识能力和意志决定能力。英美等欧美国家教科书在对待核能问题采取的办法就是民主式的，即教科书只是客观地介绍各种能源的优缺点，而把最终的选择权交给学生，绝不是单纯地理解知识。[①] 这一点值得借鉴。

第五节　日本绿色学校事业[②]

20 世纪 90 年代后期，文部省开始在全国中小学推进绿色学校事业。日本绿色学校的基本理念和推进策略有其独特的实质性内容和鲜明特征。本文拟就日本绿色学校的基本理念和推进策略做全面揭示，希望对我国绿色学校事业的健康发展有所启示。

一　绿色学校提出的背景

近年来，温室效应、臭氧层破坏、酸雨蔓延、土地沙漠化、热带雨林减少、大气污染、水质污染、海洋污染、有害废弃物越境转移等全球性环境问题已成为世界各国的共同课题。进入 20 世纪 90 年代，为应对全球性环境问题，日本政府相继制定了《防止地球温暖化行动计划》《环境基本法》和《环境基本计划》等环保政策相关法规，试图加强保护地球环境工作的力度。1997 年防治地球温暖化京都会议采纳的《京都议定书》就二氧化碳排放量的削减目标，各

---

① 大内敏史：《欧米における资源・エネルギーに关する教科书の记述内容》，《エネルギーレビュー》1995 年第 3 期。

② 刘继和：《日本绿色学校的基本理念和推进策略》，《沈阳师范大学学报》（自然科学版）2003 年第 3 期。

国达成协议：EU 各国平均削减 8%、美国削减 7%、日本削减 6%。以此为契机，世界环境保护运动掀起了新的高潮。

说到底，环境问题实质上也是节约能源和资源问题。陶瓷、钢铁、玻璃等材料制造业因消耗庞大的能源，相应地二氧化碳的排放量也相当大。在日本，这部分排放量占社会总体二氧化碳排放量的 12.8%。此外，由建筑业产生的二氧化碳排放量的比例也是相当大的。据日本建筑学会 1990 年前后着手的关于建筑业中二氧化碳排放量的调查结果显示，二氧化碳的排放量与能源消费大体成正比。如由向建筑工地搬运材料的卡车等产生的二氧化碳排放量占社会总排放量的 3.4%，供暖、照明、电梯等建筑物运用时伴随能源消耗而产生的二氧化碳排放量占社会总排放量的 1/3。

为应对上述情况，1993—1994 年，文部省委托日本建筑学会开展了"关于考虑环境的学校设施（绿色学校）应有状况的调查研究"，（笔者注：像这样，在日本文部省等政府文件中，通常将"关于考虑环境的学校设施"和"绿色学校"两种表述一同使用，以下简称"绿色学校"。）建筑学会接受该委托后组建了"绿色学校小委员会"，对学校建筑方面的有关事项开展调研。同时，1994 年文部省专门设置了"绿色学校调查研究协作者会议"，1996 年该"会议"提出《绿色学校》报告书，归纳总结了推进完善绿色学校的基本想法与方案，并就被认为可导入学校设施的各项技术性方法列举了实例。1997 年该"会议"还编制了介绍特色绿色学校先进事例的资料集《绿色学校的技术性方法调研报告书》，明确指出，为适应与环境相协调的 21 世纪，学校设施也有必要从环境保护的新视点采取相应对策。同年，日本建筑学会发表声明："为面向实现可持续社会，阻止地球温暖化，降低不可再生资源的消费，今后建筑物要将 $LNCCO_2$ 削减 30%。"（注：$LNCCO_2$ 是指建筑物产生的环境负荷）同时还宣称，要将现在被认为 35 年左右的建筑物耐用年数（寿命）延长到 100 年。而实现这一目标的基本措施，是变革建筑模式（价值观）、采用先进技术削减材料生产和建筑物运用时的能源消耗、完善相关法制和树立考虑地球环境的生活方式。该学会还指出，建筑业涉及建设、运营、改修、解体与废弃等各过程，而每个过程都因伴随着能源消耗，并产生二氧化碳。

许多人认为，与社会的其他设施相比，学校设施的能源消费量并不算高。但是，从全国总体角度来看，其能源消耗量是相当庞大的。所以，有必要创造条件，如利用空地植树绿化、利用太阳能发电等，以充分利用自然能源，改善学校环境，推进环境教育的深化与发展。学校是社区的中心，是社会的重要有机组成部分，承担着培养人（如对学生进行环境教育、科学素质教育等）的特殊使命。以往，在日本，为满足社会要求，在加强学校设施建设上，过于注重设施的数量（增建、扩建）。如今，包含全国的国立、公立和私立学校在内的日本学校总建筑面积约达 3 亿平方米，约占业务用建筑的 1/4，约 2500 万人（相当于总人口 20％）在使用它。可以想象，考虑到学校设施的总体面积和利用人数，各学校所消耗的能源总量是相当庞大的。况且，今后，学校设施作为支援多样化学习活动的重要基地，越加追求其高性能、高舒适性，这样，将来学校能源的消耗总量势必还会进一步增加。[①] 由此看来，学校也是能源消耗大户，是影响周围环境不可忽视的重要因素，它不仅为社会培养和输送大批合格人才（生产者），同时还是环境问题的"制造者"（消费者）。鉴于这种情况，文部省认为，面对进一步完善、维护和管理今后的学校设施，采取试图降低环境负荷等环境对策，创建新型学校设施，扎实推进绿色学校事业的发展以及学校环境教育的有效落实，则是 21 世纪日本学校的一项重要课题。

---

① 環境を考慮した学校施設に関する調査研究協力者会議：《環境を考慮した学校施設（エコスクール）の現状と今後の整備推進に向けて（平成 13 年度）》，平成 14 年 3 月 5 日，http：//www.mext.go.jp/b_menu/shingi/chousa/shisetu/006/toushin/020302.html。

二 绿色学校事业在文部省文教实施政策中的位置

绿色学校事业的设定揭示了今后学校办学的一个发展方向，即学校设施也要站在环境保护的立场，并从有利于开展环境教育的视角重新加以考虑和认识。为防止地球温暖化等环境问题的深刻化，学校办学理念必须更新，不仅在课程与教学活动中对学生实施环境教育，还要在学校建筑设施层面进一步考虑对环境因素的影响。基于此，文部省《教育改革计划》（1998年）和《关于地球环境问题的行动计划》（1998年）等实施政策都对绿色学校的基本理念和做法做了阐述，以试图进一步推进和完善绿色学校事业的发展。

关于今后如何具体推进绿色学校事业的发展，《教育改革计划》"充实环境教育等——对应地球环境问题"强调指出："为具体实施与推进太阳能发电、太阳热利用、绿化、节能节资等绿色学校事业的发展及其实证性研究，从1997年起，文部省将与通商产业省合作实施'试验模型事业'，同时还要将这些设施作为活的环境教育教材加以充分利用。"《关于地球环境问题行动计划》"节能、节资、对应新能源""完善有益于环境的文教设施""绿色学校"也强调指出："在学校设施上，要建设具有应对削减环境负荷之策略的设施。因此，为具体开展和推进太阳能发电、太阳热利用、绿化、节能节资等绿色学校的发展及其实证性研究，从1997年至2001年要继续与通商产业省合作实施'试验模型事业'。同时还要推进'户外教育环境完善事业'中户外运动场所的绿化等，并将这些设施作为活的环境教育教材加以充分利用。"[①] 可以看出，文部省已将绿色学校事业明确地纳入国家文教实施政策之中。一方面，这意味着文部省对绿色学校事业给予高度重视，另一方面，也表明绿色学校已成为21世

---

① 文部省：《我が国の文教施策》，大藏省印刷局1998年版，第558—560页。

纪日本学校办学理念的一个重要组成部分。

三　绿色学校的含义及基本理念

1996 年《绿色学校》报告书等文部省相关文献就"绿色学校"的含义做了如下界定：所谓绿色学校是指从以下三个视角来完善的学校设施。第一，在设施方面，旨在削减环境负荷而设计和建设的设施。第二，在运营方面，按照削减环境负荷之目的而运营的设施。第三，在教育方面，在环境教育上也能充分发挥作用的设施。具体地说，日本的绿色学校包含三层含义：

第一，学校设施的建设要有益于环境。即设计和建设的学校设施应：①有益于儿童学生；②有益于社区；③有益于地球。

第二，学校设施的运营使用要耐久、合理。即设计和建设的学校设施应：①延长建筑物的使用寿命；②充分利用自然的恩惠；③杜绝浪费，有效利用。

第三，在教育教学上学校设施要有益于学习。即设计和建设的学校设施应：①有利于儿童学生向环境学习；②有利于提高社区人们的环境意识。[①]

可见，日本绿色学校的基本理念及宗旨是，在设施的建设和运营管理方面要有利于减少环境负荷，在设施的教育教学方面要有助于开展环境教育。换言之，在日本，理想的绿色学校是在努力实现学校设施本身的建筑性要素（硬件因素）和设施的运营管理要素、对人的教育教学要素（软件因素）两方面有机结合与协调，以发挥学校在削减环境负荷和落实环境教育上应有的整体机能。

通过上述分析，日本绿色学校的基本理念可用图 2 表示。这表明，从理念上讲，在建设绿色学校时，仅考虑学校设施设备的完善

---

① 環境を考慮した学校施設（エコスクール）を活用した環境教育についての調査研究協力者会議：《インタラクティヴ・エコ》，2001 年版，第 3—5 页。

与建设（硬件因素），或仅考虑学校设施的运营管理和教育教学（软件因素），都是片面的，应当将这两方面因素有机地统一起来。不过，文部省等官方文件显示，总的来说，日本绿色学校基本理念的重心还是倾斜于学校设施的建设与完善（硬件因素）侧面。这也正是日本绿色学校的最突出特征。

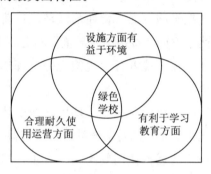

图2　日本绿色学校的基本理念

四　绿色学校事业的实施框架

依据 1996 年报告书《绿色学校》，为了具体开展推进完善绿色学校及实证性研究，从 1997 年起，文部省和通产省共同实施了"绿色学校试验模范事业"。该事业的目的在于，一方面要有利于向儿童学生开展环境教育；另一方面要有助于今后进一步充实和完善学校设施。"绿色学校试验模范事业"规定，各都道府县市镇乡是绿色学校事业的实施主体，事业对象为公立学校，事业内容包括太阳能发电、太阳热利用等新能源、隔热技术等节能技术的导入，推进学校的建筑物绿化、屋顶绿化和废水利用等。1997 年首次选定了 18 所示范学校，其事业类型主要是太阳能发电型。1998 年选定了 20 所示范学校，其事业类型是以太阳能发电型或综合型为主。截至 2000 年，在全国已有约 100 所学校实施了此项事业。"绿色学校试验模范事业"的基本实施框架如图 3 所示。①

———————————

① 学校教育指導課：《エコスクールの改善》，《教育委員会月報》1999 年第 4 期。

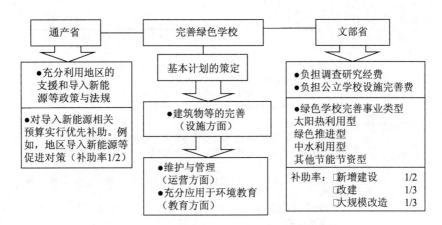

图 3　"绿色学校试验模范事业"的基本实施框架

五　绿色学校事业的基本类型

日本绿色学校事业基本上可概括为四大类型,但实际上,有些类型是相互交叉或并存的(见表9)。①

表9　　　　　　　　　　　日本绿色学校事业的四大类型

事业类型		事业内容
新能源利用型	太阳光发电型	在楼顶上设置太阳能电池,将发出的电能充分利用于学校通常使用的电力方面。
	太阳热利用型	在建筑物上设置太阳能热水器,将太阳热加热的温水应用于供暖、生活供热(学生食堂、洗澡等)、游泳池水的加热等。
	其他新能源利用型	例如: ·风力发电——在建筑物上或校园内设置风力发电装置,以此来发电,并将发出的电用于弥补学校通常使用的电力。 ·地热发电——将换气用的管道埋设于地下,将地热导入室内,通过空气循环以达到热交换的一种系统。 ·燃料电池——以城市煤气等燃料来发电的一种系统。这种发电排放的二氧化碳排放量也少,对空气污染较轻。

① 学校教育指導課:《エコスクールの改善と推進》,《教育委員会月報》2001 年第6期。

续表

事业类型	事业内容
绿化推进型	·建筑绿化——在建筑物的墙面、楼顶、凉台等处进行绿化。这在绿色较少的城市里特别有效。 ·屋外绿化——积极绿化校园,提高绿色覆盖率,形成绿色网,建设具有安定生活环境的野生生物生息空间等。
中水利用型	·雨水利用——把从地面或楼顶等汇集的雨水储存在建筑物地下的雨水储蓄槽内,经过滤等处理,用于冲洗厕所、校园绿地的浇灌、校内水池等。 ·废水再利用——将设施内产生的废水过滤处理后,用于厕所冲洗等。 ·节水型器具的导入——使用自动水阀,或节水型厕所用具,提高校内节水效果。
其他节能节资型	·隔热——采用双层玻璃或双层窗框等。 ·遮光——设置房檐、遮阳窗帘等。 ·采光——通过设置反射镜等把光线聚集到太阳光达不到的地方。 ·设置生活垃圾堆肥化设施——借此将学生食堂的残余剩饭等生活垃圾制成有机肥。

六 绿色学校事业的个案分析——以冲绳县那霸市那霸国际高中为例

　　冲绳县是一个东西长约 1000 公里、南北长约 400 公里,拥有约 160 个岛屿的海域广阔的县,是日本唯一属于亚热带海洋性气候的地区,年均气温 22.4℃,常年温热、潮湿、多台风(年均 4 次)。那霸市是一个位于冲绳县南部人口约 30 万人的都市,从 14 世纪至 16 世纪的琉球王国时代起至今一直是冲绳的政治与经济的中心,是日本与亚洲联结的南大门。战后的冲绳县在美军的统治下,许多土地被美军军事基地占用。那霸市的美军军事基地占用了约 16% 的土地,成为都市建设计划的最大障碍。为了推进适应高度信息化的城市建设目标,从 1990 年开始,政府将那霸市设定为"拥有信息传递功能的教育设施(Intelligent school)"的重点完善地区,实施了"关于文教设施的 Intelligent school 试验性研究"事业。那霸国际高中具有"高度信息通信机能""舒适生活空间"和"学校向社区开放"三项要素，是"拥有信息传递功能的教育设施"学校之一。现在，建设绿色学校已成为那霸国际高中顺应当地自然气候条件，创造"舒适生活空间"的一项重要内容。具体地说，那霸国际高中在绿色学校建设上的具体做法包括以下五个方面。[①]

第一，雨水利用。该县年均降水量比全国年均降水量 1630 毫米还多，超过 2000 毫米。但因河川水路短，降水很快流失于大海。第二次世界大战结束之初，慢性水不足曾是市政府的一件头等大事。尽管现在采取了修建大坝等蓄水对策，但从有效利用自然资源的角度看，积极推进雨水利用也十分必要。冲绳县学校用水一半以上是冲洗厕所，所以积极推进雨水利用则具有明显的现实意义。他们的做法是，在室外运动场的下面设置 500 吨雨水储蓄槽，将雨水汇集其中，经过滤器净化后，用于清洗厕所、浇灌草坪以及空调的冷却水。

第二，雨水地下还原。在冲绳县，雨水在地表流速快，蒸发量大，本来可利用的雨水资源被白白浪费掉了。因此，如何将雨水还原于地下，使之成为重要地下水资源，然后进行循环再利用，这是非常重要的课题。那霸国际高中拥有 214 平方公里的广阔占地面积，这样，雨水汇流出去对下游河川影响也很大，所以，思考有效对策，将雨水还原于地下，保护地下水源，防止洪水发生，具有积极的现实意义。该校采取的主要措施是确保草坪面积和利用浸透性良好的地面铺设材料，如在校停车地种植草坪等。

第三，遮光房檐。该校位于美军普天间飞机场区域，需要防止噪声对策，为此学校安装了防止噪声用的空调设备。为了有效利用空调，降低能源消耗，其对策之一是设置遮挡夏日强烈阳光的遮光房檐，以降低空调负荷。

第四，采光与通风。以前的学校校舍曾采用平面设计，将所有

---

① 日本那霸国际高等学校：《エコスクールの改善》，《教育委员会月报》1999 年第 4 期。

设施集约于一栋楼内，从而造成了采光和通风不良的弊端。为此，在建设新校舍时，其中央部分设计了三处光线明快的空间，从而大大地改善了校舍的采光和通风条件。

第五，太阳能发电。作为绿色能源的太阳能发电，难以导入学校的主要原因是设置费用高。但那霸国际高中则认为，在学校导入太阳能发电装置，这不仅可以最大限度地节约电费，而且还可以将其充分用于开展环境教育。

第四章 中国的能源教育

第一节 我国能源现状图解

1957 年来,《BP 世界能源统计》提供了关于世界能源市场优质、客观且全球一致的数据。该统计资料是能源经济领域备受关注且最富权威性的出版物之一,被媒体、学术界、各国政府和能源公司作为参考使用,每年 6 月发表新版本。这里采用的是《BP 世界能源统计 2008》(网址:www.bp.com/statisticalreview),通过解读该报告的相关信息,旨在在全球视角下了解和把握我国能源的基本现状。

该报告对能源做出如下分类和界定:所谓一次能源是指直接取自自然界、没有经过加工转换的各种能量和资源,它包括:原煤、原油、天然气、油页岩、核能、太阳能、水能、风能、波浪能、潮汐能、地热、生物质能和海洋温差能等。一次能源可以进一步分为可再生能源和不可再生能源两大类。可再生能源包括太阳能、水能、风能、生物质能、波浪能、潮汐能、海洋温差能等,在自然界可以循环再生。而不可再生能源包括:煤、原油、天然气、油页岩、核能等,它们是不能再生的,用掉一点,便少一点。所谓二次能源是指由一次能源经过加工转换以后得到的能源产品,例如:电力、蒸汽、煤气、汽油、柴油、重油、液化石油气、酒精、沼气、氢气和焦炭等。

该报告显示，世界一次能源消费在 2007 年增长了 2.4%，尽管较之 2006 年 2.7% 的增长率略微下降，但仍连续第五年高于平均增长水平。亚太地区占据了全球能源消费增长的 2/3，并以高于平均水平的 5% 的速度在持续增加。然而，日本的能源消费下降了 0.9%。北美的能源消费从 2006 年的颓势中恢复并反弹，增长了 1.6%，是过去 10 年平均水平的一倍。中国在去年的能源消费增长率为 7.7%，尽管仍然高于过去 10 年的平均水平（同期中国经济的增长速度处于同样状况），却是自 2002 年以来的最低增长率。中国再一次占据了全球能源消费增长的一半。印度的能源消费增长了 6.8%，是仅次于中国和美国之后的世界第三大增量。欧盟的能源消费下降了 2.2%，其中德国的能源消费减幅为世界之最。中国的能源消费 +7.7%，EU 的能源消费 -2.2%。2007 年世界一次能源消费增长了 2.4%。

一　石油现状

（一）石油探明储量（单位：10 亿桶；%：占总量的百分比）

2007 年年底，世界石油探明总量为 1 兆 2379 亿桶，石油储产比 R/P 为 41.6 年，具体分布数据如下（注：①、②等数字表示百分比由大到小的顺序，下同。）：

中东：755.3，占 61.0%（其中，①沙特 21.3%，②伊朗 11.2%，③伊拉克 9.3%，④科威特 8.2%，⑤阿联酋 7.9%，⑫卡塔尔 2.2%）

欧洲及欧亚大陆：143.7，占 11.6%（其中，⑦俄罗斯 6.4%，⑨哈萨克斯坦 3.2%）

非洲：117.5，占 9.5%（其中，⑧利比亚 3.3%，⑩尼日利亚 2.9%）

中南美：111.2，占 9.0%（其中，⑥委内瑞拉 7.0%）

北美：69.3，占 5.6%（其中，⑪美国 2.4%，⑫加拿大 2.2%）

亚太地区：40.8，占 3.3%（其中，⑭中国 1.3%，印度、印度尼西亚和马来西亚各 0.4%）

1. 地区石油探明储量（见图 1）

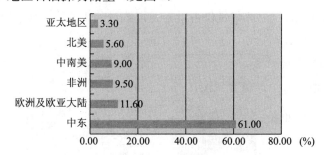

图 1　地区石油探明储量

2. 主要国家石油探明储量（见图 2）

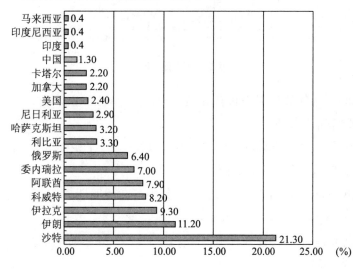

图 2　主要国家石油探明储量

图 1、图 2 显示：

（1）中东石油埋藏量占世界总埋藏量的六成多，但产量只占世界总产量的三成，拥有维持或扩大未来石油产量的潜在能力的是中东。

（2）欧洲及欧亚大陆埋藏量占世界总埋藏量的 12%，但产量却占世界总产量的 22%。

（3）北美埋藏量占世界总埋藏量的 5.6%，但产量却占世界总产量的 16.5%。

（4）中国石油埋藏量仅占世界总埋藏量的 1.3%，但产量却占世界总产量的 4.8%。

（二）石油产量

1. 地区石油产量（见图 3）

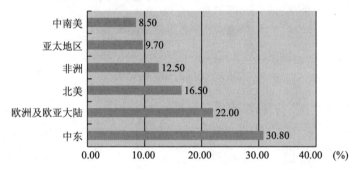

图 3　地区石油产量

2007 年年底世界石油产量为 3905.9（单位：百万吨，下同。），具体数据分布如下：

中东：占 30.8%（其中，①沙特 12.6%，④伊朗 5.4%，⑧阿联酋 3.5%，科威特 3.3%）

欧洲及欧亚大陆：占 22.0%（其中，②俄罗斯 12.6%，⑩挪威 3.0%，英国 2.0%）

北美：占 16.5%（其中，③美国 8.0%，⑥墨西哥 4.4%，⑦加拿大 4.1%）

非洲：占 12.5%（其中，尼日利亚 2.9%，利比亚 2.2%）

亚太地区：占 9.7%（其中，⑤中国为 186.7，占 4.8%，印度尼西亚 1.2%，印度 1.0%）

中南美：占 8.5%（其中，⑨委内瑞拉 3.4%，巴西 2.3%）

上述数据显示，中东和欧洲及欧亚大陆共占石油总产量的 1/2 以上，沙特和俄罗斯合计占石油总产量的 1/4。产量位居世界第 3 位的美国和第 4 位的中国，消费量却位居世界第 1 位和第 2 位。

（三）石油消费量

2007 年石油消费总量为 85220 千桶/日（3952.8 百万吨），比 2006 年增长了 1.1％，即 100 万桶/日，略低于过去 10 年平均水平。增加份额的是：33％来自中国，17％来自印度，也就是说中印两国增加的份额占世界整体增加份额的 50％。

其他地区消费量增长情况如下：

北美洲：占 28.7％（增长缓慢）（其中，①美国 23.9％，⑧加拿大 2.6％）

亚太地区：占 30.0％（增长强劲）　［其中，②中国占 9.3％（7855 千桶/日），③日本 5.8％，④印度 3.3％，⑦韩国 2.7％］

欧洲及欧亚大陆：占 24.0％（没有大变化）（其中，⑤俄罗斯 3.2％，⑥德国 2.8％，法国 2.3％）

中东：占 7.4％（没有大变化）　（其中，⑨沙特 2.5％，伊朗 1.9％）

中南美：占 6.4％（没有大变化）（其中，⑩巴西 2.4％，委内瑞拉 0.7％）

非洲：占 3.5％（没有大变化）（其中，埃及 0.8％，南非 0.7％）

（四）石油储产比（R/P 年）

世界石油储产比连续维持在 41.6 年不变。2007 年分区域的储产比为：中东 85 年左右，中南美 46 年左右，非洲 32 年左右，欧洲及欧亚大陆 23 年左右，北美和亚洲 14 年左右。

上述数据显示：

第一，从地区来看，前三者总消费量占世界总消费量的近 83％，后三者总消费量仅占世界总消费量的 17.3％。也就是说石油消费主要是倾斜于北美和欧洲及欧亚大陆以及发展强劲的亚太地区。

第二，从国家来看，美国石油消费占世界石油总消费的近1/4，其次是中国石油消费占世界石油总消费的近1/10，前六个国家总消费量占世界总消费量的1/2。

第三，中东、南美与中美洲以及非洲这些石油出口地区的消费占据了全球石油消费增长的2/3，即石油出口国家石油消费增长强劲。

第四，亚太地区的石油消费增长了2.3%，基本与历史平均水平保持一致，中国和日本的石油消费增长低于平均水平。

二 天然气现状

（一）天然气探明储量和储产比（R/P 年）

2007 年年底探明天然气储量 117.36 兆立方米，储产比 R/P 为 60.3（年）具体分布如下：

中东：占 41.3%，储产比超过 200（其中，②伊朗 15.7%，③卡塔尔 14.4%，④沙特 4.0%，⑤阿联酋 3.4%，⑩伊拉克 1.8%）

欧洲及欧亚大陆：占 33.5%，储产比 55.2（其中，①俄罗斯 25.2%，挪威 1.7%，土库曼斯坦 1.5%，⑯哈萨克斯坦 1.1%）

非洲：占 8.2%，储产比 76.6（其中，⑦尼日利亚 3.0%，⑨阿尔及利亚 2.5%，埃及 1.2%）

亚太地区：占 8.2%，储产比 36.9（其中，印度尼西亚 1.7%，澳大利亚和马来西亚各 1.4%，⑯中国 1.1%）

北美：占 4.5%，储产比 10.3（其中，⑤美国 3.4%）

中南美洲：占 4.4%，储产比 51.2（其中，⑧委内瑞拉 2.9%）

（二）天然气产量

2007 年世界天然气总产量为 2940.0（10 亿立方米）。

主要国家天然气产量：如图 4 所示。

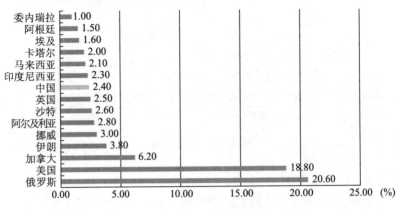

图 4　天然气产量

欧洲及欧亚大陆：36.5%（其中，①俄罗斯 20.6%，⑤挪威 3.0%，⑧英国 2.5%）

北美：26.6%（其中，②美国 18.8%，③加拿大 6.2%）

亚太地区：13.3%（其中，⑨中国 2.4%，⑩印度尼西亚 2.3%，马来西亚各 2.1%）

中东：12.1%（其中，④伊朗 3.8%，⑦沙特 2.6%，卡塔尔 2.0%）

非洲：6.5%（其中，⑥阿尔及利亚 2.8%，埃及 1.6%）

中南美洲：5.1%（其中，阿根廷 1.5%，委内瑞拉 1.0%）

（三）天然气消费量

1. 地区天然气消费量（%）

2007 年世界天然气总消费量为 2921.9（10 亿立方米），比 2006 年增长了 3.1%，其中（见图 5）：

欧洲及欧亚大陆：占 39.4%（其中，②俄罗斯 15.0%，⑤英国 3.1%，⑦德国 2.8%，⑧意大利 2.7%，乌克兰 2.2%）

北美：27.6%（其中，①美国 22.6%，④加拿大 3.2%）

亚太地区：占 15.3%（其中，⑥日本 3.1%，⑩中国 2.3%，印

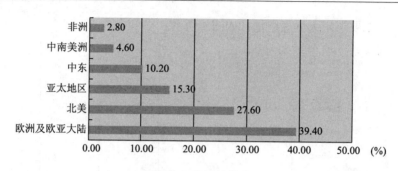

图5　天然气消费量

度 1.4%，韩国 1.3%）

中东：占 10.2%（其中，③伊朗 3.8%，⑨沙特 2.6%）

中南美洲：占 4.6%（其中，阿根廷 1.5%，委内瑞拉 1.0%）

非洲：占 2.8%（其中，埃及 1.1%，阿尔及利亚 0.8%）

2. 主要国家天然气消费量（见图6）

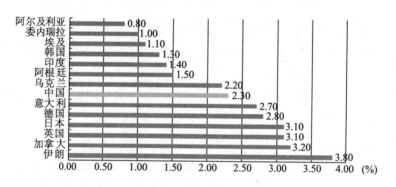

图6　主要国家天然气消费量

2007 年，人均天然气消费量：北美和俄罗斯为 1.5—2.0（吨油当量），中国和南非为 0—0.5（吨油当量）。世界天然气消费增长了 3.1%，超过以往的平均增长速度。主要是因为北美、亚太地区和非洲的区域增长率超过了世界平均水平。寒冬和对天然气发电的需求导致美国的天然气消费增长占据了世界增长的近一半，同时，天然气几乎占据了美国能源消费增长的全部。美国天然气消费增长了

6.5％，中国的天然气消费上升了 19.9％，是全球的第二大增幅。受到暖冬的影响，欧盟的消费下降了 1.6％，连续第二年出现下降（见图 7）。

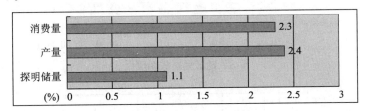

图 7 中国天然气现状

（四）天然气产量

天然气产量在 2007 年增加了 2.4％。美国是全球最大的天然气供应增长国，涨幅为 4.3％，为 1984 年以来最大的增长。美国天然气的产量和消费量是全球天然气增长的最大贡献者。中国的天然气产量增长了 18.4％，位居世界第二。

三 煤炭现状

（一）煤炭探明储量

煤炭的探明储量：通常是指在现有的经济与作业条件下，通过地质与工程信息合理地、肯定性地表明将来可从已知储层采出的煤炭储量。储量/产量（R/P）比率：假设将来的产量继续保持在某年度的水平，那么用该年年底的储量除以该年度的产量所得出的计算结果就是剩余储量的可开采年限。2007 年探明世界煤炭总量为847488（百万吨），即 8475 亿吨，R/P133 年（2000 年 R/P227 年）。中国煤炭可采年数（R/P）从 2000 年的 116 年迅速降到 2007 年的45 年。

1. 地区煤炭探明储量（见图 8）

2. 主要国家煤炭探明储量（见图 9）

欧洲及欧亚大陆：272.2（10 亿吨），占 32.1％，储产比（R/

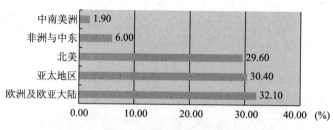

图 8　地区煤炭探明储量

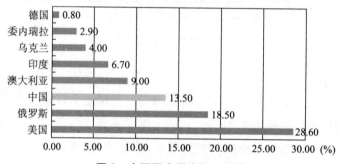

图 9　主要国家煤炭探明储量

P）224（其中，俄罗斯 18.5％，R/P500；乌克兰 4.0％，R/P444；德国 0.8％，R/P33）

亚太地区：257.5（10 亿吨），占 30.4％，R/P70（其中，中国 13.5％，R/P45；澳大利亚 9.0％，R/P194；印度 6.7％，R/P118，日本低于 0.05％，R/P249）

北美：250.5（10 亿吨），占 29.6％，R/P224（其中，美国 28.6％，R/P234）

非洲与中东：非洲 49.6（10 亿吨），中东 1.4（10 亿吨），总共占 6.0％，R/P186（其中，南非 5.7％，R/P178，中东 0.2％，R/P 超过 500）

中南美洲：16.3（10 亿吨），占 1.9％，R/P188（其中，委内瑞拉 2.9％）

（二）煤炭产量

2007 年世界煤炭总产量为 3135.6（百万吨油当量），具体数据如下：

亚太地区：占 59.0％，R/P70（其中，①中国 41.1％，③澳大利亚 6.9％，④印度 5.8％，日本和韩国均低于 0.05％）

北美：占 20.1％（其中，②美国 18.7％）

欧洲及欧亚大陆：占 14.2％（其中，⑥俄罗斯 4.7％，⑦波兰 2.0％，⑧德国 1.6％，⑩英国 1.3％，法国低于 0.05％）

非洲：占 4.9％（其中，⑤南非 4.8％）

中南美洲：占 1.8％（其中，⑨哥伦比亚 1.5％，巴西 0.1％）

中东：低于 0.05％

1. 地区煤炭产量（见图 10）

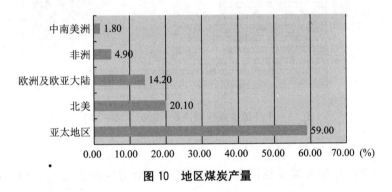

图 10　地区煤炭产量

2. 主要国家煤炭产量（见图 11）

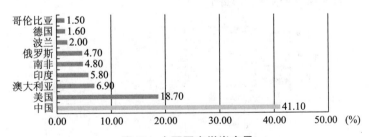

图 11　主要国家煤炭产量

3. 区域煤炭储产比（见图 12）

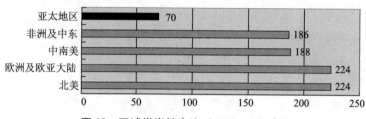

图 12　区域煤炭储产比（2007，R/P 年）

4. 主要国家煤炭储产比（见图 13）

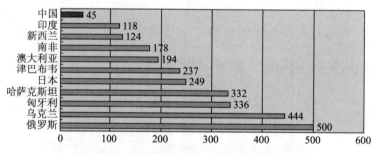

图 13　主要国家煤炭储产比（2007，R/P 年）

（三）煤炭消费量

2007 年世界煤炭总消费量为 3177.5（百万吨油当量），全球煤炭消费增长了 4.5%，高于过去十年平均水平的 3.2%。

1. 地区煤炭消费量（见图 14）

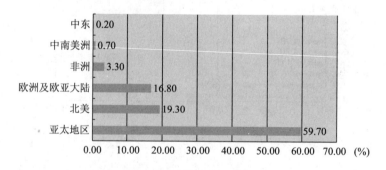

图 14　地区煤炭消费量

2. 主要国家煤炭消费量（见图 15）

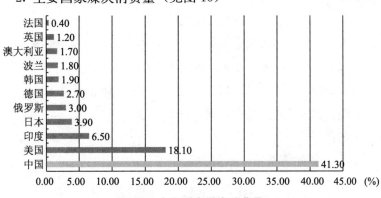

图 15　主要国家煤炭消费量

亚太地区：占 59.7%（其中，①中国 41.3%，③印度 6.5%，④日本 3.9%，⑦韩国 1.9%，⑨澳大利亚 1.7%）

北美：占 19.3%（其中，②美国 18.1%）

欧洲及欧亚大陆：占 16.8%（其中，⑤俄罗斯 3.0%，⑥德国 2.7%，⑧波兰 1.8%，⑩英国 1.2%，法国 0.4%，挪威和瑞士低于 0.05%）

非洲：占 3.3%（其中，南非 3.1%）

中南美洲：占 0.7%（其中，巴西 0.4%，阿根廷低于 0.05%）

中东：0.2%

2007 年中国占全球能源增长的 52%，煤炭连续第 5 年成为增长最快的主要燃料，中国煤炭消费增长 7.9%，是 2002 年以来增长幅度最小的，但依然占据全球煤炭增长的 2/3 以上。

四　核能（消费量）

2007 年世界核能总消费量为 622.0（百万吨油当量），具体数据如下：

欧洲及欧亚大陆：占 44.3%（其中，②法国 16.0%，④俄罗斯 5.8%，⑥德国 5.1%，⑦乌克兰 3.4%，⑧瑞士 2.5%，⑨英

国 2.3%)

　北美：占 34.7%（其中，①美国 30.9%）

　亚太地区：占 19.8%（其中，③日本 10.1%，⑤韩国 5.2%，⑨中国 2.3%，⑩印度 0.6%，澳大利亚 0%）

　中南美洲：占 0.7%（其中，巴西 0.4%，阿根廷 0.3%）

　非洲：占 0.5%（其中，南非 0.5%）

　中东：0%

1. 地区核能消费量（见图 16）

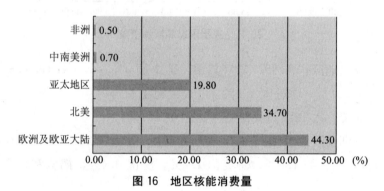

图 16　地区核能消费量

2. 主要国家核能消费量（见图 17）

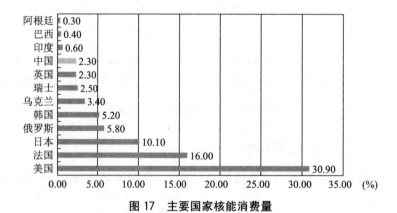

图 17　主要国家核能消费量

五　水电（消费量）

2007 年世界水电总消费量为 709.2（百万吨油当量），主要数据如下：

亚太地区：占 27.3％（其中，①中国 15.4％，⑦印度 3.9％，⑩日本 2.7％，巴基斯坦 1.1％，韩国 0.2％，澳大利亚 0.5％）

欧洲及欧亚大陆：占 26.6％（其中，⑤俄罗斯 5.7％，⑥挪威 4.3％，瑞典 2.1％，法国 2.0％，德国 0.9％，⑧乌克兰 3.4％，瑞士 1.2％，英国 0.3％）

中南美洲：占 21.6％（其中，②巴西 11.9％，⑨委内瑞拉 2.7％）

北美：占 20.6％（其中，③加拿大 11.7％，④美国 8.0％）

非洲：占 3.1％（其中，埃及 0.4％，南非 0.2％）

中东：0.7％（其中，伊朗 0.6％）

1. 地区水电消费量（见图 18）

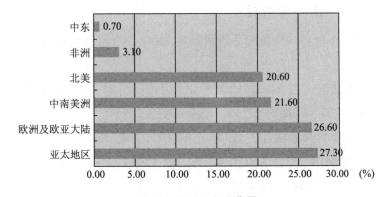

图 18　地区水电消费量

2. 主要国家水电消费量（见图 19）

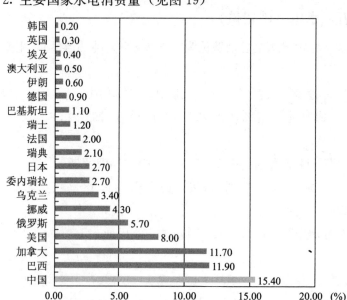

图 19　主要国家水电消费量

六　一次能源消费量

2007 年世界一次能源总消费量为 11099.3（百万吨油当量），主要数据如下：

亚太地区：占 34.3%（其中，②中国 16.8%，④日本 4.7%，⑤印度 3.6%，⑨韩国 2.1%，澳大利亚 1.1%）

欧洲及欧亚大陆：占 26.9%（其中，③俄罗斯 6.2%，⑦德国 2.8%，⑧法国 2.3%，英国 1.9%，意大利 1.6%，西班牙 1.4%，挪威 0.4%，瑞典 0.5%，瑞士 0.3%）

北美：占 25.6%（其中，①美国 21.3%，⑥加拿大 2.9%）

中南美洲：占 5.0%（其中，⑩巴西 2.0%，委内瑞拉 0.6%）

中东：5.2%（其中，伊朗 1.6%，沙特 1.5%）

非洲：占 3.1%（其中，南非 1.2%，埃及 0.6%）

1. 地区一次能源消费量（见图 20）

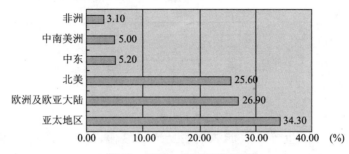

图 20　地区一次能源消费量

2. 主要国家一次能源消费量（见图 21）

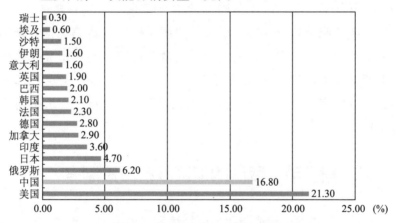

图 21　主要国家一次能源消费量

3. 中国能源消费增长度（见图 22）

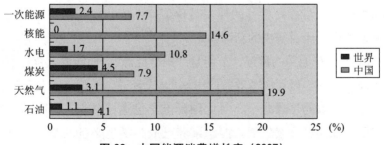

图 22　中国能源消费增长度（2007）

4. 主要国家单位 GDP 能耗比较（见图 23）

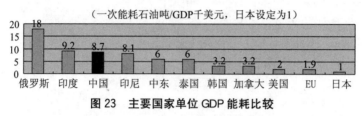

图 23　主要国家单位 GDP 能耗比较

2007 年，世界一次能源消费量增长缓慢，但 2.4％的增幅仍高于过去十年的平均水平。煤炭仍然是增长最快的燃料，但石油消费增长缓慢。石油依旧是全球最主要的燃料，但其全球市场份额连续第六年下降，而煤炭则连续六年实现了市场份额的增长。我国一次能源消费量（％）仅次于美国，位居全球第二位，是第二大能源消费国。中国各类能源消费增长度明显高于世界平均能源消费增长度。但是与此同时，我国单位 GDP 能耗又远远高于西方发达国家的单位 GDP 能耗，这表明我国节能科技水平还有待于提高。

第二节　我国的能源教育政策制度

能源是制约国民经济与社会可持续发展的关键因素之一。完善能源结构、节能减排、开发绿色能源、实现低碳生产等措施，已成为我国政府建设和谐社会的重要举措。面对日益突出的能源问题，如何正确认识与提高教育的地位与价值，发挥其应有作用，是我国政府迫切需要研讨解决的新课题。

21 世纪是能源的世纪。节能是"第五能源"，而能源教育是节能和提高能效的"最有成本效益的方法"，或者说，能源教育是解决能源问题最有效的手段之一，对此国际上早已达成共识。国际经验表明，面对社会可持续发展，能源素养已成为学生必备的基本科学素养之一，而学校能源教育是提升学生能源素养的主渠道。《国家中长期教育改革和发展规划纲要》"战略主题"强调，要重视"可持续发展教育"。应对能源危机，建设可持续发展社会，呼唤着能源教育。因此，研究、学习和借鉴发达国家和地区学校能源教育政策的成功经验，对于构建我国学校能源教育政策体系，推进我国学校能源教育的发展，具有深远意义。

2013 年 5 月 24 日，习近平总书记在中共中央政治局就大力推进生态文明建设的第六次集体学习时强调："推进生态文明建设，必须全面贯彻落实党的十八大精神，以邓小平理论、'三个代表'重要思想、科学发展观为指导，树立尊重自然、顺应自然、保护自然的生态文明理念，坚持节约资源和保护环境的基本国策，坚持节约优先、保护优先、自然恢复为主的方针，着力树立生态观念、完善生态制度、维护生态安全、优化生态环境，形成节约资源和保护环境的空间格局、产业结构、生产方式、生活方式。"并指出："要加强生态文明宣传教育，增强全民节约意识、环保意识、生态意识，营造爱护生态环境的良好风气。"胡锦涛也曾指出："要加强节约能源资源的宣传教育，开展形式多样的节约能源资源活动，提高人民群众特别是广大青少年的能源资源意识和节约意识，努力使节约能源资源成为全体公民的自觉行动。"（2005 年，政治局第二十三次集体学习）。同年，温家宝也强调："教育部门要将建设节约型社会的内容纳入中小学教育体系"，"进行资源'国情'教育；宣传节约资源、建设节约型社会的重大意义"，"要广泛开展内容丰富、形式多样的资源节约活动"，"教育青少年从小养成节约资源的良好习惯"（在全国建设节约型社会电视电话会议上的讲话）。另外，《中华人民共和国可再生能源法》对教育行政部门也提出原则性要求："应当将可再生能源知识和技术纳入普通教育"。可见，国家对能源教育的高度重视。

事实上，在我国，能源教育尚属崭新的教育领域，尚未切实纳入基础教育之中，学生能源意识低下、能源知识欠缺与此不无关系。

有学者认为，我国学校能源教育在"组织、经费、运行机制、教育课程标准、内容、教材、评估标准等方面都还存在空白"，"基础教育中能源教育的基本理念、原则、措施及推进体制等还不明确"①。在能源教育发展政策体系建设方面，国家尚未给予应有重视，出台相应政策。主要表现在两个方面：一是能源教育在《节约能源管理暂行条例》《中华人民共和国节约能源法》《关于加强节能工作的决定》等国家能源法规与政策文件没有给予应有位置，更未见到"能源教育"字样。二是教育行政尚未正视能源教育，认识和行动严重滞后，能源问题在国家教育法规与政策文件中没有积极全面应对。具体表现在：教育行政没将能源教育视为学校教育的紧迫课题，也未见出台独立政策文件；理念研究极其匮乏，甚至是空白。迄今为止国家教科规划课题从未涉及能源教育，至今未见一本能源教育专著；实践盲目，缺乏理论指导和政策引领。北京、上海等少数学校虽在开展"可再生能源教育"，却被隔离于学校主流课程之外。部分学校虽在环境教育中涉及能源问题，却只停留于从环境问题视角来片面地理解能源问题。目前为止我国还没有对中小学能源教育政策进行过专门的、系统的研究，这无疑是我国学校能源教育事业的重大缺失。因而有学者呼吁，我国学校能源教育事业发展的基本思路和主要任务是"进行国际能源教育经验的研究和中国能源教育现状的调查，尽快建立中国自己的能源教育课程体系、推广体系和评估体系"。

2011年3月11日，日本东北地区9.0级大地震、大海啸引发的日本福岛核事故，再次提醒全世界对核能的高度关注。面对突如其来的核事故，日本政府和国民表现出的沉着、冷静、理智和秩序与其长期重视能源教育事业不无关系。事实上，许多发达国家和地区能源教育事业日趋成熟，社会效益显著。因此，厘清我国能源教育

① 吴志功、王伟：《中国能源教育发展的现状、问题与对策》，《华北电力大学学报》（社会科学版）2008年第3期。

事业的基本课题，学习借鉴发达国家和地区能源教育事业的成功经验，进而构建我国能源教育事业发展的对策体系，这是推进我国能源教育事业健康发展的基本思路。

一　能源教育政策制度的现状

（一）国家能源政策法规的视角

在我国能源政策法规中，涉及并阐述能源教育的法规及其条款不多，内容也很简洁、概括，现列举如下：

1.《节约能源管理暂行条例》（1986 年）

《节约能源管理暂行条例》（国务院，1986 年）第九章"宣传教育"第 55 条规定："宣传部门应当积极宣传节能的方针、政策和科技知识，充分运用广播、电视、报纸、刊物、讲座等宣传形式，提高全民对节能工作的认识和科学技术水平。"第 56 条规定："教育部门应当积极进行多层次节能人才的开发。大学和中等专业学校应当有计划地培养高、中级能源管理人才。中、小学应当注意对青少年灌输能源知识，培养节能意识。"这是我国政府改革开放政策以来首次明确提出要重视中小学生的"节能意识"教育，其教育意义深远。

2.《中华人民共和国节约能源法》（1997 年）

该法由总则、节能管理、合理使用与节约能源（一般规定、工业节能、建筑节能、交通运输节能公共机构节能、重点用能单位节能）、节能技术进步、激励措施、法律责任、附则共七章构成。第一章"总则"第 6 条规定："国家鼓励、支持节能科学技术的研究和推广，加强节能宣传和教育，普及节能科学知识，增强全民的节能意识。"第 8 条规定："国家开展节能宣传和教育，将节能知识纳入国民教育和培训体系，普及节能科学知识，增强全民的节能意识，提倡节约型的消费方式。"第三章"合理使用与节约能源"第一节"一般规定"第 26 条规定："用能单位应当定期开展节能教育和岗位节能培训。"这是我国政府第一次在能源法规中明文规定要重视开展

"节能宣传和教育"，并明确指出"将节能知识纳入国民教育和培训体系，普及节能科学知识，增强全民的节能意识，提倡节约型的消费方式"，粗线条地指明了加强推进能源教育事业的意愿和决心，初步显示出我国能源教育的基本理念。

3.《中华人民共和国能源法》（1997 年）

第一章"总则"第六条："国家鼓励、支持节能科学技术的研究和推广，加强节能宣传和教育，普及节能科学知识，增强全民的节能意识。"第三章"合理使用能源"第 21 条："用能单位应当开展节能教育，组织有关人员参加节能培训。未经节能教育、培训的人员，不得在耗能设备操作岗位上工作。"第十一章"能源科技"规定："第一百○七条'能源教育与人才培养'国家将能源教育纳入国民教育体系，鼓励科研机构、教育机构与企业合作培养能源科技人才，支持培养农村实用型能源科技人才。""第一百○八条'能源科普'各级人民政府及能源、科技等有关部门，应当积极开展能源科学普及活动，支持社会中介组织和有关单位、个人从事能源科技咨询与服务，提高全民能源科技知识和科学用能水平。"这是我国政府首次在国家政策法规文件中使用"能源教育"这个术语，但遗憾的是，政府文件并没有明确"能源教育"这个术语的含义。从"能源教育与人才培养"条款内容可以看出，此时"能源教育"这个术语的主要指向只是能源企事业单位的"能源科技人才"，并不包括基础教育中的中小学生和教师。

4.《能源节约与资源综合利用"十五"规划》（2001 年）

2001 年，为全面贯彻落实党的十五届五中全会和《中华人民共和国国民经济和社会发展第十个五年计划纲要》精神，推动全社会开展节能降耗和资源综合利用，国家经贸委组织制定了《能源节约与资源综合利用"十五"规划》。在"政策与措施"中"（七）加大信息、宣传和培训力度"规定："强化信息服务，提高信息化服务水平。组织好每年的'全国节能宣传周'活动，努力提高宣传效果。"

这是我国政府明确规定每年组织开展"全国节能宣传周"活动，旨在向广大市民普及节能知识，提高节能意识。

5.《中华人民共和国可再生能源法》（2005年）

该法由总则、资源调查与发展规划、产业指导与技术支持、推广与应用、价格管理与费用分摊、经济激励与监督措施、法律责任、附则共八章构成。第三章"产业指导与技术支持"第12条规定："国务院教育行政部门应当将可再生能源知识和技术纳入普通教育、职业教育课程。"这是我国政府首次向教育行政部门明确提出"将可再生能源知识和技术纳入普通教育、职业教育课程"这一要求，其深远意义是不言而喻的。

6.《国务院关于加强节能工作的决定》（2006年）

"加大节能宣传、教育和培训力度"（三十七）规定："新闻出版、广播影视、文化等部门和有关社会团体要组织开展形式多样的节能宣传活动，广泛宣传我国的能源形势和节能的重要意义，弘扬节能先进典型，曝光浪费行为，引导合理消费。""教育部门要将节能知识纳入基础教育、高等教育、职业教育培训体系。""各级工会、共青团组织要重视和加强对广大职工特别是青年职工的节能教育，广泛开展节能合理化建议活动。"这是我国政府再一次向教育行政部门明确提出"将节能知识纳入基础教育"这一重要要求。

7.《中华人民共和国能源法》（2008年）

第十一章"能源科技"：第一百〇七条［能源教育与人才培养］：国家将能源教育纳入国民教育体系，鼓励科研机构、教育机构与企业合作培养能源科技人才，支持培养农村实用型能源科技人才。这是国家首次指明了能源教育是国民教育体系的一部分，是培养能源科技人才的重要渠道。第一百〇八条［能源科普］：各级人民政府及能源、科技等有关部门，应当积极开展能源科学普及活动，支持社会中介组织和有关单位、个人从事能源科技咨询与服务，提高全民能源科技知识和科学用能水平。

8.《能源节约与资源综合利用"十五"规划》（2008 年）

原国家经贸委资源节约与综合利用司颁布的《能源节约与资源综合利用"十五"规划》（2008 年）（七）"加大信息、宣传和培训力度"规定：组织好每年的"全国节能宣传周"活动，努力提高宣传效果。加大经常性宣传和培训教育力度，增强全民的"资源意识""环境意识"和"节约意识"。

此外，《中华人民共和国可再生能源法》《中华人民共和国电力法》《中华人民共和国煤炭法》《国民经济和社会发展第十个五年计划能源发展重点专项规划》《能源节约与资源综合利用"十五"规划》《再生资源回收利用"十五"规划》《节能中长期规划》《国务院关于加强节能工作的决定》《国务院关于"十一五"期间各地区单位生产总值能源消耗降低指标计划的批复》等均未涉及能源教育。

可见，在我国能源政策法规之中，虽说个别法规之中涉及能源教育，但是总体来说，教育（包括能源教育）在《节约能源管理暂行条例》《中华人民共和国节约能源法》《关于加强节能工作的决定》等国家能源法规与政策文件没有给予应有位置，更未见到"能源教育"字样，国家能源相关政策法规还没有对能源教育的地位、性质、功能、宗旨、内容等给予系统的阐述与说明。国家对能源教育的认识程度和重视程度都十分有限，还谈不上从国家法律法规的高度对能源教育给予清晰明了的界定与定位。这一点与发达国家和地区之间的差距是显而易见的。

（二）教育相关政策法令的视角

1.《教育部关于建设节约型学校的通知》（2006 年）

《教育部关于建设节约型学校的通知》（2006 年）指出："要加强节约资源的宣传教育，强化师生员工的节约意识。要对广大师生员工大力加强勤俭节约、艰苦奋斗的教育，提高广大师生员工的资源忧患意识，切实增强广大师生员工的节约资源和发展循环经济的紧迫感、责任感。要采取各种有效措施，加强学校领导者、各级管理人员、教师、员工和广大学生的节约意识，尤其是节水节电、节约粮食和节约教学资源的意识。""要按照中央的要求，将建设节约型社会和节约型学校，培养学生勤俭节约意识和行为的内容列入教学计划，并纳入学生行为守则和德育考评之中。"这是教育部首次对2006年出台的《国务院关于加强节能工作的决定》的积极回应，也是教育部首次提出了"建设节约型学校"这个概念与理念，强调了节能意识教育重要性。

2.《教育部关于开展节能减排学校行动的通知》（2007年）

《教育部关于开展节能减排学校行动的通知》（2007年）指出："加强节能环保知识教育。在学校教育教学中充实丰富节能、环保教育内容，将节能、节水、节地、节粮、节材等教育内容，以灵活多样的形式，纳入学校课堂教学，真正落实节能环保进学校、进课堂。""组织开展以节能减排为内容的学校主题教育活动和学生社会宣传活动。采取各种生动活泼、青少年儿童喜闻乐见的教育和宣传形式，引导学生树立节能环保的观念，关注生活中的节约方式，学习和寻找节能的窍门和方法，熟悉要求、宣传群众、教育自己。"

3.《节能在我身边——青少年科学调查体验活动》（2006年）

《节能在我身边——青少年科学调查体验活动》（2006年）由教育部、中宣部、国家广电总局、共青团中央、中国科协共同主办，它旨在使青少年进一步了解我国人口众多、资源有限的基本国情，了解与掌握有关能源科学的基本知识，掌握科学调查及节约能源的过程与方法，增强节约能源意识，培养青少年对科学的兴趣、求知欲及社会责任感。并通过他们的活动影响社会其他人群共同关注、参与节约能源行动。并指出，学校要结合科学课程的实施和综合实践活动，将课内教学与课外活动衔接起来，有序开展活动。2006年国务院颁布的《全民科学素质行动计划纲要（2006—2010—2020年)》，其主题之一就是"节约能源"。

（三）能源教育管理机构的视角

1. 国家能源管理机构

2003 年国家机构改革后组建的国家发展改革委员会下设的能源局（2008 年 3 月后升格为国家能源局）是目前中国政府的专门能源管理机构，其下设的处级机构有综合处、国际合作处、电力处、可再生能源处、石油天然气处、煤炭处、石油储备办和信息政策处。具体职责包括：研究提出能源发展战略；研究拟订能源发展规划和年度指导性计划；研究提出能源发展政策和产业政策；研究提出能源体制改革的建议；推进能源可持续发展战略的实施，组织可再生能源和新能源的开发利用，组织指导能源行业的能源节约、能源综合利用和环境保护工作；履行政府能源对外合作和管理的职能；负责衔接平衡能源重点企业的发展规划和生产建设计划，协调解决企业生产建设的重大问题；负责指导地方能源发展规划，衔接地方能源生产建设和供求平衡；负责国家石油储备工作；承办委领导交办的其他事项等。也就是说，虽然国家设有专门的能源和节能管理部门，国务院也成立了国家能源委员会，各地发展改革委都设有能源处和节能处，负责能源和节能工作，但是国家能源局没有下设能源教育推广与管理部门。从职责内容看，无论能源管理部门还是节能管理部门都没有明确的能源教育职责。具体地说，国家设有专门能源和节能管理部门——能源局，国务院也成立了国家能源委员会，各地发展改革委都设有能源处和节能处，负责能源和节能工作。虽然国家设有专门的能源和节能管理部门，国务院也成立了国家能源委员会，各地发展改革委都设有能源处和节能处，负责能源和节能工作。但从职责设置看，无论能源管理部门还是节能管理部门，都没有设置明确的能源教育职责。我国既没有能源教育管理的专门机构，也没有能源教育专门的研究机构，这是造成我国能源教育事业发展严重滞后的直接原因。

2. 国家教育行政机构

国家教育行政尚未正视能源教育事业突出体现在能源问题在国

家教育法规与政策文件中没有积极全面应对。例如,《中华人民共和国义务教育法》《中国教育改革和发展纲要》《中共中央国务院关于深化教育改革全面推进素质教育的决定》(中发〔1999〕9 号)、《国务院关于基础教育改革与发展的决定》(国发〔2001〕21 号)、《基础教育课程改革纲要 (试行)》(2001)、《国家中长期教育改革和发展规划纲要 (2010—2020 年)》等代表性的国家教育政策文件均没有正面、明确涉及能源教育。这表明,国家教育行政对能源教育事业的认识和行动还严重滞后,既没将能源教育视为学校教育的紧迫课题,更未见出台独立政策文件。

此外,能源教育事业尚未予以应有的重视还体现在此前国家业已立项的教育科学规划课题从未涉及能源教育。从"九五"至"十一五"国家教科规划课题申请目录来看,能源教育相关课题从未被立项开展专门研究。而且,我国至今未见一本能源教育专著。这表明,我国能源教育的理念研究极其匮乏,甚至是空白。再者,北京、上海等少数学校虽在开展"可再生能源教育",但被隔离于学校主流课程之外,也有部分学校在环境教育中涉及能源问题,但只停留于从环境问题视角来片面地理解能源问题。这表明,我国能源教育的实践盲目,缺乏理论指导和政策引领。

3. 民间非政府组织与机构

充分发挥非政府组织、研究机构和各种协会的力量推动能源教育,运用现代媒体加强能源教育信息传播和推广,这是国际能源教育的一个重要特征。近些年来,我国也加强了节能研究和服务机构的建设,这些机构都建设了自己的网站,通过网络传播和推广节能信息,如中国能源学会、中国节能技术协会、中国节能网等。以中国能源学会为例,内设工作机构为:办公室、信息咨询中心、项目部、国际合作部、学术委员会、培训部、会员部、外联部和编辑部,其职能均不涉及能源教育事项。也就是说,从这些节能协会和网站的职责及服务内容来看,虽然它们是非营利机构,但是开展的活动大多是对企业的有偿服务和培训，而不是面向社会公众的。他们并不关注如何在学校和社会中开展能源教育以及使用什么样的教材。其网站上没有真正意义上的能源教育活动项目以及可供下载的教材或辅导读物，更没有意识到如何向国民普及能源知识，能源教育事业尚未进入民间非政府组织与机构的视野或议事日程之中。

在发达国家，例如，美国能源教育发展协会（NEED）负责在全国推广能源教育活动。日本能源节约中心（ECCJ）专门负责执行部分能源节约法律，并负责对公众进行节能宣传教育。日本能源环境教育信息中心（ICEE）专门负责能源教育课程教材开发和推广。英国能源可持续发展中心（CSE）致力于提高能源利用效率、发展可再生能源以及开发能源教育与培训课程。英国能源研究、教育及培训中心（CREATE）通过系列教育活动增加公民对气候变化、能源效率和可再生资源利用的认识和了解。应当说，充分发挥非政府组织、研究机构和各种协会的力量推动能源教育，运用现代媒体加强能源教育信息传播和推广，这是国际能源教育的一个重要特征。

4. 社会能源宣传教育机构

要提高全社会的节能效率，就必须首先提高全民的节能意识。为此，将能源教育融入国民的日常生活与行为之中，树立"从自身做起、从小事做起，从今天做起"的意识，是十分必要的。

1990年国务院第六次节能办公会议决定，每年在全国开展节能宣传周活动。此后，国家发改委、教育部、科技部、国家环境保护总局、国家广电总局、中华全国总工会、共青团中央等14部委联合主办，以"全国节能宣传周"为重点，每年6月举办系列节能宣传教育活动。目的是在夏季用电高峰到来之前，形成强大宣传声势，唤起人们的节约意识。每届全国节能宣传周都有其特有的宣传主题与宣传口号，并且结合该主题在全国各地开展各项活动，旨在提高全民的"资源意识""节能意识"和"环境意识"。2007年全国节能宣传周活动主题是"节能减排、科学发展"。各地都结合本地特色开展各种节能宣传、教育、培训活动，比如节能社区建设、节能医生进家庭、节能警察等活动，取得了一定节能教育效果。宣传主题与口号（2001—2008）分别是：“节约能源，持续发展”、“依法节能，持续发展”“节能与全面建设小康社会”“节约用电，缓解瓶颈制约”“全民动员，共建节能型社会”、“节约能源，从我做起”“节能减排、科学发展”、“依法节能，全民行动”。

　　但是，由于国家及地方政府尚无明确的、专门的能源教育组织管理部门以及经费支持，所以，无论是“全国节能宣传周”还是“节能减排学校行动”（教育部根据《国务院关于印发节能减排综合性工作方案的通知》精神推出的活动）等能源教育项目，都没有形成规模以及长效机制，致使学校能源教育也没有切实贯彻落实，“能源问题纳入课程与教材”“节能活动进入课堂”还仅停留于口号上，学校能源教育实效欠佳。

　　5. 国家能源教育计划、课程和教材的管理机构

　　日本文部科学省注重以课程标准与教科书为基础充实能源教育课程与内容，借助提供《能源教育指导事例集》、开发能源教材、设置能源课程等事项推进能源教育。同时，还借助绿色学校建设事业推进能源教育。能源环境教育信息中心开发面向小学生、中学生和高校生的能源教育教材。此外，还为学生提供课外读物欲补充教材，发行能源信息刊物，开展经验学习会与作文比赛等活动普及能源教育。英国能源可持续发展中心和能源研究、教育及培训中心致力于能源教育和培训课程的开发。该中心与地方政府合作开发了以“能源问题”为题的能源教育推广项目，为当地小学和中学提供能源教育课程资源，实施能源教育教师培训，共同推广能源教育。该项目资源覆盖了家庭能源、可持续发展能源和学校能源三个方面。

　　美国在“国家能源教育开发”项目上投入大量的人力、物力、财力开展能源教育课程与教材，成就卓越。该项目对缓解能源紧张、提高节能效果、唤起国民能源意识、提高国民节能自觉性等方面做

出了贡献。该项目包含从幼儿园到 12 年级学生的有关能源教育创新教材、教师与学生的培训项目、评估与奖励活动等事项。为确保教师和学生获得准确信息，这些教材会定期更新，提高全民能源素质。为配合该项目的推广，美国能源教育开发项目组织在美国《国家科学教育内容标准》的基础上制定了《美国国家能源教育课程内容标准》。英国将能源教育作为可持续发展教育的重要组成部分之一。为适应 21 世纪社会可持续发展的需要，培养符合时代要求的高素质人才，构建严谨的能源教育体系。

英国可持续能源中心（CSE）研制了英国能源教育课程指南。该指南的出台对加强教师、政府及学校管理者对能源教育教材的监管与评价提供了依据。在过去的三年中，CSE 制作的能源教育计划已经被英格兰的绝大多数地区所接受，有 500 多所中学、近 18000 名学生在学习 CSE 制定的能源教育课程与教材，在规范学生在校与在家的节能行为上取得了丰硕成果。

与国际能源教育事业发展水平相比，我国能源教育课程教材的开发与管理还有很大的差距，致使学校能源教育没有切实贯彻落实"能源问题纳入课程与教材""节能活动进入课堂"，学校能源教育实效欠佳。这一差距主要表现在尚未开发、出台国家能源教育计划、课程和教材，这是阻碍我国能源教育事业发展的重要因素之一。因此，我国能源教育发展的基本思路和主要任务，是要尽快成立能源教育专门管理机构、研究机构和推广机构，实施国际能源教育研究和国内能源教育现状调研，切实构建本国能源教育计划、课程体系、推广体系和评估体系。同时，要借鉴国外经验，研制和出台国家能源教育课程标准，大力开发和推广能源教育活动项目。地方政府教育部门可以结合当地实际情况开发校本能源教育课程。教育部门应积极与能源专业管理与研究部门合作，开展能源教育研究与课程开发，研制适合国情的能源教育计划、课程标准、教材与评价标准以及各种能源教育活动项目，可先试点，后全国推广。

（四）国家学科课程标准的视角

随着能源紧缺问题的凸显，国家对节能减排工作的深入推进和新能源时代的到来，能源教育逐渐引起重视。《中华人民共和国能源法》（征求意见稿）已提出将能源教育纳入国民教育体系（从基础教育、高等教育、职业教育到成人教育的所有环节）。从基础教育看，在各门学科课程中渗透能源教育是整个能源教育体系的重要组成部分。当前我国基础教育中的能源教育主要是以学科渗透的形式开展的。当前，我国基础教育中的能源教育还不具备以独立的课程形态去开展的条件，各门学科渗透仍是其主要的实施途径。在中学的物理、化学、地理、生物、语文、政治、美术等学科中均可以不同程度地渗透能源教育的内容。其中，物理、化学、地理三门学科承担了能源教育的重要内容，是渗透能源教育的主要载体。以下着重对《全日制义务教育物理课程标准（实验稿）》（以下简称《初中物理课程标准》）①、《全日制义务教育化学课程标准（实验稿）》（以下简称《初中化学课程标准》）②、《全日制义务教育地理课程标准（实验稿）》（以下简称《初中地理课程标准》）③ 三个学科课程标准中涉及的能源教育因素进行分析，以进一步明确其中的能源教育因素，促进各门学科更有效地渗透能源教育。

1. 初中学科课程性质与基本理念中的能源教育因素

《初中物理课程标准》在"前言"部分指出：物理科学作为自然科学的重要分支，对物质文明的进步和人类对自然界认识的深化起了重要的推动作用。在"课程性质"部分指出：义务教育阶段的物理课程是以提高全体学生的科学素质、促进学生的全面发展为主要

---

① 中华人民共和国教育部：《全日制义务教育物理课程标准（实验稿）》，北京师范大学出版社 2001 年版。
② 中华人民共和国教育部：《全日制义务教育化学课程标准（实验稿）》，北京师范大学出版社 2001 年版。
③ 中华人民共和国教育部：《全日制义务教育地理课程标准（实验稿）》，北京师范大学出版社 2001 年版。

目标的自然科学基础课程。在"基本理念"部分提出了五条基本理念，其中"从生活走向物理，从物理走向社会"这一基本理念为初中物理课程进行能源教育指明了方向。

《初中化学课程标准》在"前言"部分指出："化学是自然科学的重要组成部分，它侧重于研究物质的组成、结构和性能的关系，以及物质转化的规律和调控手段。今天，化学已发展成为材料科学、生命科学、环境科学和能源科学的重要基础，成为推进现代社会文明和科学技术进步的重要力量，并正在为解决人类面临的一系列危机，如能源危机、环境危机和粮食危机等，做出积极的贡献。"在"课程性质"部分指出：义务教育阶段的化学课程，可以帮助学生：懂得运用化学知识和方法去治理环境污染，合理地开发和利用化学资源；增强学生对自然和社会的责任感；使学生从化学的角度逐步认识自然与环境的关系，分析有关的社会现象。在"基本理念"部分指出：使学生初步了解化学对人类文明发展的巨大贡献，认识化学在实现人与自然和谐共处、促进人类和社会可持续发展中的地位和作用，相信化学为实现人类更美好的未来将继续发挥它的重大作用。

《初中地理课程标准》在"前言"部分指出：使学生确立正确的人口观、资源观、环境观以及可持续发展观念，是时代赋予中学地理教育的使命。在"课程性质"部分指出：地理学是研究地理环境以及人类活动与地理环境相互关系的科学，在现代科学体系中占有重要地位，并在解决当代人口、资源、环境和发展问题中具有重要作用；地理课程是义务教育阶段学生认识地理环境、形成地理技能和可持续发展观念的一门必修课程。在"基本理念"部分提及的六条基本理念，其中"学习对生活有用的地理""学习对终身发展有用的地理"两条基本理念为地理课程渗透资源、能源教育指明了前进的方向。

2. 初中学科课程目标中的能源教育目标

初中物理、化学、地理三门学科课程标准在课程目标的表述中，对能源教育给予了一定的关注。初中物理课程在总目标中提及："使学生保持对自然界的好奇，……关心科学发展前沿，具有可持续发展的意识。"初中地理课程的总目标明确要求："学生能够了解环境和发展问题，……形成初步的全球意识和可持续发展观念。"初中化学课程在总目标的表述中对能源教育目标的体现不甚明显，但在分目标中有一定的体现。在三门学科课程三维分目标中的具体体现如表1所示。

表1　相关《学科课程标准》"课程目标"中的能源教育目标

	课程目标
初中物理	知识与技能目标： 1. 初步认识资源利用与环境保护的关系。 2. 初步认识能量、能量的转化与转移、机械能、内能、电磁能以及能量守恒等内容。了解新能源的应用，初步认识能源利用与环境保护的关系。 情感态度与价值观目标： 1. 能保持对自然界的好奇，初步领略自然现象中的美妙与和谐，对大自然有亲近、热爱、和谐相处的情感。 2. 初步认识科学及其相关技术对于社会发展、自然环境及人类生活的影响。有可持续发展的意识，能在个人力所能及的范围内对社会的可持续发展有所贡献。
初中化学	知识与技能： 1. 了解化学与社会和技术的相互联系，并能以此分析有关的简单问题。 情感态度与价值观目标： 1. 关注与化学有关的社会问题，初步形成主动参与社会决策的意识。 2. 逐步树立珍惜资源、爱护环境、合理使用化学物质的观念。
初中地理	知识与技能目标： 1. 了解人类所面临的人口、资源、环境和发展等重大问题，初步认识环境与人类活动的相互关系。 情感态度与价值观目标： 1. 关心家乡的环境与发展，增强热爱家乡、热爱祖国的情感。 2. 增强对环境、资源的保护意识和法制意识，初步形成可持续发展观念，逐步养成关心和爱护环境的行为习惯。

3. 初中学科课程"内容标准"中的能源教育内容

《初中物理课程标准》在"内容标准"部分指出：本标准的科学内容分为物质、运动和相互作用以及能量三大部分。其中"能量"这个一级主题中的绝大部分内容都属于能源教育的内容，具体包括"能量、能量的转化和转移""机械能""内能""电磁能""能量守恒""能源与可持续发展"六个二级主题。这部分内容具有较强的综合性，特别注重可再生能源的开发、环境保护等可持续发展观念的体现。

《初中化学课程标准》在"内容标准"部分指出：内容标准包括五个一级主题，分别为："科学探究""身边的化学物质""物质组成的奥秘""物质的化学变化""化学与社会发展"。其中在"化学与社会发展"这个一级主题中，主要涉及与化学密切联系的材料、能源、健康、环境等内容，通过这一主题的学习要使学生知道自然资源并不是"取之不尽，用之不竭"的；认识人类要合理地开发和利用资源，树立保护环境、与自然和谐相处的意识，保证社会的可持续发展。

《初中地理课程标准》中的课程内容体系是以人口、资源、环境为中心，围绕可持续发展来展开的。其"内容标准"分为四大部分：地球与地图、世界地理、中国地理、乡土地理。在"世界地理""中国地理""乡土地理"中均涉及相关能源教育的内容，其中"中国地理"中还专门列出了"自然环境与自然资源""环境与发展"等内容。具体内容如表2所示。

表2　　相关《学科课程标准》"内容标准"中的能源教育内容

内容标准
物质： 1. 新材料及其应用：有保护环境和合理利用资源的意识。 能量： （一）能量、能量的转化和转移 1. 通过实例了解能量及其存在的不同形式。能简单描述各种各样的能量和我们生活的关系。 2. 通过实例认识能量可以从一个物体转移到另一个物体，不同形式的能量可以互相转化。 3. 结合实例认识功的概念。知道做功的过程就是能量转化或转移的过程。 4. 结合实例理解功率的概念。了解功率在实际中的应用。 （二）机械能 1. 能用实例说明物体的动能和势能以及它们的转化。能用实例说明机械能和其他形式能的转化。 2. 知道机械功的概念和功率的概念。能用生活、生产中的实例解释机械功的含义。 3. 理解机械效率。 （三）内能 1. 通过观察和实验，初步了解分子动理论的基本观点，并能用其解释某些热现象。 2. 了解内能的概念。能简单描述温度和内能的关系。

（初中物理）

续表

	内容标准
初中物理	3. 从能量转化的角度认识燃料的热值。 4. 了解内能的利用在人类社会发展史上的重要意义。 5. 了解热量的概念。 6. 通过实验，了解比热容的概念。尝试用比热容解释简单的自然现象。 （四）电磁能 1. 从能量转化的角度认识电源和用电器的作用。 2. 了解家庭电路和安全用电知识。有安全用电的意识。 （五）能量守恒 1. 知道能量守恒定律。能举出日常生活中能量守恒的实例。有用能量转化与守恒的观点分析物理现象的意识。 2. 通过能量的转化和转移，认识效率。 3. 初步了解在现实生活中能量的转化与转移有一定的方向性。 （六）能源与可持续发展 1. 能通过具体事例，说出能源与人类生存和社会发展的关系。 2. 能结合实例，说出不可再生能源和可再生能源的特点。 3. 了解核能的优点和可能带来的问题。 4. 了解世界和我国的能源状况。对于能源的开发利用有可持续发展的意识。
初中化学	化学与社会发展： （一）化学与能源和资源的利用： 1. 认识燃料完全燃烧的重要性，了解使用氢气、天然气（或沼气）、石油液化气、酒精、汽油和煤等燃料对环境的影响，懂得选择对环境污染较小的燃料。 2. 认识燃烧、缓慢氧化和爆炸的条件及防火灭火、防范爆炸的措施。 3. 理解水对生命活动的重大意义，认识水是宝贵的自然资源，形成保护水资源和节约用水的意识。 4. 知道化石燃料（煤、石油、天然气）是人类社会重要的自然资源，了解海洋中蕴藏着丰富资源。 5. 知道石油是由沸点不同的有机物组成的混合物，了解石油液化气、汽油、煤油等都是石油加工的产物。 6. 了解我国能源与资源短缺的国情，认识资源综合利用和新能源开发的重要意义。
初中地理	世界地理： 1. 举例说出某一国家在开发利用自然资源和保护环境方面的经验、教训。 中国地理： 1. 举例说出什么是自然资源？它有哪些主要类型？ 2. 运用资料，说出我国土地资源的主要特点。 3. 运用资料，说出我国水资源的时空分布特点以及对于社会经济发展的影响。 4. 了解区域环境保护与资源开发利用成功的经验。 乡土地理： 1. 举例介绍家乡在开发、利用和保护自然资源方面的情况。

4. 初中学科课程实施中的能源教育因素

各门课程的实施主要体现在教学这一环节中。单纯知识性的教学可以通过传统讲授法的方式来较好地完成，但能力、参与、态度、价值观及行为等方面的培养和养成靠单纯的灌输是不可能完全达到的。因此，要在学科课程的教学中有效提升学生的能源素养，应更多地以"活动"的思路来进行教学设计。初中物理、化学、地理三门学科课程标准在"活动建议"中为教师有效实施能源教育提供了大量的活动素材，供教师在实际教学中参考使用。相关的能源教育"活动建议"如表3所示。

表3　　相关《学科课程标准》"活动建议"中的能源教育活动

	活动建议
初中物理	1. 讨论：太阳能在地球上怎样转化成各种形式的能？ 2. 调查常见机械和电器的名牌，比较它们的功率。 3. 研究电冰箱内外的温度差与所耗电能的关系，提出节能措施。 4. 学读家用电能表，通过电能表计算电费。 5. 调查当地近年来人均用电量的变化，讨论它与当地经济发展的关系。 6. 访问农机或汽车维修人员，了解内燃机中燃料释放热量的去向，讨论提高效率的可能途径。 7. 调查当地几种炉灶的能量利用效率，写出调查报告。 8. 收集资料，举办小型报告会，讨论能源的利用带来的环境影响，如大气污染、酸雨、温室效应等，探讨应该采取的对策。 9. 分别从炊事、取暖、交通等方面对当地燃料结构近年来的变化做调查研究，从经济、环保和社会发展等方面进行综合评价。 10. 调查当地使用的能源，如水能、风能、太阳能、燃料的化学能或核能等，及其对当地经济和环境的影响。
初中化学	1. 观察某些燃料完全燃烧和不完全燃烧的现象。 2. 讨论：在氢气、甲烷（天然气、沼气）、煤气、酒精、汽油和柴油中，你认为哪一种燃料最理想？ 3. 调查当地燃料的来源和使用情况，提出合理使用燃料的建议。 4. 讨论工业上用"蒸馏法"淡化海水的可行性。
初中地理	1. 围绕家乡的环境与发展问题，开展地理调查，提出合理建议。 2. 调查当地的主要自然资源，列举合理或不合理开发利用方面的事例，并撰写简要报告。

综上所述，初中物理、化学、地理三门学科课程标准为渗透能源教育提供了一定的支撑，从课程性质、课程理念、课程目标再到课程内容、课程实施等环节，均为能源教育的有效开展创造了条件，教师在具体的教学实践中应对此予以重视，并落到实处。

二　发达国家和地区能源教育政策制度的成功经验

自 20 世纪中期，为应对能源危机，美、日等发达国家和地区率先制定能源教育发展对策，积极推进能源教育事业发展。例如，美国政府早在 1980 年就启动了以幼儿园—12 年级学生为对象的"国家能源教育开发（NEED）"项目，旨在"把能源融入教育"，并制定"国家能源教育课程内容标准"，提升国民能源意识和社会责任感。随后，威斯康星州也制定并实施了"K—12 年级能源教育项目（KEEP）"。日本经济产业省和文部科学省共同启动了"能源教育调查与普及事业"、建立能源环境教育基地、成立能源环境教育学会、制定《能源教育指南》等。而且，企业、非政府组织等也积极参与其中，发挥着重要作用。英国可持续能源教育中心出台《能源问题与国家课程指南》，将能源教育课程标准分为 KS1-KS4 四个阶段，每个阶段都对应七大主题，以落实可持续发展观念。德国也早已将能源及可持续发展教育纳入国家基础教育课程与教科书之中。我国台湾地区能源教育也已开展很久，曾两度召开全国能源会议，制订和颁发《加强能源教育与倡导计划》和《中小学能源教育实施计划》，以推动学校能源教育纳入能源行动计划，推进能源教育发展。总之，发达国家和地区大力推进能源教育研究与普及工作，甚至还将能源教育作为一项国家教育事业给予高度重视，能源教育发展对策、体系与制度日趋健全，能源教育事业不断发展，对实现社会可持续发展发挥着不可替代的作用。综观发达国家和地区能源教育事业的政策与措施，从中可以总结出如下成功经验及有益启示：

1. 国家能源政策法规明文规定能源教育的应有位置

日、美等发达国家和地区非常重视能源教育事业，在国家能源政策法规等文件中能源教育拥有明确的地位，表现出能源教育事业日益呈现政策化、法制化的特点。特别是日本政府早已将能源教育事业纳入国家能源政策之中，成为能源事业的重要组成部分，诸多能源政策法规都有明文阐述。

日本素以一流的节能意识和节能技术著称于世，这得益于日本拥有完整而健全的能源政策法律与法规体系。这其中不仅明确规定了能源战略目标、内容与措施，同时对能源宣传与能源教育也给予高度重视，并给予清晰而准确的定位，即充实与推进能源教育是加深国民正确理解能源的重要举措，只有国民对能源拥有了正确的知识和理解，才能积极支持政府推进的各项能源政策。这表明，能源教育是日本政府推进能源政策的前提和基础。例如，2002年《能源政策基本法》第14条"普及能源知识等"规定："为借助所有机会广泛加深国民对能源的理解和关心，国家要采取必要措施，努力积极公开能源信息，并考虑到充分利用非营利团体，同时启发人们切实利用能源和普及能源知识。"2006年《新国家能源战略》提出了节能领先计划、新能源技术计划、核能立国计划等八项计划，而能源教育被定性为实现上述计划的重要举措之一。该战略指出："在推进能源政策时，要积极评价国民的广泛支持。在推进核能开发等完善能源供应设施与设备上，促进全民理解以及争取当地社区的积极支持是不可欠缺的。为此，要充实能源宣传和能源教育，以广泛听取民意为基础，扎根于国民之间的相互理解，从而进一步获得国民的广泛而深刻的认同。"同样，2007年《能源基本计划》也肯定了能源教育在推进能源政策中的重要地位和作用。计划指出："能源教育是开展长期、综合、有计划的推进能源供给措施的必要事项之一。""能源政策是国民生活和经济活动的基础，与国际问题关系密切，其推进的前提是争取各层国民之间的相互理解。因此，国家要努力广泛听取民意、广泛宣传及信息公开，同时还要普及能源知识，让国民就能源问题进行积极思考。"不仅如此，该计划对青少年能源教育给予了高度重视，做了特别详细的规定与要求。计划强调："尤其是担当下个世代的孩子们，要铸造将来就能源进行切实的判断与行动之基础，培养未来能源技术开发的接班人，那么，从儿童开始就要关心能源，基于正确知识加深对能源的理解，这是很重要的。为此，要试图充实能源教育。""这时，相关行政机构、教育机构、企业界要相互协作，筹划能源教育教材、充实参观能源设施等体验学习，并充实学校教学中的能源教育。还要借助提供信息与机会等，推进作为终身学习一环的能源教育。""在普及能源知识和充实能源教育时，不要灌输单一的价值观，应充分注意加深围绕能源各种情形的正确知识和科学见解，广泛提供能源各种相关信息。同时还要考虑到非营利组织的面向国民普及正确知识的自立活动。"

1973 年我国台湾颁布了《台湾地区能源政策》，并于 1979 年、1984 年、1990 年及 1996 年分别对此政策作了四次修订。为树立民众正确使用能源观念及加强节能习惯，提高能源使用效率，第四次能源政策修订中制定了"推动能源教育倡导"政策方针。它包括三项主要内容：①规定了学校能源教育目的：普及各级学校的能源知识教育，培养学生正确的能源观念及节能习惯，以提高学生的能源素养。②强调了各类能源事业人才培养：积极培训能源经济、能源科技与能源管理等专业人才。③提出了民众能源教育理念：积极推展全民能源教育及节约能源倡导，并通过大众传播媒体、能源展示及其他倡导活动，传播能源相关知识，建立社会大众对能源的共识。这一政策的出台，规范了台湾能源教育，指明其发展方向，并为能源教育的实施提供了政策性依据，凸显了政府对能源教育的重视，极大地推动了台湾能源教育事业的发展。

2. 政府或民间机构制定出台能源教育法案或课程指南

随着美国能源教育的普及和能源效率利用提高的需要，美国加强了对能源利用效率的研究，进而发现在能源高科技领域的研究和教育更有利于提高能源效率，尤其在与人们日常生活相关的建筑领域，提高建筑领域的能源效率，对于提高人们的用能效率有着直接而显著的作用，因此美国国会在修改《2006 年绿色能源教育法案》的基础上，重新颁布了《2007 美国绿色能源教育法案》（以下简称

《法案》)。《法案》由序言、标题、定义、在能源研究和开发中的研究生培养、高绩效建筑设计中的课程开发等几部分组成，目的是为了促进高等教育课程发展和高年级研究生培养以及绿色建筑科技的发展。

日本是一个资源、能源严重匮乏的国家，而且石油等化石燃料的大量使用又给日本乃至世界带来诸多环境问题。因此，政府极其看重能源安全及环境问题。为应对与解决这些问题，日本积极开展了能源教育，并把它纳入学校教育中。鉴于此，2006年5月，日本社会经济生产性本部（财团法人）和能源环境教育信息中心联合制定与颁布了《能源教育指南》，阐明了日本能源教育的基本理念、推进能源教育的基本想法、学校能源教育的目标和内容，揭示了日本学校能源教育的基本思路。

英国将能源教育作为可持续发展教育的重要组成部分之一。为适应21世纪社会可持续发展的需要，培养符合时代要求的高素质人才，构建严谨的能源教育体系，英国可持续能源中心（CSE）研制了英国能源教育课程指南。该指南的出台对加强教师、政府及学校管理者对能源教育教材的监管与评价，提供了依据。在过去的三年中，CSE制作的能源教育计划已经被英格兰的绝大多数地区所接受，有500多所中学、近18000名学生在学习CSE制定的能源教育课程与教材，在规范学生在校与在家的节能行为上取得了丰硕成果。

3. 国家能源行政机构全方位推进能源教育事业发展

日本政府特别注重相关政府机构在推进与管理能源教育事业中的重要作用。日本经济产业省资源能源厅能源信息企划室在能源教育管理方面承担着重要职责。该机构主张，为使担当国家未来的下一代对能源问题采取切实的判断与行动之基础能力，有必要从儿童开始，使之关心能源，掌握正确能源知识，深刻理解能源问题。并强调，能源是国民生活和经济活动的基石，能源问题与每个国民都有着密切关系，因此，能源教育作为终身学习的课题之一，有必要动员整个社会的全体国民共同推进能源教育事业发展。鉴于此，资源能源厅组织推进与实施了如下系列能源教育事业，详见表4。

表4　　　　　　　　日本资源能源厅推进的能源教育事业

事业内容	事业概要	主要对象
提供辅助读本与小册子等	编制学校各学科教学与综合性学习时间可灵活使用的教材。	小学、初中、高中等学校
实施体验学习	以核能基地以及核能计划地区的孩子们为对象，实施能源体验学习、能源人型剧表演、体验型能源展示，以及在全国实行能源相关设施参观会筹备工作等。	小学、初中、高中、大学及一般市民
提供自主思考与发表的机会	组织召开"我的生活与能源"为主题的作文比赛、以节能为主题的宣传画比赛、募集实践论文、"核能日"宣传画比赛等。	小学、初中、高中、大学及一般市民
研究能源教育指导方法	提供各项支援（提供教材与资料、对实践给予专业指导或建议等），以培养地区推进能源教育事业的人才和致力于实践研究的人才，完善地区能源教育基地（开展实践研究的大学）。	大学
组织召开面向教师的研修会	以中小学教师及未来志愿从事教师事业的大学生为对象，组织召开研修会、以能源问题最新信息和世界能源动向等为题的讲演、参观能源相关设施等活动。	小学、初中和高中教师
发行信息志	发行登载能源与环境教育最新动向、教学中可以使用的数据等信息的、面向教师的信息杂志，和以核能发电站设置地区的中学生为对象的能源信息杂志等。	小学、初中、高中等学校的师生
对学校实施支援	募集有意继续致力于实施能源教育事业的学校，实施各种支援活动。如，提供教材与资料、派遣专家与讲师、对实践活动给予专业指导或建议、提供资金援助。	小学、初中、高中等学校
派遣专家	应来自全国的某些学校、公民馆、NPO等的要求，派遣能源专家实施上门教学。	小学、初中、高中、大学等

4. 国家教育行政机构大力推进能源教育事业发展

学校教育对于肩负社会未来的孩子们深刻理解核能及能源，就核能及能源问题养成自主思考与判断的能力，发挥着极其重要的作用。鉴于此，日本文部科学省一贯重视中小学能源教育，在充实与推进能源教育事业上采取了多种举措，尤其是在增进学生及国民对核能的理解和认识方面做了许多努力。概括地说有如下三点：一是充实能源教育内容。在新课程标准及教科书中，以社会科和理科为中心，进一步充实能源教育内容及其指导，强调学生自己带着问题意识进行调查、思考与学习。特别是在"综合学习时间"中，通过体验性学习与问题解决性学习等活动，以加深学生对能源的理解，培养他们从多学科视角综合地思考能源问题的能力和态度。二是增进核能理解。例如，开展核能体验专题研究；向中小学借贷简易放射线测定器以及简单测试放射线特性的实习工具；向中小学派遣讲师提供能源、核能、放射线等方面信息以及讲解疑难问题；以高中为对象组织参观核能设施；参观展览馆和体验能源问题相关展示与活动；利用因特网提供能源信息，完善"核能电子图书馆"等。三是创设"核能、能源教育支援事业辅助金"制度。加深每个国民对核能及能源问题的理解，养成自主思考与判断的能力，充实与完善外部环境也是很重要的。鉴于此，2002 年文部科学省创设了"核能、能源教育支援事业辅助金"制度，作为支持全国各都道府县根据课程标准的旨趣以主体实施核能及能源教育事业的一种机制，以支援各都道府县开展编制辅助教材、研究指导方法、教育研修、设施参观等各种能源教育事项与活动。

5. 民间非营利组织积极推进能源教育事业发展

发达国家和地区的民间非营利组织（NPO）支援教师能源教育事业的举措主要有三项：一是建构伙伴关系，向学校提供能源教育信息；二是研发培训课程，实施教师能源教育培训；三是提供能源教育课程活动计划，指导与协助学校开展能源教育。

日本能源环境教育信息中心（ICEE）、科学技术振兴机构（JST）、能源节约中心（ECCJ）等民间非营利组织（NPO）在援助与推进能源教育事业上做出了重要贡献，国家能源政策法规对此也给予积极评价和充分肯定。日本 NPO 在推进能源教育事业上所开展的援助活动主要有如下三种方式：一是联系社会各类团体，构建能源教育事业支援网络，支援学校能源教育。例如，ICEE 主要支援活动是向一线教师发行能源信息志、召开能源问题研讨会等。JST 每年组织召开青少年科学节，研讨节能等能源问题；二是致力于开发系统的能源教材与课程。例如，ICEE 组织开发面向中小学生的教材、编制日文版 NEED（全美能源教育开发项目）、制定能源教育指南等。JST主要支援项目是开发面向教师的数字信息网络，发行节能小册子等；三是支援教师研修以及学校能源教学。通过系统支援教员研修，编制教师用能源教育资料和开发研修计划与项目等支援学校能源教育。ICEE 在这方面做了大量工作：组织召开面向教师的研讨会、实施上门教学、发行教师用解说书或指导事例集、编制设施见习指南等。JST 有计划地向学校组织派遣能源专业方面专家实施上门教学等。

美国能源教育发展协会（NEED）负责在全国推广能源教育活动。英国能源可持续发展中心和能源研究、教育及培训中心致力能源教育和培训课程的开发。该中心与地方政府合作开发了以"能源问题"为题的能源教育推广项目，以为当地小学和中学提供能源教育课程资源，实施能源教育教师培训，共同推广能源教育。该项目资源覆盖了家庭能源、可持续发展能源和学校能源三个方面。

英国能源可持续发展中心开发的能源教育和培训课程不仅包括面向青少年的可持续能源教育，同时也包括面向教师的可持续能源教育培训，以促进能源教育的有效实施。英国能源研究、教育及培训中心也是一个非营利性能源可持续发展教育机构，该机构一方面借助系列趣味活动来提高公民对气候变化、能源效率和可再生资源利用的认识和了解，另一方面还帮助教师制订能源工作行动计划、提供能源有效利用建议等。

加拿大能源信息中心通过多种活动支援教师能源教育。例如，提供世界一流的能源教材，以协助教师在科学、社会等诸多课程领域实现教学目标；通过印刷出版物和建设网站发布最新能源教育信息；与安大略省环境经济教育协会、种子基金会等合作伙伴协作，为教师、学生及相关人员共同开发和提供能源教育资源等。

"大地旅人环境工作室"是台湾地区以推动节能及能源教育事业

为主旨的 NPO，它组织的"能源之星"教师培训为期三个月，其对象主要是有从业资格的待业及退休教师。经培训的教师巡回于引进美国 KEEP 能源教材的学校之间，协助学校推广 KEEP 能源教材与教学方法、组织能源相关教学活动等，给学校带去了能源教育的新理念，促进了学校能源教育发展。

6. 能源相关企业大力支援能源教育事业发展

日本、美国、法国、德国等许多发达国家能源相关企业都积极支援和参与能源教育事业，其活动方式主要有三项：提供素材、提供人才和提供资金，详见表5。以日本为例，东京电力和东京煤气等能源供给单位、东京电气等能源机械制造业、丰田汽车公司等能源消费业等相关企业积极支援能源教育事业，充分理解能源教育事业的重要性，特别是对节能教育、核能教育的意义给了很高评价。这些企业一致认为，提高国民对能源的关心与理解，促进节能，支援能源教育事业，这是企业社会责任的重要一环。企业支援能源教育事业主要有如下三种方式：一是提供能源教育素材。例如，发放小册子等能源资料、借助因特网提供能源信息、组织参观能源设施、展示能源相关信息与活动等；二是提供专业人才。例如，派遣能源专家走进学校教室上门实施能源教学、向研讨会与讲习会等派遣能源专业方面讲师、参加企划与组织能源环境教育研究会等；三是提供资金。对支援上述活动提供资金支持；对学校能源教育项目与活动提供资金援助，如负担学校师生参观能源设施接待费等。

表5　　　　国外企业支援的能源教育事业活动

活动形式	日本	美国	法国	德国
提供素材	参观设施 发放教材、小册子	参观设施 发放教材、小册子	参观设施 发放教材、小册子	参观设施
提供人才	上门教学 派遣讲师	就近上门教学 向 NPO 提供人才	就近上门教学	协助学校制订节能计划
提供资金	免费参观设施等	向 NPO 提供资金等	免费参观设施等	赞助节能比赛等

7. 大力推进教师能源教育事业发展

能源问题关系到人类社会的可持续发展。解决能源危机不但要靠先进技术和健全制度，更要依靠教育，特别是学校教育，而能源教育事业的推进与实施有赖于教师。从政府机构、民间非营利组织和能源相关企业三方面透视发达国家和地区教师能源教育政策后发现，这三类机构借助为举办培训班、提供资金及先进资讯、开发课程、为优秀者提供奖励等措施推进教师能源教育。

第一，提供能源教育研习机会。美国政府每年都举办为期 1 至 5 天的"国家能源教师研讨会"，旨在对教师进行能源科学、电力能源、能源运输、能源效率等方面培训，使他们有机会了解能源。各地能源教育教师利用该平台展开交流活动，共同分享最先进的能源技术和理念，提高各自的能源教育水平。此外，美国政府还向教育工作者和能源专家提供系列培训计划和培训班以提高其能源素质。例如，举办面向能源管理员、学校设施管理员以及建筑师的能源管理学校会议；为能源专家和教育工作者寻求学习和分享优质能源教育的机会，举办能源教育论坛与交流活动；开办教师暑期研究所，为对能源教育感兴趣的教育工作者提供能源设施实地考察和能源专业培训；利用假期为对能源学习感兴趣的学生举办能源夏令营活动以及教师培训讲习班等。

日本经济产业省资源能源厅下设的能源信息企划室承担着教师能源教育事业的推进与管理职责，定期组织举办面向教师的研修会、以中小学教师及未来志愿从事教师事业的大学生为对象的研讨会、以能源问题最新信息和世界能源动向等为题的讲演会、参观能源设施等活动，以提高教师能源素质。

台湾省教育部、经济部和能源部是组织能源教育教师培训的主要政府部门，由其管理的教师培训活动有两类：一是能源教育推动示范观摩研习活动。该活动由经济部能源局主办，台湾师范大学执行，在观摩研习中就能源及相关内容对国民中小学教师进行培训，目的是使教师对能源政策、能源科技以及教学实践有更深入的了解，并促使各级教师重视能源教育和认识能源效益的重要性，并学习如何进行能源教育工作，为能源科技的发展奠定稳固基础；二是能源种子教师培训。教育部、能源部或各地教育局利用寒暑假组织国民中小学教师进行能源教育研习活动，借助参观能源教育重点学校，学习能源教育相关知识等活动提高教师对能源教育内涵的认识，提升教师设计能源教育活动技巧，以推广学校基础能源教育。

第二，提供能源教育专业指导和资金支持。日本资源能源厅主张，能源问题与每个国民都有着密切关系，能源教育属于终身教育，必须动员全社会所有国民共同推动能源教育事业的发展。基于这种认识，资源能源厅向能源教育实践研究学校、公民馆和 NPO 等提供各种支援活动，包括提供能源教材与资料、对实践学校给予专业指导或建议、派遣专家实施上门教学等，旨在培养能够胜任推进能源教育事业以及致力于能源教育实践研究的人才，进一步完善社区能源教育基地建设。另一方面，2002 年文部科学省创设了"核能、能源教育支援事业辅助金"制度，该制度旨在鼓励地方政府在课程标准的旨趣下主动实施核能及能源教育事业，支援全国各学校积极开展编制辅助教材、研究指导方法、开展教育研修、组织设施参观等多样化的能源教育活动，以加深师生及国民对核能及能源问题的理解，养成师生及国民对能源问题的自主思考能力与判断能力。

第三，提供能源教育最新信息。日本能源资源厅除了为教师能源教育提供培训和各项支持之外，还通过各种途径积极向学校提供能源最新信息。例如，发行面向教师的信息杂志，介绍能源与环境教育的最新动向、可用于教学的能源数据等信息；专门为核电站设置地区的中学生发行核能信息杂志等。近年来，澳大利亚大力推进能源教育发展，各州、地区及能源部门都开设了能源教育项目。澳大利亚州矿产资源丰富，为保证地区经济及能源的可持续发展，州政府加强了能源教育推广。例如，西澳大利亚矿产和能源办公室创设的教育与培训项目旨在为教育者提供企业和资源上的最新消息。

第四，提供能源教育课程。美国威斯康星州环境中心为教师提供两类能源课程：面授课程和网络课程，其内容包括教室能源教育、能源教育主题、课堂可再生能源教育、能源教育理论与实践、学校建筑能源效率教育及可再生能源教育等。例如，面授课程"课堂可再生能源教育"的重点在于向5—12年级的教师介绍与提供在课堂上使用的可再生能源的课程设计，以及在课堂教学中可再生能源的学习活动与课堂讨论等，帮助教师分析能源信息，理解能源策略和技术，以提高学生对可再生能源的认识。

第五，提供能源教育奖励。美国威斯康星州政府创设了能源教育年度奖，以表扬那些对能源教育事业做出突出努力和奉献的教师。能源教育年度奖不仅可以对为能源教育事业做出贡献的教师给予鼓励，还可以促进教师的专业发展以及教师对能源课程及资源的开发，提高学生对能源问题的重视程度，增强节源意识。每年推选出公立或私立学校的幼儿园至12年级各科教师均有资格夺得此奖，其评选内容包括：领导、教学课程、讲习班等专业发展经历；开发课程、创造教具、有效利用资源等课程及资源的开发；课后参加俱乐部、相关基金会或职业培训等学生的社会参与；创作、募捐、节能等筹款。

8. 大力推进学校能源教育发展

（1）制订学校能源教育实施计划

台湾省非常重视中小学能源教育的实施。2002年，台湾省经济部、教育部联合颁布了《加强中小学推动能源教育实施计划》（以下简称《计划》）。该《计划》是依据台湾省1994年"推动能源教育行政会议"决议、1996年修订的"台湾地区能源政策及执行措施"及1998年"能源会议"决议而制定的，目的是提高学生的能源素养，促进学校能源教育的发展，培养能源教育师资，推广学校能源教育事业。

　　《计划》详细规定了作为能源教育主管部门的教育部和经济部应肩负的责任：一是开发能源教育项目和教材。教育部和经济部委托学术研究机构进行中小学能源教育实证性研究与应用性研究，分析九年一贯各领域课程有关能源教育内容，向社会征求能源教育优秀辅导教材和课外读物，并指导各地结合本地特点发展能源教育教材。二是设置能源教育示范学校。由台湾省经济部能源局主办、台湾师范大学负责的"推动能源教育重点学校"选拔活动，每年遴选出各地在能源教育中表现突出的学校。除按年度对优良学校进行表彰之外，还辅导其成为推动本地能源教育的活动中心。三是组织教师培训。在寒暑假期间，教育部会委托台湾师范大学组织能源教育观摩研讨会及"能源教育种子教师"研习。四是推动能源教育宣传。制作能源教育宣传材料，利用媒体广为宣传，同时建立能源教育信息网站，推动能源教育普及。该《计划》将台湾学校能源教育系统化、正规化。各级各类教育部门分工明确，各司其职。《计划》颁布后，各中小学校纷纷据此制订本校能源教育计划，高等学校及研究机构也积极参与能源教育实施中来，协助中小学开展能源教育。该《计划》也极大地激发了教师和能源教育工作者从事能源教育的热情，使台湾能源教育进入了一个新阶段。

　　（2）开发能源教育课程教材

　　美国在"国家能源教育开发"项目上投入大量人力、物力、财力开展能源教育课程与教材，成就卓越。该项目对缓解能源紧张、提高节能效果、唤起国民能源意识、提高国民节能自觉性等方面做出贡献。该项目包含从幼儿园到12年级学生的有关能源教育创新教材、教师与学生的培训项目、评估与奖励活动等事项。为确保教师和学生获得准确信息，这些教材会定期更新，提高全民能源素质。为配合该项目的推广，美国能源教育开发项目组织在美国《国家科学教育内容标准》的基础上制定了《美国国家能源教育课程内容标准》。

　　日本文部科学省注重以课程标准与教科书为基础充实能源教育课程与内容，借助提供《能源教育指导事例集》、开发能源教材、设置能源课程等事项推进能源教育。同时，还借助绿色学校建设事业推进能源教育。能源环境教育信息中心开发面向小学生、中学生和高校生的能源教育教材。此外，还为学生提供课外读物欲补充教材，发行能源信息刊物，开展经验学习会与作文比赛等活动普及能源教育。

　　（3）学科课程渗透融合能源教育

　　理科课程与能源教育关系十分密切。将能源教育与理科课程有效整合是落实能源教育的有效举措之一。例如，1998年日本新订初中理科课程标准中能源教育内容集中在理科第一领域。其中，最引人注目的是设置了独立的中项目（日本课程内容主题分大项目、中项目和小项目三个层次）"能源"，这显示新课程对能源教育重新给予了特别重视。广义的能源教育包括理解能量概念（能量教育）和认识能源利用（狭义的能源教育），而后者又是基于前者展开的。从总体上看，新课程虽说设置了中项目"能源"，但能源教育的重心显然是侧重于理解能量概念，地道的能源教育只是在"科学技术和人类"中"能源"部分才涉及认识能源形态和能源的有效利用。在内容编排上，理解能量概念在先，而认识能源利用在后。理解能量概念的视角包括物理学（电、热、光、能量形态、能量转化与守恒等）、化学（化学反应与光、热等）、生物学（绿色植物依靠光合作用合成有机物与光能）和地学（火山喷发、地震、大气与水的循环等与能量流动），即能量概念贯穿于整个理科之中。认识能源的形态及其有效利用设置在理解能量概念之后，这在认识论上具有一定的合理性。

　　再如，英国能源教育课程融入了多学科的内容，并且标准刻意强调了数学、科学与地理知识的工具作用。其中，数学方面，课程强调用数学知识处理采集的数据；科学方面，课程强调思索能量转化与能量传递的物理过程；环境方面，课程强调将能源问题与资源环境问题结合起来；地理方面，依据地理学的方法进行探究，依据地理学所持的价值观看待环境问题。采取多学科的综合方式开展能源教育可使能源教育渗透到学校教育的各个层面，通过学校教育总体配合，进而有效地推进能源教育，以全面普及和提高青少年的能源素质。此外，能源教育必须与环境教育与伦理学等密切结合起来，实施能源、环境和伦理等多层次教育，如此，才能为可持续发展培养有用人才。

9. 全民参与能源教育事业发展

要提高全社会的节能效率，就必须首先提高全民的节能意识。为此，将能源教育融入国民的日常生活与行为之中，树立"从自身做起、从小事做起，从今天做起"的意识，这是十分必要的。

日本能源教育活动可谓是无处不在，已经把能源教育提高到民族新文化的高度来看待，形成了特殊的"节能文化"。面对持久的能源危机，日本政府制订长期节能宣传计划，通过各种形式向国民宣传能源国情，以增强民族的忧患意识和节能意识。如将每年2月定为"节能月"，每月第一天设立为"节能日"，在全国范围内开展节能技术普及和推广，举办形式多样的宣传和教育活动。同时，还将每年的8月1日和12月1日定为"节能检查日"，检查评估节能活动以及国民的生活习惯，将能源教育融入生活中的点点滴滴。

推广全民能源教育是台湾地区"推动教育倡导"政策中的重要内容之一。只有民众对能源有正确认识与了解，才能够支持国家能源各项建设，进而推动经济繁荣与发展。因此，台湾省非常重视推进全民社会能源教育。台中市国立自然科学博物馆和高雄市国立科学工艺博物馆均将社会能源教育涵盖本馆工作内容之中，核电二厂下设的核能展示馆也承担着向民众普及能源知识的任务。另外，大众传媒也是推广能源教育的重要工具之一，为此，台湾省将其制作的"能源政策"相关教学资料放在大众媒体上播出，使得广大民众能在日常生活中学习到许多能源知识。例如，在电视节目广告时段可以播放能源使用安全及节能宣传片等。总之，由于社会能源教育的有力实施，台湾民众的能源知识与能源危机意识得到明显提高，政府提出的"以价制量""强制限用""加强能源查核制度"等一系列节能措施，因而得到了民众的广泛支持。

三　我国能源教育事业发展的对策建议

发达国家和地区能源教育事业日趋成熟，我国能源教育事业才刚刚起步。因此，在我国能源教育体系、制度与政策的构建与完善过程中，发达国家和地区的许多成功经验值得我们学习与借鉴。考虑到我国能源教育事业的发展现状，针对我国能源教育事业现存的主要问题，学习与借鉴发达国家和地区能源教育发展的成功经验，拟建议从以下几个方面构建我国能源教育发展对策体系，推动我国能源教育事业持续、健康发展。

1. 努力实现能源教育事业的法制化，依法推进能源教育事业发展

我国能源立法起步较晚，1998 年"节能法"颁布实施，2007 年又重新颁布了新修订的《中华人民共和国节约能源法》。在新修订的《节约能源法》中，把节约资源定位为我国的基本国策，并提出国家要开展节能宣传和教育，将节能知识纳入国民教育和培训体系，普及节能科学知识，增强全民的节能意识，提倡节约型的消费方式。虽然在该法律条文中，提出了将能源教育纳入国民教育体系，为能源教育的发展提供了法律依据，但其中对能源教育只做了宏观、宽泛的描述，对于如何操作、运作没有做出细致、明确的说明，致使在具体的操作实施层面仍面临很多问题。

这表明，目前我国能源相关法规、制度、政策中涉及能源教育事业的条款还十分有限，而且内容过于空泛、抽象，没有实质性的

规定与要求。这显示出我国能源行政部门、教育行政部门等政府还未全面深刻地认识到能源教育事业在解决能源危机中的重要性，还未将能源教育事业提升到能源科学技术、能源政策、能源合作等国家能源管理的同等高度，无视能源教育在应对能源危机中的潜在与长远的价值。因此，强烈建议国家有关部门必须把能源教育事业提升到与其他能源政策同等重视的水平上来，在国家能源相关法规、制度、政策中予以能源教育事业应有位置，积极促进能源教育的法制化、法规化，并逐步实现能源教育立法，为切实贯彻落实能源教育事业提供坚实的法律保障。国家能源行政等有关政府应深刻认识到：能源教育事业是提高节能效果、应对能源危机的一个现实和有效的途径，对于缓解我国能源问题能起到积极的作用。在此基础上，在能源立法中对能源教育事业的发展做出具体、详细、明确的说明，明确各个层面的社会主体在实施能源教育事业上的责任与义务，对于不同层面能源教育的目标、内容、方式方法、师资培养、教材建设、评价方式方法等均应做出相应说明，以保证实施效果。另外，还有必要通过立法对普及能源教育做出突出贡献的单位或个人给予相应的奖励，为能源教育的良性持续发展奠定基础。

2. 国家应专设能源教育管理机构，负责能源教育事业的推广与发展

国家设有专门的能源和节能管理部门，国务院也成立了国家能源委员会，各地发展改革委都设有能源处和节能处，负责能源和节能工作，但是国家能源局没有下设能源教育推广与管理部门。从职责内容看，无论能源管理部门还是节能管理部门都没有明确的能源教育职责。目前，我国既没有专门的国家能源教育管理机构，也没有专门的国家能源教育研究机构（仅有华北电力大学设有能源教育研究所），致使能源教育的推广和深入开展均面临诸多问题。这是中国能源教育重大缺陷。与我国形成鲜明对照的是，美、英、日发达国家和地区都设有能源教育管理机构专门负责全国能源教育事业的

推广。因此，国家有必要建立专门的能源教育管理机构，专门负责能源教育事业的宣传与推广工作，有条不紊地开展能源教育在全社会的推广。各相关高校也可建立能源教育研究中心，在完成学校能源教育推广的基础上，与其他社会组织进行积极沟通与合作，为能源教育的社会普及发挥作用。

3. 规划国家能源教育事业发展刚要，规范和指导全国能源教育事业发展

发达国家和地区能源教育事业的一个重要成功经验就是政府把能源教育事业视为国家教育事业的重要组成部分，积极将能源问题纳入国家主流课程之中，以提高国民的能源危机意识和社会责任感。例如，1980年，在美国政府（卡特总统）的支持下成立了非营利性全美能源教育机构——全美能源教育发展计划（NEED）。该机构是全美唯一一个联邦水平的能源教育专门机构，在能源关联企业与团体、能源厅等一百多个支援组织提供活动资金的支持下，开展以幼儿园—12年级（5—17岁）为对象的全国能源教育事业普及工作，其活动内容包括建立能源教育教师、行政机构、企业等伙伴关系，制定能源教育指南，向学校与教师提供能源教育计划以及有关能源生产与消费学习和能源学习项目、为教师召开能源教育研讨会等。受此影响，1995年威斯康星州创立了州能源教育计划（K—12KEEP），同年，加利福尼亚州成立能源委员会，开发了面向能源教育的网站——"能源窗口"，推进州能源教育事业发展。毫无疑问，美国能源教育事业的普及与发展得益于国家能源教育计划以及州能源教育计划。

我国至今各级政府（无论是教育行政还是能源行政）都没有出台能源教育事业发展规划，这是我国能源教育事业滞后于发达国家和地区的一个重要原因。为此，强烈建议有关部门应切实认识到能源教育事业的重要性和紧迫性，尽快组织有关专家、学者、机构、企业等有关人士共同研讨和规划国家能源教育发展刚要（指南），并

继而统一制定国家能源教育课程标准，开发国家能源教育活动项目，以规范和指导全国能源教育事业的推广与发展。

4. 创建多元主体开展能源教育的机制，促进社会各主体参与能源教育事业

能源问题与社会各个主体关系都十分密切，解决能源危机必须动员全社会的力量。与能源问题一样，能源教育事业也是一项社会化程度很高的教育事业，能源教育事业的推广与落实需要社会各个层面的主体积极理解、支持、参与和合作，共同提升国民能源素养的水准。

第一，政府机构要提高对能源教育事业的重视。能源部门、教育部门、宣传部门等相关机构首先要认识到能源教育事业的重要性与紧迫性，组织专家研讨与出台能源教育政策与实施计划，这是能源教育事业能够顺利有效开展的基本前提。

第二，民间组织、能源相关企业要积极参与和推进能源教育事业。民间组织、能源相关企业应当把能源教育作为一项公益性社会事务，纳入本行业相关事业项目之中，主动承担关乎社会可持续发展的能源教育事业这项社会责任，为构建我国能源教育体系以及提升国民能源素养做出应有贡献。

第三，政府、企业、大学及能源科研院所等应积极协作，共同研发和提供各类能源教育课程，举办各种能源及能源教育培训班、研修班。特别是，大学及能源相关科研院所在推进能源教育事业上拥有得天独厚的人才资源和丰厚科研成果，可以为学校开展能源教育以及能源教育课程与培训活动提供坚实的专业支撑。

也就是说，能源教育需要通过多元社会主体的协同开展，以达到发挥合力的综合效应。国家、民间组织、企业、社区、学校、家庭等都是能源教育的实施主体，在诸多能源教育主体中，学校是最核心的主体。学校能源教育应在做好相关课程渗透能源教育的同时，考虑制定适合中国国情的能源教育课程标准，做好相应的课程设置、

教材和辅助教学资源开发、评估标准制定等基础性工作，以满足学校开展能源教育的需要，保障能源教育活动的稳定性。社区可充分发挥各种传播媒体（如板报、电视、网络等）的宣传、舆论监督作用，并积极与国家的节能服务机构联合，开展节能知识宣传普及和节能技术培训，提供节能信息、节能示范和其他公益性节能服务，使广大民众能熟练地使用节能系统和掌握日常的节能技术，并自觉地节约能源。企业可结合自身特点，定期地组织企业员工开展节能教育和岗位节能培训，鼓励员工进行节能技术改造，进而提高员工的节能意识、节能技术水平。

5. 加强能源教育推广平台的建设，增加能源教育事业的宣传推广力度

目前，我国能源教育推广平台比较单一，推广效果受到影响。例如，通过过去十几年"节能宣传周"活动的开展，能源宣传教育形成了一定的影响力，取得了一定的节能教育效果，但与我国众多尚待普及的人群相比，显然还相差甚远。因此，有必要进一步丰富和完善能源教育推广平台，充分发挥各种机构、协会、场馆（各种博物馆）、非政府组织、网络、演艺界传媒等力量，加强能源教育信息的传播和推广，提高广大民众的节能意识和节能技术，以缓解能源压力。

建立专业化、多样化能源教育网站，通过提供相关资料（如新闻信息、能源政策法规、能源科普等）来支持学校、社区、企业开展能源教育活动。目前，全国高科技教工委能源专业委员会开发了"国家能源教育网"，该网站设有"新闻中心""政策法规""教育培训""能源科普"等诸多单元，应该说信息量和知识量是比较庞大的，但其针对性较弱。另外，国立台湾师范大学成立了"能源教育资讯网"，该网站设有"能源新鲜事""教学资源库""能源教室""学术研究""相关网站"等单元，对于开展学校能源教育的针对性比较强，值得我国大陆地区借鉴推广。

6.加强能源教育事业国际交流合作，积极借鉴国外能源教育事业的成功经验

美国、日本、英国、加拿大、澳大利亚、德国等国家开展能源教育的时间较久，且已取得了一定的成绩，形成了一些可借鉴的成功经验。我国相关组织和机构应积极寻求与发达国家和地区能源教育协会或机构（如美国能源教育发展协会，英国能源可持续发展中心，英国能源研究、教育及培训中心，澳大利亚能源教育协会，加拿大能源理事会、加拿大能源信息中心、日本能源与环境教育信息中心等）开展能源教育事业的国际交流与合作，积极吸纳国外开展能源教育的先进经验。比如，美国、英国、欧盟专门制定了能源教育课程标准；美国提供了包含从幼儿园到12年级学生的能源教育创新性教材、师生培训项目、评估和奖励活动等；日本政府以现有教科书为基础制定能源教育课程，注重各教科书之间关联，研究能源教育指导方法，提供《能源教育指导事例集》等辅助教材，以及单独开发能源教材，设置能源课程，单独或与企业合作开发有关教材等，并且指定一个机构专门负责全国的能源教育活动推广等。这些经验对于我国能源教育事业的开展和推广具有积极的学习和借鉴价值，与此同时，也需要进行大胆创新，力图进行本土化改造，适应我国国情。

7.建立教师能源教育的培养与培训机制，提高教师能源教育素养

显而易见，搞好学校能源教育的关键是培养与培训教师。学校能源教育主要靠广大教师来实施，提高教师的节能意识和能源科学素质是搞好学校能源教育的关键。因此，建立健全教师能源教育的培养与培训机制是提高教师能源教育素养的关键环节。教师能源教育主要包括两个方面：教师能源教育素养的职前养成和教师能源教育素养的职后培训。

职前培养工作基础性和专业性很强，适合于高等师范院校能源

相关专业来开展工作。建议在高等师范院校本科生和研究生课程培养计划之中纳入能源科学、能源教育等相关课程，也可以在相关专业开设通识选修课《能源与社会可持续发展》，在教学实践环节中增加学生节能活动，以切实提高学生能源危机意识，增长能源科学知识，能源教育素养的养成奠定基础。职后培训工作提升性和拓展性突出，适合于高校能源科研院所和能源相关企业进行开展工作。高校能源科研院所和能源相关企业在能源科技领域拥有专业优势和资金优势，应积极为学校教师研发能源教育课程与培训项目，提供能源信息。我国中小学师资数量大，素质偏低，因而培训任务十分艰巨。建议在中小学教师学历教育和岗位培训计划中纳入能源教育的内容与要求。

8. 加强能源教育资源的开发与建设，为推进能源教育事业提供支撑与保障

无论是学校能源教育、家庭能源教育还是社会能源教育，能源教育活动的顺利开展离不开能源教育资源的开发与支撑。国际经验显示，多元化、多层次能源教育资源的开发与建设是推进和普及能源教育事业的基础和保障。建议国家有关部门、有专业实力和科研实力的高师院校与科研院所、有资金实力和人才实力的企业以及其他社会团体，应有针对性地为学校师生、家长、社区等各阶层人员开发多样化的能源教育资源，为开展各个主体开展能源教育提供资料支撑。能源教育资源可大体上划分为如下三类：能源教育课程、能源教育培训计划、能源教育实施指南等能源教育的教学资源；能源信息小册子、能源杂志、能源知识讲座、能源视频资料、能源教育活动手册等能源教育的媒体资源；能源教育网、教师能源教育网、能源信息网等能源教育的网络资源等。例如，地方政府的教育部门、能源部门、能源企业、高师院所等联合起来，组织专业力量共同开展能源教育研究，一同研发结合当地实际情况的各类能源教育资源，如可再生能源教育课程、教材与研训项目；

非再生能源教育课程、教材与研训项目；核能、电能、风能、生物质能、太阳能等专项能源教育计划；师范生能源教育课程；能源教育实施案例与分析等。

9. 创建专业化能源教育研究组织和机构，总结经验，探寻规律

我国能源教育事业才刚刚起步，在能源教育的理解与共识、组织与管理、政策与措施、经费筹措、资源建设、专业支撑、运行机制、师资培养与研训、活动项目与课程开发、合作与交流等诸多方面还都是一片空白，这与发达国家和地区能源教育事业的认同程度、发展规模、普及范围、开展深度、实施效果等许多层面与环节还存在着相当大的差距。如何尽快缩短我国和国际能源教育事业发展水平之间的差距，这是我国能源教育事业面对的一项紧要课题，它会牵涉各种因素。其中，创建和成立专业化、正规化、多层次的能源教育研究组织与机构，这恐怕是至关重要的因素之一，也是国际成功经验之一。例如，美国的国家和州能源教育发展计划、日本的能源与环境教育信息中心和日本能源环境教育研究会、英国的 CSE (Centre for Sustainable Energy)、台湾的"大地旅人环境工作室"等，这些组织与机构专门致力于本国能源教育事业的研究与推进工作，为能源教育事业的发展发挥着重要作用。为此，建议我国有关部门应积极筹划，组织各方力量，研讨和创建专业化、正规化、多层次的能源教育研究组织和机构，对我国能源教育事业发展现状实施调查，对国际能源教育事业开展对比研究，对我国能源教育事业的体制、机制、政策、理念、体系、课程、内容、途径、评估等实施全面深入研究，这是缩减我国与发达国家和地区能源教育发展水平的一个基本思路。

综上所述，能源教育事业是应对能源危机的一个现实而有效的途径，是实现构建资源节约型、环境友好型社会，实现节能减排目标的重要措施。有效推进与发展能源教育事业需要诸多层面对策的协调配合。

第三节　小学生能源素养现状调查与分析

一　调查设计

2011年11月6—20日，我们对辽宁省沈阳市内及周边农村地区的小学生进行了能源素养相关问卷调查活动。考虑到小学生中、高级学段的认知水平及能源知识摄入水平的巨大差异问题，我们将调查对象锁定为小学5、6年级阶段，共调查学生420名。本次主要是针对能源相关知识、能源相关解决问题的方法、节能意识等内容进行调查。

（一）调查目标

本调查的目标人群为小学生，主要调查的目的是：了解小学生的能源知识程度、对能源与环境的关系的认识、能源的节约利用情况、对能源信息的获取途径等现状，最终对小学生能源素养水平的情况进行初步了解与整体的把握。

（二）调查被试

本次调查对象为沈阳地区小学5、6年级学生。共发放问卷420份，获得有效问卷388份，有效回收率92%。将回收的有效问卷全部作为统计对象，其中，如表6所示，城市与农村学生比约为2：1，男女生比约为1：1，五、六年级的学生比约为1：1.6。

表6　　　　　　　　各考察项的人数和比例

	城市	农村	男生	女生	五年级	六年级
人数（人）	278	142	226	194	159	261
比例（%）	66	34	54	46	38	62

（三）能源素养的操作性定义

能源素养是指理解能源及其与人类之间关系层面的科学素质，由意识、知识、能力、方法及行为习惯构成。其核心内容是：树立正确能源意识与价值观、对能源知识有基本的认识、对能源的应用方法有基本的了解、对能源技术对社会和个人所产生的影响有必要的认识、最终养成良好的节能节资行为及习惯。问卷编制从三个方面来考虑，即能源意识与价值观；能源知识、技能、方法与能力；节能行为与习惯。

本研究参考 1993 年日本核能文化振兴财团（财团法人）相关的能源素养调查问卷《日本和欧洲学生关于能源和环境意识的调查报告》。该问卷从能源的有限性、能源的必要性、关于能源的有效利用与开发的意识、能源与地球环境的关系、能源信息的获得途径、关于能源的知识素养、能源获得的经济性、节能行为等几个维度进行内容设置。同时，还参考了 2010 年 3 月日本经济产业省资源能源厅发布的《中学生关于能源与环境的意识调查报告书》的相关资料。

本次调查中，能源素养的操作性定义界定为如下七个方面：

（1）掌握基本的能源常识与知识；

（2）具有能源利用及节能的意识与态度；

（3）理解和把握能源问题跟社会环境、社会技术、人类生产生活之间的密切关系；

（4）培养解决日常生活及社会问题的能源技术能力；

（5）形成节能意识，养成对能源问题拥有自我价值判断和意志决定的能力，最终树立节能的生活方式；

（6）认识能源的未来开发趋势及能源的经济性；

（7）获取更多的能源素养信息。

（四）问卷编制

1. 问卷编制过程

（1）查阅、整理、分析文献资料，借鉴以往对科学素养及能源教育等相关含义的综合分析，界定能源素养的基本含义。

（2）针对本文所界定的能源素养的内涵，确定一个可供小学生能源素养现状调查的、有效的可操作性定义。进而展开问卷框架结构的设想，形成初步的问卷考察维度及题项。

（3）参考日本有关能源素养的调查问卷，结合本文设定问卷基本框架进行问卷编制。

（4）对沈阳地区部分小学生进行预测，根据预测结果进行题目分析和审定。

（5）进行修改问卷，并最终形成正式问卷。

（6）问卷印刷。

2. 问卷题设计

本问卷由 31 道题构成。其中，有 13 道题目来源于日本调查问卷《日本和欧洲学生关于能源和环境意识的调查报告》的相关内容，有 11 道题目是参照我国新课程标准的科学教育目标及相关能源调查研究提出的，另外 7 道题是笔者结合小学生认知特点自主设计的测试题目（见表 7）。

表 7　　　　　　　　调查问卷题目的分布情况

三维课程目标	能源素养的维度	问题	百分比
知识与技能	能源常识	Q5，Q6，Q7，Q8，Q9，Q10，Q11	22.6%
	能源与环境的关系	Q12，Q13，Q14，Q15	12.9%
	能源的开发	Q16，Q17，Q18	9.7%
	能源的经济性	Q19	3.2%
过程与方法	能源的节约利用	Q20，Q21，Q22，Q23，Q24，Q25	19.4%
	能源信息的获取途径	Q26，Q27，Q28，Q29，Q30，Q31	19.4%
情感、态度、价值观	能源意识	Q1，Q2，Q3，Q4	12.9%

（五）抽样设计

本次调查的样本来自沈阳市内及周边农村地区的小学，分别按一定的比例进行抽样。具体的抽样标准如下，样本分布见表 8。

第一步，把沈阳市内及周边农村地区的小学分成一个数据库。

第二步，从沈阳市内小学中分别随机抽取重点与非重点小学各一所。

第三步，从周边农村地区小学中随机抽取 2 个样本。

区域	小学名称	调查人数（人）	人数合计（人）
沈阳市内小学	宁山路小学	132	247
	于洪小学	115	
沈阳市周边农村地区小学	苏家屯解放小学	94	173
	法库县四家子乡陶家屯村小学	79	

表8　　　　　　　　　　　样本分布

（六）调查结果的效度与信度

调查问卷是由沈阳师范大学刘继和教授设计与修改完成的。最初的试卷对部分小学生进行预测，针对问卷的调查数据进行分析。结果显示，有2道题题目难度较大而取消，而其他31题均具有足够的内容效度。抽样选定被试对象，将修改后的调查问卷在被试中进行正式测试。发放问卷数量420份，获得有效问卷388份。

（七）数据处理方法

采用Excel处理进行数据录入、处理和分析。编制时遵守问卷知识要科学正确、表述要清晰易懂、内容要有代表性、项目适量的原则。

二　调查结果与分析

我们从能源意识、能源常识、能源与环境的关系、能源的开发、能源的经济性、能源的节约利用、能源信息的获取途径以上七个维度对调查结果予以分析，分别进行论述。

（一）小学生能源意识的调查结果

问卷通过小学生对能源使用的有限性与必要性的认识进行考察。共创设了四个问题。在对能源使用有限性的认识中，主要考查学生对有限性的理解。首先，第一个问题考查的是学生对石油、煤炭的使用是有限性的这个说法的认识理解。如图24所示，有53％的小学生认为在人们未来的生活中，随着石油、煤炭越来越多的使用，国家的储藏量将越来越少，直至枯竭。有34％的小学生认为虽然石油及煤炭在深海或陆地中大量储存，但是凭借当今的科学技术是无法进行开采的。另外，还有 13％的小学生认为石油、煤炭是不可再生的，将无法再生产。结果显示：超过半数的学生对石油能源是不可再生的有限能源的属性的认识有明确的把握与认识，能够真正理解有限性的概念。然而，少部分学生却把能源的有限性与能源的不可再生性混淆，需要学校在这方面加强学生对某些化石燃料的不可再生性的教育。有 1/3 的学生虽然知道石油、煤炭的存在，但是由于缺乏对我国科学开发技术的认识，仍然认为石油及煤炭是无法开采的。

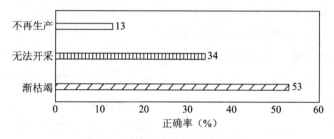

图 24　对能源有限性的认识情况

其次，第二个问题考查学生对自己未来生活与石油之间关系的理解。如图 25 所示，49％的学生认为石油在生活中足够用，24％的学生认为可以开发石油的替代能源，对未来生活没有影响，16％的学生认为只要我们努力节能，石油的使用就会长期供应，11％的学生会觉得如果没有石油环境污染就会减少，这对于生活是有意义的。这表明，一部分学生对石油的储存量及限度缺乏正确认识。选择可开发石油替代物的学生很具有科技意识，认为这是解决石油危机问题的好方法。选择节能的同学则表现出他们对生活持有积极乐观的态度。有 1/10 的同学能够从环保的角度出发来思考这个问题，说明学生还是非常注重环境保护意识的。

再次，考查的是学生对日常生活的能源消费量与世界平均水平的对比情况的认知。73％的小学生认识到自己日常生活的能源消费量与世界的能源平均量相比显得非常少。这说明新课程改革中在小

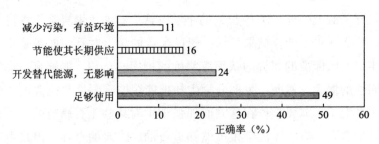

图 25　自己未来生活与石油之间关系的理解

学科学教材中增添许多必要的知识点是很重要的。例如：我国人均占有石油和天然气分别仅为世界平均水平的 7.7% 和 7.1%。因此，学生在对这个问题的认识上掌握较好。

最后，第四个问题是对未来我们居住的地球环境的设想问题。如图 26 所示，有 32% 的学生首先想到人口增加的问题，有 23% 的学生想到的是温室效应的问题。说明小学生对我国人口增长的现实性问题的认识是比较敏感的，同时他们对环境保护的意识也是比较强烈的。然而，仅有 15% 和 13% 的学生分别从能源利用增加及资源不足和滥用资源的角度对我国未来能源与资源的利用问题进行设想。足以说明，能源这个问题在目前小学生的心中基本没有形成意识性的概念。可见，小学生还没有对能源的必要性形成真正的理解与认识。

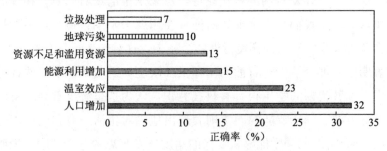

图 26　对未来我们居住地球环境的思考

总体来看，在能源的有限性方面，学生对石油能源是不可再生的有限能源的属性的认识有明确的把握与认识，能够真正理解有限性的概念。从能源的必要性来看，没有真正理解能源在个体生活中的地位及在未来社会发展进步中的作用。

（二）小学生能源常识调查结果

问卷采用最基本的知识及常识问题的方式对小学生的能源常识状况进行基本考察。其中涉及的问题比较全面化，分别从传统能源、新能源、可再生能源、绿色能源等知识点以及煤炭储蓄量、国家用电量等基本常识问题展开调查。结果表明，小学生对教材基本能源知识掌握较好；对能源的常识类知识掌握较差；介于两者之间的能源知识掌握一般。

维度共设七个问题，第一、二个问题考查的是小学生对"化石燃料"这个用语的认识程度及对能源种类范畴的分类认识。调查数据结果，在 420 名调查者中有 86% 的学生听说过"化石燃料"这个用语。并对"化石燃料"的具体实物的了解相对掌握较好。有 71% 的学生能够做出正确选择知道"化石燃料"具体指的是煤炭、石油和天然气。这些数据足以说明：学校对学生进行的"化石燃料"概念的灌输比较透彻，并且学生能够清楚地认识到其他备选项，即核能、生物能等能源是人们目前所提倡开发的新能源。

第三、四、五题考查的是小学生对识别"新能源""可再生能源"与"绿色能源"的能源种类归属与分类问题。如图 27、图 28、图 29 所示，有 69% 的学生认识到太阳能属于新能源，其他 31% 的学生将传统能源煤炭、石油、天然气错误地认为是新能源；有 65% 的学生认识到风能是可再生能源，20% 的学生对金属矿产的属性不了解，更有极少数学生对煤炭和石油的认识疏忽；72% 的学生认识到海洋能是绿色能源。分析来看，结果表明：小学生对能源的基本知识方面的认知掌握还是较为牢固的，如对新能源与传统能源的区分、对可再生能源的认知、对绿色能源的鉴别等知识较为了解，说明学校在对学生进行科学课程中能源这一部分的教学效果是显著的。这是学生对能源常识认识的基础也是新课程标准对小学生知识目标的基本要求。

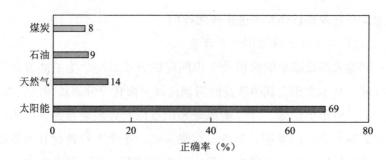

图 27　对新能源的认识情况

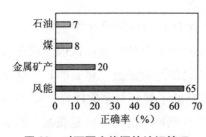

图 28　对可再生能源的认识情况　　图 29　对绿色能源的认识情况

问卷第六题考查的是我国煤炭资源主要分布的省市问题。如图 30 所示，48％的学生误认为煤炭资源主要分布于西藏地区，而选择正确答案"山西"的比例仅有 27％。另有 22％的学生甚至认为煤炭主要分布在甘肃地区。结果说明，小学生对于我国能源分布问题的认识非常浅薄，这也是学校在这一部分知识的教学上存有极大的教育漏洞，同时也体现了学生对课外常识的摄入量是极其有限的。

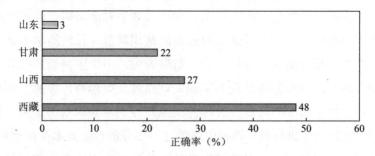

图 30　对煤炭主要生产地的认识情况

第七题考查的是学生对我国各大部门用电量消费问题的理解。如图 31 所示,有 38% 的学生认为我国用电量占用最大比例的行业是产业部门,35% 的学生认为是运输部门,也有 27% 的学生认为是民生部门。从上述比率来看,三者的答案选项基本接近平均水平。说明小学生对我国各大领域部门的用电消费情况根本没有基础的认识。小学生对产业及民生部门的理解没有形成真正的范畴意识,因此对本题的作答情况很不理想。

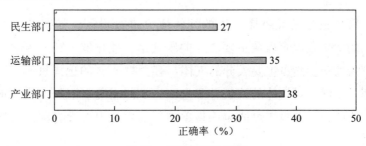

图 31　各领域用电比例

(三) 小学生能源与环境关系调查结果

关于小学生能源与环境关系的调查,问卷设立了四个问题。分别从认识各种环境效应的组成成分和识别能源与人类实际生活、环境关系的两个角度进行考查。统计结果表明,学生对第一个层次知识的掌握程度有限,而对于周围能源与环境关系的认知掌握较好。

关于气体成分方面的问题,首先第一题考查的是对构成温室气体的主要成分的认识。如图 32 所示,学生对氮气、二氧化碳以及氢气作用的理解不到位,仅有 46% 的学生知道二氧化碳是构成温室气体的主要气体成分。29% 的学生会选择"氮气",23% 的学生会选择"氢气",另有 2% 的学生甚至选择"氧气"。这说明小学生对温室气体的认识较差,对生活中氧气的认识比较清楚,却非常容易将类似的气体的属性作用理解混淆,如对氢气、氮气及二氧化碳的认识等。

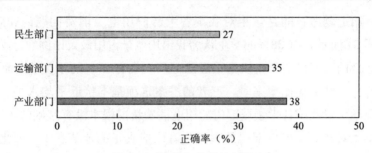

图 32 对温室气体的认识情况

第二题对煤炭燃烧产生的气体成分进行设问。如图 33 所示，49％的学生意识到煤炭主要产生的废气是二氧化碳，39％的学生认为产生的灰尘是占主要成分的气体，有少数 12％的选择氧气。数据表明，小学生对气体的认识并不全面，不能正确掌握灰尘的基本属性，他们只对燃料燃烧的表面现象进行观察认识而没有深入具体的理解。

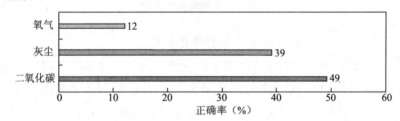

图 33 对燃烧废气的认识情况

从能源与人类实际生活环境关系层面上的问题来看，第三题考查小学生对日本地震引发核泄漏的危害的认识情况，调查结果掌握较好。如图 34 所示，18％的小学生意识到核泄漏能够引发人体辐射，25％的学生知道核泄漏能造成土壤污染，28％的小学生明确核泄漏能造成海水污染问题，仅有 29％的学生会选择"海啸"选项。结果表明，小学生对核泄漏问题带来的严重问题具备基本的常识性认识，表明学生在学校、家庭及社会中对重要社会热点问题直接或间接地获得了相应的教育，但却对核泄漏与海啸的关系问题界定较为模糊混淆。

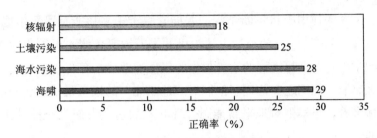

图 34　对核泄漏危害的认识情况

　　第四题考查小学生对绿色交通工具的辨别。调查如图 35 所示，有 83% 的学生选择自行车是最绿色环保的交通工具，只有 8% 的学生选择电动车，7% 的学生选择公交车，2% 的学生选择私家汽车。这其中的结果或许是由于城市学校的学生生长环境的影响差异误认为公交车或电动车也很节能环保。说明小学生对绿色环保的交通工具的识别水平很高。通过问卷的设置与考查，我们从中看出：学生对书本上基本知识的掌握情况相对其在生活中所收获的启示与经验相比略显不足，说明知识来源于生活。

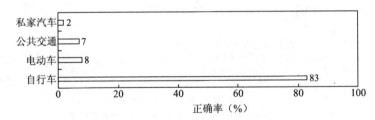

图 35　对绿色交通工具的认识情况

（四）小学生能源的开发调查结果

　　在对小学生能源开发的相关调查当中，问卷设立了三个问题。首先问卷对于今后将着重开发的能源的问题进行了调查，统计结果如图 36 所示。由此可知，学生对于能源开发的领域着重倾向于：核能、太阳能、海洋能源的开发。43% 的同学认为可开发核能，25% 的学生认为可开发太阳能，17% 的学生认为可开发海洋能。说明小学生对于新能源的认识还是比较充分的，并且清楚地意识到传统能源在未来的使用中将不断枯竭。并能着眼于未来核能及可再生能源的发展。只有 7.0% 的小学生认为可开发石油等传统不可再生能源，说明学生对石油等能源的不可再生的属性不理解。有 6.0% 的学生选择地热能，比例之少体现了他们对"地热能"的概念是缺乏认知的。总体来看，小学生对未来新能源合理开发的这个方面觉悟性是比较高的。

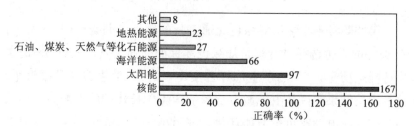

图 36　对今后将着重开发的能源的理解情况

其次，关于我国今后核电发展趋势问题的理解，有 90% 的同学认为我国今后核电开发将呈现增加的发展趋势。

第三个问题，对主要理由的统计如图 37 所示。

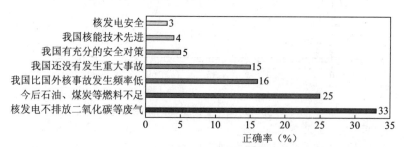

图 37　对今后核电增加趋势的理解情况

由图 37 分析，有 33% 的小学生依然能够从环保的角度出发，认为核发电是绿色清洁的。其次有 25% 的学生意识到今后石油、煤炭等燃料渐进枯竭这个本质问题。只有 3% 和 4% 的极少数学生会选择核发电安全、核技术先进这两个理由作为对问题的认识，说明他们对核能的安全使用与技术应用问题的了解明显不足。需要在未来的学习与生活中加深对新科技、新能源——核能这一部分知识的认知与接触。

（五）小学生能源的经济性调查结果

问卷对能源经济性的考查仅涉及了一个题目。在对"我们使用的最廉价的燃料"这个问题的调查结果显示令人很满意，能够认识到能源与人类经济的密切关系。本次 420 名调查者对能源经济性的理解如图 38 所示，在涉及最廉价的燃料问题时，认为植物秸秆和煤是最廉价的正确选择率分别为 70％和 21％。主要由于小学生学校及生活地域的差别导致认知上的差异。

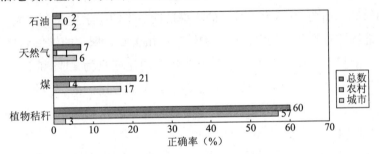

图 38　对能源经济性的认识情况

在 142 名农村小学孩子的调查问卷中再次发现，接近全部的孩子都明确地意识到植物秸秆是最便宜的燃料。这是我们意料当中的调查结果。而在城市当中，孩子们的生活方式不同，生活水平较高，基本是通过饮食（天然气）和供暖（煤）间接地认识能源的经济性。

（六）小学生能源的节约利用调查结果

在这一方面的考查上问卷设计了六个问题。首先第一题在考查学生有没有回收废电池经验的问题上，82％的小学生认为自己曾经有过这种经历，说明学生对电池的危害性及加强环保、节能意识的认识是比较深刻的。同时，第二题对如何进行回收电池方式的调查中，结果如图 39 所示，有 73％的学生是通过学校回收的方式进行的。20％的学生在社区进行这种活动，而个人回收的比率也占相对比例。说明学生对回收废弃电池的这种行为已经具有了高度的认同，他们能够随时通过各种渠道完成这种有意义的活动。

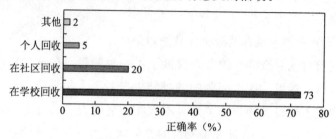

图39 对回收废电池的认识情况

其次，考查学生在家中是否注意节约用电的问题，调查结果显示较好。如图40所示，47%的比率接近一半的小学生在家中大多时候能够注意到节约用电。30%的学生稍微欠缺，偶尔能够做到这点。完全能够做到和完全不能做到节约用电的比率只为14%和9%。说明，基本具备节约用电的同学还是占有大部分比例的。但是仍有接近十分之一的学生完全忽视这一点，需要引起家长对这一方面的教导与监督。

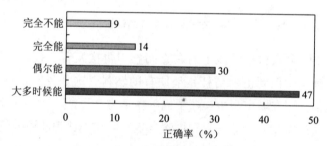

图40 家庭生活注意节约用电情况

再次，问卷中还对自己眼中的别人的行为正确与否进行了相关考察，如对问题"你认为你周围的同学能做到随手关灯吗?"的回答如图41所示，68%的学生认为他人大部分时候是具备自觉性的。说明学生在日常生活中将关灯这种行为已经作为一种潜意识的习惯。然而有5%的学生也对这个问题做了真实的反馈，表明仍有极少部分的学生在公共场合中根本没有意识到随手关灯是节约用电的良好习惯。

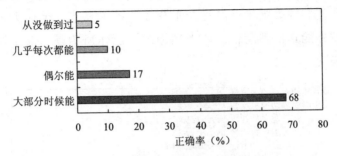

图 41　周围学生节约用电情况

第五题在考查实际生活问题：夏季空调最好控制在多少范围既舒适又比较节能上，调查的结果显示学生对此理解较差。如图 42 所示，有 56％的学生选择 28—30℃，只有 25％的学生能够选择正确答案。甚至有 19％的学生会选择过低或过高的温度来当作使用空调的标准。结果显示，目前小学生是很缺乏基本的生活常识的。他们对于类似这种基本的生活小窍门的理解还需要老师与家长的进一步教育。

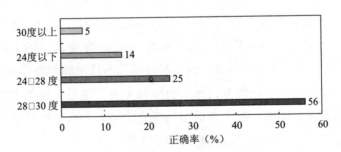

图 42　对夏季空调使用的认识情况

最后，考查学生对浪费行为的鉴别与判断能力。如图 43 所示，在判断以下哪种是浪费能源的行为中，有 58％的同学能够很准确地判断出把热饮放入冰箱冷却是一种浪费的表现。而对于其他随手关灯、切掉总电源、保持适中音量、合理使用开关洗澡及搭乘公交车出行等良好节能行为的认识比较清楚。调查表明，小学生已经具备良好的日常节能习惯及对正确节能行为的判断与辨别能力。在他们的头脑中已经完全形成了正确的认识，他们大多数都很注意并能真正判断自己或者周围的人所作所为是否属于浪费能源的表现。

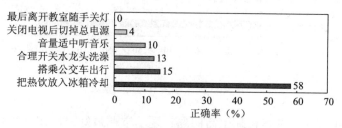

图 43　对浪费能源行为的认识情况

（七）小学生能源信息获取途径调查结果

问卷对小学生能源信息的获取能源信息的基本方式、对学校课堂能源知识涉及范围的满意度等情况进行了调查，共计设计了六个基本的问题。

首先对小学生能源知识的获取途径进行考查。从图 44 中可以看出，41％的小学生通过课堂教学进行知识的获取，23％的学生获取方式是电视、网络及广播，15％的学生会选择杂志、图书，另有11％与9％的学生会选择通过参观科技馆和听从家庭的教育方式进行的。说明，小学生对能源信息的获取最主要的途径是课堂教学、电视网络和杂志图书。在正规的学校教育之外，大众媒体是信息的主要传播途径。体现了媒体的重要传播作用。

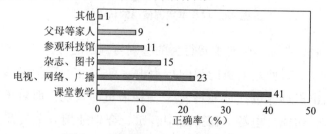

图 44　对能源知识获取途径的了解情况

关于对核发电的了解途径的认识，调查结果与上题基本相似，主要通过学校和媒体渠道获得了解。如图 45 所示，有 38％的学生是通过学校教育进行了解，另外有 32％的学生是通过广播电视的渠道认识的，17％的学生通过报纸杂志获得，更有少数学生通过家庭及朋友来获得信息。

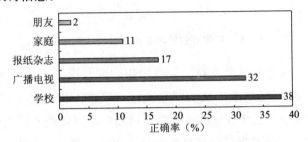

图45　对核发电了解途径的认识情况

其次，考查其对目前社会能源时事问题的了解程度，对于问题"对于日本福岛核事故（2011 年 3 月 11 日）这件事，你最初是通过什么途径听说的"的调查中，72％的小学生选择是从电视中了解到的相关信息的。14％的学生通过老师了解，少数 9％、5％的学生分别通过朋友及报纸杂志来了解的。从中体现出了学生主要是通过电视这个途径来拓展眼界的方式，他们仍然相对比较热衷于对社会时事问题的了解。说明小学生的社会觉悟性和认知性还是比较理想的。

第四题考查家长对学生能源知识的教育教导程度。如图 46 所示，其中，56％的小学生的父母会偶尔与自己谈论能源问题，有31％的学生认为在家庭教育中父母从未和自己谈论过能源的相关问题，13％的学生从父母那里会经常听到能源问题。调查结果说明，除了正规的学校教育之外，家庭对子女的能源教育是远远不够的，推测其中原因一方面由于家长对能源问题的意识程度不够，另一方面或许由于家长本人所具备的能源知识欠缺，并不能对子女做出任何相关的能源教育指导工作。从而也反映出我国整体公民的能源素养水平也是有待加强的。

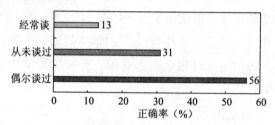

图46　对家庭的能源教育程度的认识情况

此外，对小学生课堂获取能源知识广度与深度进行调查，如图47所示，有75％的学生认为课堂教学中所涉及的能源问题相对较少，23％的学生认为课堂所讲的内容目前还足以供给自己消化吸收。问题说明，学校课堂虽然是学生能源教育的主阵地，但是仍然存在力度不够的问题，如教育内容不全面、不深入，没有满足大部分学生的基本认知需求等。需要教育部门引起对这个问题的高度重视，加强对能源教育目标及内容的确立与实施。

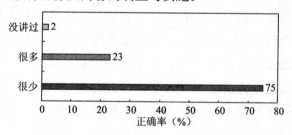

图47　对课堂获取能源知识程度的认识情况

最后，我们考查了小学生课余自行对能源知识的渴望与追求程度。如图48所示，59％的同学会偶尔通过自行购买相关书籍这种措施来补充对能源知识的获取，有23％的学生根本没有购买相关书籍的动机，另有18％的学生会选择经常购买相关书籍。结合以上两题的调查结果显示，说明学生对课堂及家庭的教育程度极不满足，大部分学生还是会主动选择多种其他方式提高对能源知识的获取量。表明小学生对自身能源素养的正确认识，同时也体现了小学生们强烈的求知欲。需要施教者能够结合小学生的身心发展特点进行合理的教育教学工作。这也是对从教人员的一个重要启示。

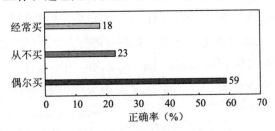

图 48　对能源相关图书购买的认识情况

三　小学生能源素养现存问题的分析

（一）小学生能源素养的基本现状

透视本次调查结果显示：部分的小学生具有一定的能源素养，他们能够通过课堂学习、图书杂志以及课外信息的收集，了解能源的相关知识，具有基础的节能意识、节能习惯和行为，明确能源与环境之间的基本联系，并知道一些解决能源问题的方法，具有一定的解决能源问题的能力。但是也有一部分学生的能源素养比较欠缺。

鉴于调查数据分析，小学生能源素养中表现较好的方面：

1. 能源意识方面：①学生对石油能源是不可再生的有限能源的属性的认识有明确的把握与认识，能够真正理解有限性的概念。②小学生对自己日常生活的能源消费量与世界的能源平均量的比值关系的理解掌握较好。

2. 能源常识方面：小学生对教材基本能源知识（例如：对传统能源、新能源、可再生能源、绿色能源等的识别）掌握较好。

3. 能源与环境关系方面：①从能源与人类实际生活环境关系层面上的问题来看，小学生对类似日本地震引发核泄漏的危害等实际问题的认识掌握较好；②小学生对绿色环保的交通工具的识别水平很高。

4. 能源开发方面：①小学生对未来核能、太阳能、海洋能等新能源合理开发的这个方面觉悟性是比较高的；②对我国今后核电发展呈现增加趋势问题的理解水平很高。

5. 能源经济性方面：对"我们使用的最廉价的燃料"这个问题的调查结果显示很令人满意，能够认识到能源与人类经济的密切关系。

6. 能源的节约利用方面：①回收电池和用电上的节能、环保习惯及行为还是比较好；②小学生在家中大多时候能够注意到节约用电。

7. 能源信息获取途径方面：反映出学校和媒体是能源信息获取最主要的途径，学生能够接收很多信息。

小学生能源素养表现较差地方是：

1. 能源意识方面：①小学生虽然对能源的有限性有正确的理解，但是却对目前石油等能源的储存量及使用量的认识明显缺乏；②在对未来生活的思考中针对能源利用增加及资源不足和滥用资源等问题并没有形成意识性的概念。

2. 能源常识方面：①小学生对我国各大领域部门的能源消费情况根本没有形成基础的认识；②对我国煤炭的主要生产地分布问题，小学生理解的非常差。

3. 能源与环境关系方面：小学生对各种环境效应的组成成分认识的掌握情况较差。

4. 能源开发方面：学生对核能的安全使用与技术应用问题的了解明显不足。

5. 能源信息获取方面：多半学生认为课堂教学中所涉及的能源问题相对较少，整体反映出小学生摄入知识量有限。

（二）小学生能源素养现存问题的分析

从上述结果我们进行反思，对于能源素养的节能行为来说，施教者可以直接言传身教，而被施教者对能源知识的掌握、态度的形成、能源意识及开发价值观等抽象问题的理解和接受还必须得经过一个渐进的过程。这是对本次问卷调查前预测结果的一个证实，更是提高能源素养水平取得效果的重点与难点。

1. 缺乏完整的能源教育体系和教材

根据实地考察和文献资料的查阅，我国的能源教育虽然起步较晚，如今却已逐步步入教育的正轨。但目前在学校基础教育中，依然没有设置能源教育的专门科目，而且一般的能源教育仅渗透和散见于小学的科学和语文阅读等课程之中。调查中指出，有65％的学生认为课堂中所学习到的能源知识非常少。显然，教育的力度是远远跟不上来的。没有开设正规、独立的教育课程当然就缺乏完整的相关教材。笔者在编写问卷时参考的资料除了辽宁省采用的小学《全日制义务教育科学课程标准》（实验稿）与（修订稿）之外，没有与能源教育相统一的课程标准和教材，很少能直接排查到与能源教育直接相关的内容。可见，当前的小学教学体系在这一方面的教育是有极大缺陷的。

2. 能源教育渗透的深度和广度不够

从科学教育的体系上来看，虽然《基础教育课程改革纲要（试行）》（以下简称《纲要》）中有关国家课程标准和课程目标的规定，已经将能源教育融入其中，但融入的有关能源部分的教育内容涉及很少，只集中在"地球科学"领域中涉及"人类生存需要不同形式的能源""人类的活动会影响我们生存的环境"两个小单元中。参阅毛程锦的《小学科学课中的能源教育研究》，在"对于科学课开展能源教育，您认为当前科学教材中的相关能源内容是否充足？"问题当中，有84％的小学科学教师认为"很缺乏"，12％的小学科学教师认为"刚好够用"，仅有4.3％的小学科学教师认为"很充足"。[1] 从中我们看出，在当前使用的科学教科书所涉及的能源教育的内容是相当匮乏的。没有充足的教育资源的支撑势必导致能源教育教学效果的不理想，揭露了小学生的能源素养水平提高不上来的一个重要

---

① 毛程锦：《小学科学课中的能源教育研究》，沈阳师范大学2009年版，第21页。

因素。

3. 开展课外能源教育的途径远远不足

我们在能源信息获取途径的调查结果中看到，从课堂教学中了解能源知识的占 41%，以观看电视、网络、广播方式的占 23%，以读阅杂志、图书途径的占 15%，参观科技馆的仅占 11%，从父母等家人获取信息的则更少，只有 9%的比值。从这个比值来看，近半数的同学对能源信息的获取还是通过学校教学来进行的。而学生从外界获取的信息量相对较少。学生的答案中很少是到科技馆参观、学习和家长直接教育的方式。这显然说明了我国还没有大力重视发展这种博物馆、科技馆等公益教育事业。如果开发这种项目，学生就可以更直观、更真切地感受到人类生活离不开能源。此外，家长对学生的教育也是远远不够的。通过调查显示，家长所具备的能源意识也是不理想的。家长是孩子的第一任老师，加强对能源素养的提高绝不能仅仅停留在简简单单的节约水、电等的生活行为事件之中，更长远更必要的还需要在思想上对其进行能源教育的深层灌输。

4. 没有重视小学阶段能源教育实施的效果

从各级宏观政策、各种有关能源素养研究角度的文献与调查的实际情况来看，有关能源素养水平现状的考察目前还没形成任何研究。能源教育的研究还只停留在研究什么是能源教育的目的、如何发挥能源教育的基本理念、如何开展基本措施等方面，而没有重视到开展教育之后对公众已具备的能源素养的量化评估。尤其是专门针对小学生的能源教育的研究还比较少。小学阶段学生正是处于身心发展的迅速时期和接触正确是非观念的关键时期，而此时教育就发挥了重要的作用。教育不能仅仅是盲目的教，还要重视对其教育结果的相关能力的考查。参考问卷的调查，很显然，小学生对能源的基本理论性的知识掌握比较牢固，生活中的节能行为也良好，而在解决简单实际能源问题上的能力却较差。例如：通过小学科学教材，小学生只知道生活中含有氮气、氧气、氢气及二氧化碳等气体，却对氮气、氢气在生活中作为粮食及农副产品杀虫、保鲜、贮存以及玩具氢气球的应用不甚了解；通过小学科学教材与生活体验，小学生只知道冬天与夏天使用空调保暖与避暑，却对冬季空调的节约使用规律不甚了解；通过小学课堂教学，小学生只知道煤炭的使用便利，却对煤炭的开采产地及基本储量不甚了解等。只注重理论成绩的提高而忽视对能力的培养，这样的能源教育的效果自然会较低。因此，作为能源教育的施教者，不能仅仅重视需要深入明确小学生在能源素养方面到底缺乏哪些素质、什么部分的知识还缺乏掌握等。目前，在基础教育中还没有设立能源教育专门科目，公众尤其是青少年对能源教育的重要性和必要性缺乏深刻认识。而能源教育的基本理念、原则、教育措施目前还尚不明确。

四　小学生能源素养提升的教育对策

（一）广泛开设能源综合实践活动课程

学校是能源教育较好的载体和推广者。目前我国实行的是国家课程、地方课程和校本课程三级课程管理体系。[①] 由于目前在基础教育中还没有设立能源教育专门独立的科目，鉴于能源教育对我国发展的重要性，笔者认为，应充分发挥地方课程和校本课程的主阵地作用，在小学广泛开设能源综合实践活动课程。例如：开设能源课程；开展能源周会；推广能源与环境科普发明课程；开创能源教育协会等。将日常生活中的磁悬浮列车技术、沼气燃料技术、冰箱空调节能使用技术、风力发电、太阳能电池技术等内容纳入能源综合实践课程中。并结合学生的年龄及身心发展特征，采取丰富、活泼的施教方式引导学生对能源技术的新发展产生进一步的了解，提升学生对能源内容学习的兴趣和能源素养，打破传统的教师讲学生听

---

① 孔繁成：《中小学科学素养教育存在的问题及解决策略》，《中国教育学刊》2006年第6期。

的填鸭式的接受教学方法，开发学生独立思考、深度觉悟及动手实践的能力。例如：在开展科学课程中的《能》这一单元的教育教学时，根据教育教学标准的要求，除了要求学习掌握电能表的读数方法、学会使用酒精灯加热等的技能之外，在其他活动建议中可进一步运用以前各种主题学习中已掌握的观察、调查、比较等几种科学方法，从培养学生技术设计能力，综合利用已学过知识考虑，提出设计与制作简易太阳能集热器、太阳灶等有关利用能源的模型或方案的活动建议。因此，鼓励教育部门及执教人员能针对教育内容的特点，设计开放性的、适合小学生年龄的学习活动。

（二）充实课程标准与教材的相关内容

1. 完善课程标准

目前，我国进行的能源教育已经逐步开展。虽然近十几年来已经有显著的成果，但是，与日本《日本新订理科课程中能源教育设计》相比，这样具有指导作用的能源教育标准，在我国还未出现。笔者认为，针对目前教育水平，结合各科相关教学和科技教学活动制定一套具有统一指导作用、灵活性的能源教育教学的现行课程标准是相当必要的。这样，可以指导能源教育的目的、内容及教学方法具备一个统一的教学标准，便于施教者展开教学活动，展开能源素养教育。

2. 充实能源教育内容

无论是当前的小学科学教材还是未来开发的独立能源课程读本，笔者建议，在教材的编写过程中，选择教材的内容是十分重要的。教材内容的确定，一方面，要考虑到当前本国乃至国际上的实际社会能源现状，教育内容要与社会接轨，而不能仅仅教授基本的书本概念与方法，要体现出教育的代表性、社会性与前沿性。并且教材的内容要全面、合理、多元化；另一方面，从教育、教学规律的角度出发，还应对小学生的可接受性及能源教育本身的特点给予全方面的考虑。在内容的设计中，要从学生已有的认知结构出发，建构科学的教学体系，借鉴维果茨基的"跳一跳，能摘到桃子"的"最近发展区"原理，使教育内容的着眼点既不能迁就学生的现有水平，也不能超越潜在水平。把握好能源教育内容的深度，使教育走在学生发展的前端。目的是提高其综合科学素养，为其今后步入初级甚至是高级中学打下坚实的基础。例如：在教授"能量守恒"的章节中，根据课标的要求，通过对能量守恒定律发现的学习，使其领悟能量知识。但在教师备课的活动与建议中，还可提出查阅有关"永动机"的基本介绍，进一步讨论"永动机"的设计是否可能及人类掌握释放核能的有效途径的史实，使学生具体了解科学技术的发展对社会进步所起的推进作用。还可提倡举办有关爱因斯坦生平的讲座，拓展对科学及能源领域知识的掌握。

3. 提升教师能源教育能力

俗话说"亲其师，信其道"。师资是能源教育成败的重要前提之一。目前，由于我国没有正式独立的能源课程体系，能源教育工作主要是依靠小学科学课、综合活动课程及语文科普知识等学科的教师来渗透教育。一方面，这些施教者虽然大多受过相关能力的培训，具有基本相关知识的传授能力，但是仍然缺乏能源知识、能源意识与能源技能的系统训练。在教学的过程中，他们往往局限于对课本框架相关知识的教学，而无法对能源教育做出内容的延伸。加之有些教师本身能源知识不巩固、能源意识薄弱，促使教学效果不系统、不全面、不显著。因此，加强教师本身的能源素养教育是学校教育的根本立足点。只有教师自身素质提高起来，才能更直接地促进学生的教育与发展。另一方面，能源教育是一项实践性十分强的能力教学，由于没有设立独立的能源学科，而许多教师的主要工作是从事其他日常学科的教学，因此对于能源教育教学的重视程度比较差。这使得施教者不能积极开展参与能源教育的教研工作，其结果必是他们的能源教育的能力和水平提高缓慢。因此，学校管理阶层必须强调提升施教者本身的能源教育意识。可鼓励开设例如：教师能源认识培训课程、教师科学素养培训机构以及类似脱产培训等方式的项目。以做好能源教育教学、研讨工作，提高教师的能源教学能力，努力塑造自身的能源素养以便做好未来的教育教学工作。

4. 加强学校、家庭、社会三位一体的能源教育体系

利用学校课程进行知识渗透是能源教育的主要方式和渠道。但仅仅通过课堂教学是远远不够的，家庭和社会也在教育当中起到举足轻重的作用。新课程标准中提出要注重培养学生的课外实践能力。课本中渗透的能源知识，只能起到理论感知的作用，对学生头脑中直观形象的树立的影响作用是十分微小的，并且学生很容易将所学知识当成是应对考试、考核的武器而已。因此，要求家庭和社会要共同积极发挥出教育的统一作用。小学生的学习是一个争取独立和日益独立的过程，通过家长的辅助教学、言论指导、节能身教、随时监督，通过社会广泛开发科技馆、博物馆、展览馆等公益服务项目，实现小学生独立获取知识的学习能力，拓展小学生对能源教育的获取途径，提高其能源科技知识，增强能源意识，了解能源的开发利用，树立其节资节能的优良行为习惯，从而提升小学生整体的能源素养水平。例如：家长可积极鼓励与督促学生参加学校或社会界开展的科普教育竞赛活动，指导制作有关能源与科学知识的相关科技小发明、小创作，并将其作品推广到社会上参赛，这既可以激发学生的兴趣，又有助于培养学生的节能创新意识。

5. 注重能源素养评定

教育离不开评价。根据泰勒的教育评价概念："评价过程实质上是一个确定课程与教学计划实际上达到教育目标的程度的过程"。笔者认为，能源素养教育评价就是按照能源教育的教育目标、性质、方针和政策，对所进行的能源教育活动的组织、实施及效果做出价值判断和科学评定的过程。能源教育评价是进行能源教育决策的必要基础，是开展能源教育的基本环节。凡是有关能源素养知识水平、能源素养意识水平、能源素养节能道德水平等都是能源教育者关心

的问题所在。施教的方式如何，学生掌握的水平如何，能力欠缺的部分在哪里，这些问题都离不开评定的结果。因此，在对小学生进行能源的教育的时候，要着力把握其对能源素养水平的评定。可根据已经开展的独立能源课程、能源活动、能源协会的教育等进行有效的教育结果的考查，使能源素养的教育更加具有针对性、目的性与实效性。

6. 开发能源教育教材

在能源教材方面，我国可以借鉴日本的能源教育措施，开发针对小学生的能源教育教材，提供《能源教育指导事例集》《学校节约能源技术手册》等辅助教材，推荐各种课外读物，提供补充教材，发行能源信息刊物等材料。我们可以利用所开展的能源综合实践课程结合所配置的完整的能源新教材开展丰富多彩的活动，在这里可以参考日本带给我国的启示①。

附录：
沈阳市地区小学生能源素养现状的调查问卷

亲爱的同学们：

你们知道自己具备了哪些能源素养了吗？因为在 21 世纪，无论社会还是个人想要成功地发展，全民及个人的能源素养是至关重要的。我们相信通过学习，你们都可以成为具有能源素养的人。

这是一份关于能源素养现状调查的问卷，主要是对同学们所具备的能源知识、意识、节能等方面的信息进行采集与了解。本问卷采取不记名形式，所有的问题只用于我们进行科学研究，你所回复的答案不分对错，只反映你对一些问题的看法。请同学们将你所选择的答案（A、B、C、D、E、F 等）填在每一题前的括号中。我们

---

① 日本经济产业省：《关于资源能源厅的能源教育事业》，http：//www. meti. go. jp/press/20070620001/03-sankou. pdf. 2011 - 05 - 10。

将对大家回答的问题进行整体统计，所以你的真实作答对本研究有着重要的参考价值。

最后，感谢同学能认真仔细地抽出时间填写这份问卷。

沈阳师范大学教师专业发展学院

2011 年 11 月

调查时间：_____年_____月_____日

性　　别：男　□　　　　女　□

学　　校：城市　□　　　农村　□

年　　级：五年级□　　　六年级□

人口学统计：

（　　）Q1：在学校所学科目中，你最喜欢的是什么？（可多选）

      A. 语文　B. 数学　C. 英语　D. 科学　E. 美术

      F. 音乐　G. 体育　H. 信息与技术（计算机）

      I. 思想与品德　J. 社会　K. 劳技

（　　）Q2：所向往的未来的职业是什么？（可多选）

      A. 科学家（研究员等）

      B. 艺术家（画家、音乐家、舞蹈家等）

      C. 作家

      D. 行政管理（管理工作者）

      E. IT 人员（信息、通信技术等）

      F. 教师

      G. 商人、服务人员

      H. 医务人员

正式调查

（　　）1. 石油、煤炭的使用是有限的，你对这种说法是如何理解的？

      A. 人们的使用量多于自然界所形成的数量，并且在将来会渐渐枯竭

      B. 只能在远古时代形成，现在社会已不再产生

C. 在陆地或海洋深处依然存在，但当今目前的技术无法开采

（　）2. 你对自己未来的生活与石油的关系是如何认识的？

A. 在自身生存的日子里有足够的石油使用，不必担心

B. 只要我们努力节能，石油的使用就会长期供应

C. 可以开发石油的替代能源，因此对生活没有影响

D. 如果没有石油，环境污染就会减少，这对于生活是有意义的

（　）3. 与世界的能源平均量相比较，怎样理解我们自己日常生活的能源消费量？

A. 非常多　　B. 多　　　　C. 少　　　　D. 非常少

E. 相同　　　F. 不知道

（　）4. 当思考到未来我们居住的地球环境时，在头脑中首先想到的是什么？

A. 人口增加　　　　　　B. 能源利用增加

C. 温室效应　　　　　　D. 资源不足和滥用资源

E. 地球污染　　　　　　F. 垃圾处理

（　）5. "化石燃料"这个用语你听说过吗？

A. 听说过　　　　　　　B. 从没听说过

（注：选 A 的同学进入 6 题，选 B 的同学直接进入 7 题）

（　）6. 如果你听说过"化石燃料"，那么，它具体指的是什么？

A. 煤，石油，天然气　　B. 煤，石油，生物质能

C. 石油，天然气，核能

（　）7. 新能源是指除传统能源之外的，刚开始开发利用或正在积极研究。有待推广的能源。下列哪个属于新能源？

A. 太阳能　　B. 石油　　　C. 天然气　　D. 煤炭

（　）8. 有些能源是会枯竭的，它通常称为"非可再生能源"。相反，有些能源是可以循环利用的，叫作"可再生能源"。

你知道以下哪一项属于"可再生能源"?

    A. 金属矿产　B. 石油　　　C. 风能　　　D. 煤

(　　) 9. 以下属于绿色能源的是什么?

    A. 煤　　　　B. 石油　　　C. 天然气　　D. 海洋能

(　　) 10. 我国煤炭资源主要生产地在哪个省市?

    A. 山东　　B. 甘肃　　　C. 西藏　　　D. 山西

(　　) 11. 以下用电量占用电比率最大的是?

    A. 运输部门（旅客部门，货物部门等）

    B. 产业部门（矿业、工业等）

    C. 民生部门（家庭部门、业务部门、服务业等）

(　　) 12. 以下哪一项是温室气体?

    A. 氧气　　B. 氢气　　　C. 二氧化碳　D. 氮气

(　　) 13. 煤是目前人类生产、生活中的主要燃料，它燃烧时产生的主要气体是?

    A. 灰尘　　B. 氧气　　　C. 二氧化碳

(　　) 14. 2011 年 3 月 11 日，日本宫城县以东太平洋海域发生 9.0 级地震导致的核电站泄漏对周围环境产生很大影响。下列不是核泄漏造成的影响是什么?

    A. 核辐射　B. 土壤污染　C. 海水污染　D. 海啸

(　　) 15. 下列哪种交通工具属于绿色交通工具?

    A. 自行车　B. 公共交通　C. 私家汽车　D. 电动车

(　　) 16. 你认为今后应该着重开发什么能源? 从中选择最适合自己的想法。

    A. 海洋能源　B. 石油、煤炭、天然气等化石能源

    C. 地热能源　D. 太阳能　　E. 核能　　　F. 其他

(　　) 17. 你对我国今后核电的发展趋势是怎么想的?

    A. 增加　　B. 减少　　　C. 维持现状　D. 不知道

    （注：选 A 的同学进入 19 题，选 B 的同学直接进入 20 题）

（　）18. 如果选增加，请选择一个最接近你自己想法的理由？

　　A. 我国还没有发生重大事故

　　B. 我国核能技术先进

　　C. 我国有充分的安全对策

　　D. 我国比国外核事故发生频率低

　　E. 核发电不排放二氧化碳等废气

　　F. 今后石油、煤炭等燃料不足

　　G. 核发电安全

（　）19. 我们使用的最廉价的燃料是？

　　A. 植物秸秆　　B. 煤　　　　C. 天然气　　D. 石油

（　）20. 你有没有回收废电池的经验？

　　A. 有　　　　　　　　　B. 没有

　　（注：选 A 的同学进入 16 题，选 B 的同学直接进入 17 题）

（　）21. 如果有这种经验，你是如何进行的？

　　A. 个人回收　　　　　　B. 在学校回收

　　C. 在社区回收　　　　　D. 其他

（　）22. 在家时，你能注意到节约用电吗？

　　A. 完全能　　　　　　　B. 大多时候能

　　C. 偶尔能　　　　　　　D. 完全不能

（　）23. 不论在教室还是活动室，你认为你周围的同学能做到随手关灯吗？

　　A. 几乎每次都能　　　　B. 大部分时候能

　　C. 偶尔能　　　　　　　D. 从没做到过

（　）24. 夏季使用空调，你知道空调最好控制在多少度既舒适又比较节能呢？

　　A. 30℃以上　　　　　　B. 28—30℃

　　C. 24—28℃　　　　　　D. 24℃以下

（　）25. 你认为下列哪一种是浪费能源的行为？

A. 音量适中听音乐 　　　 B. 最后离开教室随手关灯

C. 搭乘公交车出行 　　　 D. 合理开关水龙头洗澡

E. 关闭电视后切掉总电源　F. 把热饮放入冰箱冷却

(　) 26. 你是通过什么途径了解能源知识的？

A. 课堂教学 　　　　　　 B. 电视、网络、广播

C. 杂志、图书

(　) 27. 你是从哪了解到关于核发电的知识的？

A. 学校 　　 B. 广播电视 　C. 报纸杂志 　D. 家庭

E. 朋友

(　) 28. 对于日本福岛核事故（2011 年 3 月 11 日）这件事，你最初是通过什么途径听说的？

A. 父母 　　 B. 老师 　　　 C. 朋友 　　　 D. 电视

E. 报纸杂志 　F. 其他

(　) 29. 家人和你谈论过能源吗？

A. 经常谈 　B. 偶尔谈过 　C. 从未谈过

(　) 30. 你觉得课堂上所讲的能源知识多吗？

A. 很多 　　 B. 很少 　　　 C. 没讲过

(　) 31. 你自己会买书了解能源知识吗？

A. 经常买 　B. 偶尔买 　　C. 从不买

第四节　我国台湾地区的能源教育

为应对能源危机，台湾当地政府以及相关部门和组织积极推进能源教育事业发展，先后制定能源教育政策方针，颁布学校能源教育实施计划、目标与课程，引进与消化美国能源教育教材，推广全民社会能源教育，实施多样化能源教育实践活动，积极开展能源教育师资培训等诸多举措。结合我国能源教育的现状与课题，建议政府应重视学校能源教育，促进学校能源教育多元化发展，引进先进

能源教育理念与制度，开发能源教育社会资源，重视能源教育师资培训，以大力推进我国能源教育事业的发展，为积极应对能源危机而有效发挥教育力量。

台湾四面环海，自然资源十分贫乏，再加上经济建设迅速发展，致使能源消费量迅速增加。据统计，至 2006 年第四季度，台湾对外能源依存度已高达 98.4％，进口能源已成为台湾经济发展的最大隐忧。① 面对严峻的能源困境，台湾当地政府等相关部门在推进能源教育事业上采取了诸多举措。

一　制定能源教育政策方针

1973 年台湾颁布了《台湾地区能源政策》，并于 1979 年、1984 年、1990 年及 1996 年分别对此政策作了四次修订。为树立民众正确使用能源观念及加强节能习惯，提高能源使用效率，第四次能源政策修订中制定了"推动能源教育倡导"政策方针。② 它包括三项主要内容：

①规定了学校能源教育目的：普及各级学校的能源知识教育，培养学生正确的能源观念及节能习惯，以提高学生的能源素养。

②强调了各类能源事业人才培养：积极培训能源经济、能源科技与能源管理等专业人才。

③提出了民众能源教育理念：积极推展全民能源教育及节约能源倡导，并通过大众传播媒体、能源展示及其他倡导活动，传播能源相关知识，建立社会大众对能源的共识。

这一政策的出台，规范了台湾能源教育，指明其发展方向，并为能源教育的实施提供了政策性依据，凸显了政府对能源教育的重

---

① 台湾经济部能源局：《能源供需统计》，［2007 - 02 - 21］. http：//www. moeaec. gov. tw/statistics/st _ readst. asp? group＝g&kind＝T0001.

② 台湾师范大学：《能源政策白皮书》，［2005 - 06 - 22］. http：//energy. ie. nt-nu. edu. tw/study _ 7. asp? PageNo＝%202.

视，极大地推动了台湾能源教育事业的发展。

二 颁布学校能源教育实施计划、目标与课程

1. 学校能源教育实施计划

台湾非常重视中小学能源教育的实施。2002 年，台湾经济部、教育部联合颁布了《加强中小学推动能源教育实施计划》（以下简称《计划》）。该《计划》是依据台湾 1994 年"推动能源教育行政会议"决议、1996 年修订的"台湾地区能源政策及执行措施"及 1998 年"能源会议"决议而制定的，目的是提高学生的能源素养，促进学校能源教育的发展，培养能源教育师资，推广学校能源教育事业。

《计划》详细规定了作为能源教育主管部门的教育部和经济部应肩负的责任：一是开发能源教育项目和教材。教育部和经济部委托学术研究机构进行中小学能源教育实证性研究与应用性研究，分析九年一贯各领域课程有关能源教育内容，向社会征求能源教育优秀辅导教材和课外读物，并指导各地结合本地特点发展能源教育教材。二是设置能源教育示范学校。由台湾经济部能源局主办、台湾师范大学负责的"推动能源教育重点学校"选拔活动，每年遴选出各地在能源教育中表现突出的学校。除按年度对优良学校进行表彰之外，还辅导其成为推动本地能源教育的活动中心。三是组织教师培训。在寒暑假期间，教育部会委托台湾师范大学组织能源教育观摩研讨会及"能源教育种子教师"研习。四是推动能源教育宣传。制作能源教育宣传材料，利用媒体广为宣传，同时建立能源教育信息网站，推动能源教育普及。[①]

该《计划》将台湾学校能源教育系统化、正规化。各级各类教育部门分工明确，各司其职。《计划》颁布后，各中小学校纷纷据此制订本校能源教育计划，高等学校及研究机构也积极参与能源教育

---

① 台湾师范大学：《加强中小学推动能源教育实施计划》，［2002 - 07 - 31］. http：// energy. ie. ntnu. edu. tw/ study _ 7aspPageno＝7。

实施中来，协助中小学开展能源教育。该《计划》也极大地激发了教师和能源教育工作者从事能源教育的热情，使台湾能源教育进入了一个新阶段。

2. 学校能源教育目标

台湾学校能源教育以培养学生能源素养为根本宗旨，除了"推动教育倡导"政策中提到的能源教育总目标外，各学习阶段也有相应的具体目标。①国民小学阶段。侧重培养小学生形成能源概念，对能源拥有基本认识，养成节能良好习惯，为后续学习奠定能源基础。②国民中学阶段。侧重教授各种能源特性，巩固学生能源使用效率知识，进一步落实节能态度与习惯。③高级中学阶段。侧重形成正确使用节能技能与观念，以促进学生思考节能实践及其新方法。可见，台湾小学、初中和高中能源教育目标是紧密衔接的。学校能源教育不仅要传授给学生能源相关知识，使学生对能源有正确的认识，而且还要使学生学到的能源知识融入生活之中，养成对于能源的积极态度和良好节能习惯，提高学生能源素养。

3. 学校能源教育课程

台湾省行政院国家科学委员会科学教育处为了协助高中改进科学与科技课程，以提升高中科学与科技教育质量，规划并推动了"高瞻计划"方案。"高瞻计划"整合物理、生物、化学、生活科技、信息、社会等学科，透过学校创新课程的研发与改进，以提供学生真实的学习情境，让高中生能主动体验动态新兴科技发展过程及了解科技对人类的影响，以诱发高中生对科技的好奇心与兴趣，培育具备科学及科技素养的国民。[①] 依据"高瞻计划"的要求，各高中根据本校的特点规划相关课程。以台北中山女子高中为例，该校意在设计一套适用于高中生的以"新能源科技"为主题的课程。"新能源课程"包括全球变暖、生生不息的能源——太阳能、21世纪能源科

---

① 台湾省行政院国家科学委员会高瞻计划推动办公室：《高瞻计划》，[2007 - 03 - 23].http：//www. highscope. fy. edu. tw/。

技的新希望——氢燃料电池和生物质能、能源政策应然与实然之辩证、人文与新能源等课程模块。在课程实施上，力图采用多样化教学策略以使学生学到新能源相关科学知识，借助科学实验使学生学到新能源相关科学实验技能，同时，人文志向课程模块有意整合了新能源科技发展史及其对人类社会的影响，以培养学生适切的科学本质观和积极向上的科学态度，提高学生日后选择科学事业的积极性。

三　引进与消化美国 KEEP 能源教育教材

KEEP 是美国威斯康星州发展开发的以培养学生能源素养为目标的能源教育教材，内容全面，结构完整，教学活动设计兼备思考与体验，涵盖从幼儿园到高中的各个领域。[①] "大地旅人环境工作室"是一个以推动节约能源、普及能源教育事业为宗旨的非营利性民间组织。受台达电子文教基金会的经费赞助，该组织积极引进 KEEP 能源教育教材，并将其本土化，即将教材内容翻译成中文，并将教材中相关数据转换成台湾本土资料。受过培训的"能源之星"教师巡回于 24 所引进 KEEP 能源教育教材的学校，辅助学校开展能源教育。经过翻译与本土化的 KEEP 教材主要是提供专业资源，以作为台湾中小学发展全校式经营能源教育的重要参考。同时，通过持续与美国 KEEP 计划中心维持伙伴合作关系，借助此套教材的不断推动与交流，提升了台湾教师能源教育素养。

四　推广全民社会能源教育

推广全民能源教育是"推动教育倡导"政策中的重要内容之一。只有民众对能源有正确认识与了解，才能够支持国家能源各项建设，进而推动经济繁荣与发展。因此，台湾省政府非常重视推进全民社

---

① 台湾大地旅人环境工作室，台达电子文教基金会：《K—12 能源教育电子书》，[2008-05-08].http://163.26.120.129/~stone/lowc/index.html。

会能源教育。台中市国立自然科学博物馆和高雄市国立科学工艺博物馆均将社会能源教育涵盖本馆工作内容之中，核电二厂下设的核能展示馆也承担着向民众普及能源知识的任务。另外，大众传媒也是推广能源教育的重要工具之一，为此，台湾地区政府将其制作的"能源政策"相关教学资料放在大众媒体上播出，使得广大民众能在日常生活中学习到许多能源知识。例如，在电视节目广告时段可以播放能源使用安全及节能宣传片等。总之，由于社会能源教育的有力实施，台湾民众的能源知识与能源危机意识得到明显提高，政府提出的"以价制量""强制限用""加强能源查核制度"等一系列节能措施，因而得到了民众的广泛支持。

五　实施多样化能源教育实践活动

台湾经济部能源局统筹规划，委托台湾师范大学组织各种各样的能源教育实践活动，例如"能源教育周""能源教育体验式教具展""卡通动物节能大使网络票选活动"和以节能为议题的"儿童剧场"等。在学校，除了将能源知识渗透在相应课程之中，还定期举办与能源相关的作文、演讲、墙报等竞赛以及能源教育报告或节能倡导讲座。① 组织上述系列活动的目的是希望更多层面的民众了解能源教育的重要性和急迫性，以实践的方式让学生从小养成节能习惯及生活态度，激发他们对能源问题的好奇心与关心，掌握能源知识、概念与技术。

六　积极开展能源教育师资培训

台湾省教育部、经济部和能源部是组织能源教育教师培训的主要政府部门，由其管理的教师培训活动有两类：一是能源教育推动示范观摩研习活动。该活动由经济部能源局主办，台湾师范大学执

---

① 台湾师范大学：《九十三年度能源教育宣导教材—教学能源教育》，[2004 - 09 - 24]．http：//www. energy. ie. ntnu. edu. tw/file _ download. asp？KeyID=340&file。

行，在观摩研习中就能源及相关内容对国民中小学教师进行培训，目的是使教师对能源政策、能源科技以及教学实践有更深入了解，并促使各级教师重视能源教育和认识能源效益的重要性，并学习如何进行能源教育工作，为能源科技的发展奠定稳固基础。① 二是能源种子教师培训。教育部、能源部或各地教育局利用寒暑假组织国民中小学教师进行能源教育研习活动，借助参观能源教育重点学校，学习能源教育相关知识等活动提高教师对能源教育内涵的认识，提升教师设计能源教育活动技巧，以推广学校基础能源教育。除此之外，在民间团体方面，接受台达电子文教基金会赞助的"大地旅人环境工作室"实施的"能源之星"教师培训，是"全校式经营能源学校辅导计划"的重要组成部分。该培训为期三个月，主要对象是有从业资格的待业及退休教师，经过培训的教师会以"常驻"的形式，巡回于24所引入KEEP能源教材的学校，协助推广KEEP能源教材与教学方法，辅助学校组织能源相关教学活动。通过"能源之星"教师的巡回教学，给学校带去了能源教育新观念，提高了学校能源教育理念，促进了学校能源教育的发展。②

七 对我国能源教育事业的建议

目前，我国正面临着严峻的能源形势，为解决能源问题，提高国民能源意识与开发新能源是同等重要的。为推动能源教育事业的全面实施，有效提高人们的能源素养，针对我国目前能源教育的不足，提出以下五点建议：

其一，政府要重视能源教育。相关部门应提升能源教育地位，出台相应政策与制度，保证并促进各类能源教育的推广与实施；

---

① 台湾师范大学：《98年度全国能源教育推动示范观摩研习》，[2009-08-21]. http://www.energy.ie.ntnu.edu.tw/discuss_1_detail.asp? KeyID=132。

② 台湾大地旅人环境教育工作室，《全校式经营能源学校辅导计划》，[2009-08-26].http://earthpassengers.org/。

其二，促进学校能源教育多元化发展。除了在相应课程中渗透能源知识之外，还要组织开展多样化实践活动，鼓励学生在"做"中学习能源知识；

其三，引进先进能源教育理念与制度。学习与引进发达国家和地区能源教育成功经验，并与本地实际相结合，促进国际能源教育经验的本土化；

其四，开发能源教育社会资源。大众传媒以及博物馆等公共资源，在推广社会能源教育方面有着不可替代的作用；

其五，重视能源教育师资培训。教师的能源态度及能源素养对学生有直接影响，提高教师能源教育素养是能源教育事业中一项重要任务，政府、企业及民间团体都应参与教师能源教育培训之中，通过研讨会或参观等形式积极提升教师能源教育素养。

参考文献

一　英文参考文献

[1] The NEED Project. About NEED-History，Goals，and Activities. http：//www. need. org/info. php.

[2] The NEED Project. Teacher/Student Training. http：//www. need. org/training. php.

[3] The NEED Project. Network Resources. http：//www. need. org/info. php.

[4] The NEED Project. NEED Membership. http：//www. need. org/member. php.

[5] The NEED Project. Annual Report 2009. http：//www. need. org/needpdf/NEEDAnnualReport. pdf.

[6] Wisconsin K—12 Energy Education Program. About KEEP. http：//www. uwsp. edu/cnr/wcee/keep/AboutKEEP/about. htm.

[7] DfES. Sustainable Schools for Pupils，Communities and the Environment. http：//publications. teachernet. gov. uk/. 2011 - 10 - 1.

[8] DCSF. National Framework for Sustainable Schools. DESF. 2006.

[9] DfES. Sustainable Schools for Pupils，Communities and the Environment；delivering UK Sustainable Development Strategy. http：//www. dfes. gov. uk/. 2011 - 10 - 3.

［10］Eacher. Sustainable Schools Nationals Framework. http：//www. teachernet. gov. uk/. 2011 - 9 - 26.

［11］DCSF. Sustainable Schools Self-evaluation for Local Authorities who Support Sustainable Schools. http：//publications. teachernet. gov. uk/. 2011 - 9 - 27. www. in-en. com/oil/html/oil-0820082050140766. html.

［12］CSE. Background Information. CSE：CSE，2003 - 03 - 01 ［2009 - 06 - 20］. www. cse. org. uk. cn/pdf.

［13］Department of Trade and Industry. Meeting the Energy Challenge A White Paper on Energy May 2007. London，Office of Trade and Industry. 2007 - 05 ［2009 - 06 - 20］. www. cse. org. uk. cn/pdf.

［14］CSE. Energy Matters，Education for Sustainable Development. CSE：CSE，2003 - 03 - 01 ［2009 - 06 - 20］. www. cse. org. uk. cn/pdf.

［15］CSE. Energy Matters，KS3：Home Energy，National Curriculum Links. CSE：CSE，2003 - 03 - 01 ［2009 - 06 - 20］. www. cse. org. uk. cn/pdf.

［16］CSE. Energy Matters，Sample Pages. CSE：CSE，2003 - 03 - 01 ［2009 - 06 - 20］. www. cse. org. uk. cn/pdf.

［17］CREATE. Lesson Plan and Teacher Notes for KS4. CREATE：CREATE，2006 - 04 - 07 ［2009 - 06 - 20］. www. actionforsustainability. org. uk.

［18］Enzone. Frame Works for Energy Educaion in the 5—14 Curriculum. Enzone：Enzone，2005 - 09 - 01 ［2009 - 06 - 20］. www. enzone. ore. uk.

［19］威斯康星州幼儿园到十二年级能源教育计划，http：//www. uwsp. edu/cnr/wcee/keep/. ［2009 - 04 - 15］。

［20］国际石油网：《英国石油及能源状况》，国际石油网：国际石油
概况，2007－11－20 8：17：54［2009－09－16］．www. in-
en. com/oil/html/oil-0820082050140766. html。

二 日文参考文献

［1］財団法人科学技術と経済の会、エメルギー環境教育研究会：
《持続可能な社会のためのエネルギー環境教育～欧米の先進事
例に学ぶ～》，国土社 2008 年版。

［2］財団法人社会経済生産性本部、エネルギー環境教育情報セン
ター：《エネルギー教育ガイドライン》，平成 18 年版。

［3］日本北海道大学エネルギー教育研究会：《教育課程に位置付け
られたエネルギー環境教育～パッケージプログラムの開発～
（小学校)》，平成 18 年版。

［4］NGO 法人“持続可能な開発のための教育の 10 年推進会議”
（ESD-J）訳：《国連持続可能な開発のための教育の 10 年
（2005—2014 年）国際実施計画》，2005 年版。

［5］日本国立教育政策研究所教育課程研究センター国：《学校にお
ける持続可能な発展のための教育（ESD）に関する研究（最
終報告書)》，平成 24 年第 3 期。

［6］社団法人科学技術と経済の会、エネルギー環境教育研究会：
《持続可能な社会のためのエネルギー環境教育～欧米の先進事
例に学ぶ～》，国土社 2008 年版。

［7］日本財団法人社会経済生产省本部、能源环境教育中心：《能源
教育指南》2006 年第 9 期。

［8］日本静岡大学大学院教育学研究科訳：《エネルギー教育の概念
に関する指針：A conceptual Guide to K—12 Energy Education
in Wisconsin》，2006 年版。

［9］エネルギー政策基本法（平成十四年六月十四日法律第七十一

号），http：//law. e-gov. go. jp/htmldata/H14/H14HO071. html，
2009－08－06。

[10] エネルギー環境教育研究会：《持続可能な社会のためのエネ
ルギー環境教育》，国土社 2008 年版。

[11] 日本経済産業省：《新国家エネルギー戦略》，2006 年版。

[12] 日本経済産業省資源エネルギー庁：《エネルギー基本計画》，
2007 年版。

[13] 日本エネルギー環境教育学会：《エネルギー環境教育》，
2000—2009 年。

[14]《文部科学省における原子力の理解増進、原子力・エネルギ
ー教育に関する活動について》，http：//www. rada. or. jp/
taiken/tuusin/no28/28 _ 01. html，2009－08－14。

[15] 文部科学省、環境省、農林水産省：《21 世紀環境教育プラン》，
http：//www. env. go. jp/policy/edu/21c ＿ plan/pamph/full.
pdf. 2008：7。

[16] 文部科学省：《原子力・エネルギーに関する教育支援事業交付
金交付規則》，http：//www. mext. go. jp/b ＿ menu/hakusho/ nc/
k20020808001/k20020808001. html. 平成 14 年版。

[17]《文部科学省. 文部科学省における「持続可能な開発のための
教育の 10 年」に向けた取組》，http：//www. mext. go. jp/a ＿
menu/kokusai/jizoku/index. htm. 2012. 02。

[18] 文部省：《我が国の文教施策》，大蔵省印刷局 1998 年版。

[19] 環境を考慮した学校施設に関する調査研究協力者会議：《環境
を考慮した学校施設（エコスクール）の現状と今後の整備推進
に向けて（平成 13 年度）》，平成 14 年版，http：//www. mext.
go. jp/b ＿ menu/shingi/chousa/shisetu/006/toushin/020302. html。

[20] 環境を考慮した学校施設（エコスクール）を活用した環境教
育についての調査研究協力者会議：《インタラクティヴ・エ

コ》，2001 年版。

[21] 学校教育指導課：《エコスクールの改善》，《教育委員会月報》
1999 年第 4 期。

[22] 学校教育指導課：《エコスクールの改善と推進》，《教育委員
会月報》2001 年第 6 期。

[23] 日本経済産業省：《資源エネルギー庁のエネルギー教育事業
について》，http：//www. meti. go. jp/press/20070620001/
03-sankou. pdf. 2011 - 05 - 10。

[24] 経済産業省中国経済産業局：《エネルギー環境教育のための
教師用指導書》，中国経済産業局，平成 19 年版。

[25]《資源エネルギー庁のエネルギー教育事業について》，http：//
www. meti. go. jp/press/20070620001/03 _ sankou. pdf，2009 -
08 - 10。

[26] 日本電気新聞：《エネルギー教育賞》，http：//www. shim-
bun. denki. or. jp/。

[27] 広野良吉：《ヨハネスブルグ・サミットと「持続可能な開発
のための教育の10 年」の推進，環境研究》2003 年第 128 期。

[28] 佐島群巳、高山博之、山下宏文：《エネルギー環境教育の理
論と実践》，国土社 2005 年版。

[29] 三宅征夫：《学校における持続可能な開発のための教育に関
する研究》，日本国立教育政策研究所 2009 年版。

[30] 恩藤知典：《学校におけるエネルギー教育》，《理科の教育》
1995 年第 11 期。

[31] 広瀬正美：《エネルギー教育とは》，《理科の教育》1995 年第
11 期。

[32] 細矢治夫他：《中学校理科（第一分野下）》，教育出版社 2003
年版。

[33] 三浦登他：《新しい科学（第一分野下）》東京書籍出版社 2003

年版。

[34] 大内敏史：《欧米における資源・エネルギーに関する教科書の記述内容》，《エネルギーレビュー》1995 年第 3 期。

[35] 藤本太郎：《世界の教科書から見たエネルギー教育の最前線》，悠悠社 1994 年版。

[36] 大橋弘士：《地球環境問題から考えたエネルギー資源》，《エネルギーと環境教育研究検討会文集/北海道》1999 年版。

[37] 飯利雄一：《エネルギーと環境教育の課題と方向》，《省エネルギー》1995 年第 5 期。

三　中文参考文献

[1] 刘继和、赵海涛：《试论能源教育》，《教育探索》2006 年第 5 期。

[2] 刘继和：《"关于环境和社会的"塞萨罗尼基会议和宣言》，《外国中小学教育》1996 年第 6 期。

[3] 刘继和、米佳琳、陈芳芳：《发达国家和地区教师能源教育政策及启示》，《沈阳师范大学学报》（社会科学版）2011 年第 5 期。

[4] 刘继和：《国际环境教育发展历程简顾——以重要国际环境会议为中心》，《环境教育》2000 年第 1 期。

[5] 宋仰泰、刘继和：《英国能源教育课程特点评析》，《沈阳师范大学学报》（自然科学版）2010 年第 1 期。

[6] 刘继和、张倩倩：《英国可持续学校计划的国家框架与实施战略》，《沈阳师范大学学报》（社会科学版）2012 年第 3 期。

[7] 刘继和：《日本能源教育事业解析》，《全球教育展望》2009 年第 9 期。

[8] 刘继和、张玉娇：《日本学校能源环境教育的地位、理念、举措与特点》，《沈阳师范大学学报》（自然科学版）2012 年第 4 期。

[9] 刘继和：《日本理科教科书研究》，东北大学出版社 2008 年版。

[10] 刘继和：《日本绿色学校的基本理念和推进策略》，《沈阳师范大学学报》（自然科学版）2003年第3期。

[11] 刘继和：《日本新订理科课程中能源教育设计解析》，《外国中小学教育》2007年第4期。

[12] 刘继和：《日本绿色学校的基本理念和推进策略》，《沈阳师范大学学报》（自然科学版）2003年第3期。

[13] 王雪琼：《高中化学课程中能源教育的理念、现状及实施策略研究》，硕士学位论文，沈阳师范大学，2007年。

[14] 张倩倩：《日本小学能源教育的基本理念和实践研究》，硕士学位论文，沈阳师范大学，2012年。

[15] 中华人民共和国教育部：《全日制义务教育物理课程标准（实验稿)》，北京师范大学出版社2001年版。

[16] 联合国教科文组织：《教育为可持续未来服务：一种促进协同行动的跨学科思想（EPD-97/CONF.401/CLD.1)》，1997年11月。

[17] 吴志功、王伟：《中国能源教育发展的现状、问题与对策》，《华北电力大学学报》（社会科学版）2008年第3期。

[18] 吴志功：《国外能源教育发展现状研究》，《中国电力教育》2007年第12期。

[19] 国际石油网：《英国石油及能源状况》国际石油网：国际石油概况，2007-11-20 8：17：54 [2009-09-16]。

[20] 刘春玲：《美国国家能源教育课程标准简介》，《中国电力教育》2007年第12期。

[21] 刘春玲：《2007美国绿色能源教育法案》，《能源教育》2008年第1期。

[22] 赵行姝：《美国公众开始节能》，《世界知识》2006年第9期。

[23] 毛程锦：《小学科学课中的能源教育研究》，沈阳师范大学2009年版。

［24］孔繁成：《中小学科学素养教育存在的问题及解决策略》，《中国教育学刊》2006 年第 6 期。

［25］日本能源状况：《网易新闻中心》2004 年第 7 期，http：//news. 163. com/40714/8/0R85DK1100011211. html。

［26］台湾经济部源局：《能源供需统计》，［2007 - 02 - 21］，http：//www. moeaec. gov. tw/statistics/st ＿ readst. asp？ group ＝ g&.kind＝T0001。

［27］台湾师范大学：《能源政策白皮书》，［2005 - 06 - 22］，http：//energy. ie. ntnu. edu. tw/study ＿ 7. asp？ PageNo＝％202。

［28］台湾师范大学：《加强中小学推动能源教育实施计划》，［2002 - 07 - 31］，http：//energy. ie. ntnu. edu. tw/study ＿ 7aspPageno＝7。

［29］台湾国科会高瞻计划推动办公室：《高瞻计划》，［2007 - 03 - 23］，http：//www. highscope. fy. edu. tw/。

［30］台湾大地旅人环境工作室，台达电子文教基金会：《K—12 能源教育电子书》，［2008 - 05 - 08］. http：//163. 26. 120. 129/～stone/lowc/index. html。

［31］台湾师范大学：《九十三年度能源教育宣导教材——教学能源教育》，［2004 - 09 - 24］. http：//www. energy. ie. ntnu. edu. tw/file ＿ download. asp？ KeyID＝340&.file。

［32］台湾师范大学：《98 年度全国能源教育推动示范观摩研习》，［2009 - 08 - 21］. http：//www. energy. ie. ntnu. edu. tw/discuss ＿ 1 ＿ detail. asp？ KeyID＝132。

［33］台湾大地旅人环境教育工作室：《全校式经营能源学校辅导计划》，［2009 - 08 - 26］. http：//earthpassengers. org/。

后　记

2001 年 9 月 12 日，我参加了由原国家环保总局宣传教育中心（2008 年起称中华人民共和国环境保护部宣传教育司）和台湾环境教育协会共同举办的"海峡两岸环境教育研讨会"（北京），提交的会议论文是"试论能源教育"。这标志着我正式开始关注和研究能源教育，迄今为止，已十五年。

此前，在 1996 年 10 月—2000 年 3 月的日本留学研修期间，我专注于环境教育和理科教育的国际比较研究，但发现能源教育是跟环境教育密不可分的，两者都是可持续发展教育的重要组成部分。2005 年 8—10 月第二次日本访学期间，与日本北海道教育大学田中实教授合作完成"能源环境教育视角下中日初中理科课程的比较研究"课题，并在北海道教育大学函馆分校大会上发表论文"能源教育视角下中日初中理科课程的比较研究"（日文），后刊载于《日本理科教育学会北海道支部会志》（2005 年 10 月）。此后在《教育探索》（2006 年 5 月）发表了论文"试论能源教育"，该论文于 2007 年获得了由中共辽宁省委宣传部、辽宁省教育厅、中共辽宁省委党校、辽宁社会科学院和辽宁省社科界联联合授予的辽宁省哲学社会科学首届学术年会三等奖。2005 年博士毕业论文《日本初中理科教科书研究》将能源教育设为专章研讨。2006 年承担并完成国家环保总局宣教中心"绿色学校发展策略和运行管理模式研究"课题（日本部分子课题，其中包含能源教育内容）。此后又先后主持完成了沈阳师大博士科研启动基金项目"能源教育视角下日本理科教科书设计研究"（2007—2008 年）、2008 年度辽宁省教育科学"十一五"规划项目"学校能源教育指南的开发研究"、2008 年度辽宁省社科联课题"构建和谐社会的中学教师能源教育素养问题及对策研究"、2010 年度辽宁经济社会发展立项课题《我国能源教育发展现状、问题及对策研究》、沈阳师范大学校内项目《能源教育的理论与实践》研究（2008—2009 年）。2012 年，《学校能源教育导论》作为沈阳师范大学教育学部"教育学科标志性成果建设工程"第一批学术专著项目给予立项。毫无疑问，上述学术研究背景、研究经历及丰富的日文资料，为完成本著作奠定了坚实基础。

　　从一定意义上说，本著作是集体智慧的结晶，其中引用了此前课题合作研究者的部分成果和往届硕士研究生毕业学位论文的相关成果。在此，对本著作给予大力支持的课题合作研究者和部分硕士研究生（沈阳大学教育学院赵海涛教授、沈阳师范大学马克思主义学院韩梅博士、2004 级王雪琼、2007 级毕雯雯和宋仰泰、2008 级陈芳芳和米佳琳、2010 级张倩倩和张玉姣等研究生同学）表示深深的谢意！还要感谢沈阳师大教科院迟艳杰教授和原教育学部刘正伟老师的真诚支持！同时感谢原日本北海道教育大学札幌分校田中实教授多年来在日文资料方面给予的无偿赞助！特别感谢沈阳师范大学对本著作的大力资助！对 2014 级研究生马宇同学和 2012 级研究生王林同学在文字校对方面付出的辛苦表示感谢！最后对中国社会科学出版社对本书出版给予的理解和支持表示由衷的感谢！

2015 年 6 月 8 日于沈师大专家公寓